GEO-INSIGHT

타이베이

GEO-INSIGHT 타이베이

초판 1쇄 발행 2016년 4월 15일

엮은이 이경은·신혜란

펴낸이 김선기

펴낸곳 (주)푸른길

출판등록 1996년 4월 12일 제16-1292호

주소 (08377) 서울특별시 구로구 디지털로 33길 48 대륭포스트타워 7차 1008호

전화 02-523-2907, 6942-9570~2

팩스 02-523-2951

이메일 purungilbook@naver.com

홈페이지 www.purungil.co.kr

ISBN 978-89-6291-350-7 93980

• 이 도서의 국립중앙도서관 출판예정도서목록(CIP)은 서지정보유통지원시스템 홈페이지(http://seoji.nl.go.kr)와 국가자료공동목록시스템(http://www.nl.go.kr/kolisnet)에서 이용하실 수 있습니다.(CIP제어번호 : CIP2016008342)

서울대학교 지리학과 **해외답사 보고**

GEO-INSIGHT

GEO-INSIGHT on **TAIPEI**

타이베이

이경은 · 신혜란 엮음

푸른길

머리말

나를 알기 위해 남을 보다

신혜란

이 책은 젊은 지리학도들이 바라본 타이베이에 대한 흥미롭고 비판적인 글 모음이다. 이 책을 쓰기 위해 학생들은 문헌 조사를 하고 주제별로 타이베이 현장을 방문하였다.

서울대학교 지리학과 학생들은 2014년 9월 29일부터 10월 2일까지 타이완을 답사하였는데, 그 여행은 약속된 것이었다. 2013년 국립 타이완 대학교 지리학과 교수와 학생들이 서울대 지리학과를 방문한 것을 계기로 두 과는 자매결연을 맺었다. 최근 국내 대학들은 다른 나라의 대학들과 자매결연을 많이 맺고 있는데, 자매결연을 통한 네트워킹의 이점이 많기 때문이다. 직접적으로는 국제화의 물결 속에서 중요해진 대학 순위의 부담도 꽤 있다. 그렇게 대학의 순위를 높이기 위한 자매결연은 동의, 악수, 사인, 사진 촬영에 그치기 쉽다.

그에 비해 우리의 네트워킹은 꽤 실속이 있었다. 10년 넘게 알고 지낸 슈진유(Jinn-Yuh Hsu) 교수가 마침 타이완대 지리학과의 학과장이었기 때문에 가능한 일이기도 했다. 타이완대 지리학과에서 12명의 학생과 8명의 교수가 서울을 방문해 작은 학술대회를 열고, 서울의 중요한 장소들을 서울대 지리학과 학생들과 함께 방문하였다. 타이완대 학생들은 서울의 빌딩도 크고 기업도 크듯이 방문객 숫자도 크다고 놀라워했다. 인구지리학 마지막 세션에 들어와 열띤 토론도 하고, 헤어지는 연회 자리에서 다시 만나자고 약속도 했다.

그렇게 이루어진 2014년 답사에는 교수 2명과 대학원생 4명, 학부생 44명이 참여했다. 타이완에 도착해 서울대를 방문했던 교수와 학생들을 다시 보니 진심으로 반가웠고, 이런 게 자매결연이라면 이런 네트워킹의 압력이 그리 나쁘지 않다고 생각했다. 우리는 또 한 번 작은 학술대회를 열었고, 마지막에는 타이완대 학생들이 서울 방문에 대한 발표를 했다. 서울, 한국의 모습을 통해서 타이완에 대해 성찰하는 감동적인 발표였다.

사람은 끊임없이 타인을 보고 다른 사회에 대해 궁금해하는데, 그 이유는 바로 자신을 보기 위해서다. 타이완은 한국과 비교하고 범주로 나누기에 적당한 사회다. 주로 한중일로 대표되는 동아시아에 대한 관심에서도 제외되었던 사회인데, 알고 보면 한국의 모습을 보기에 가장 참고하기 좋은 이웃이다. 타이완과 한국이 많이 닮아 있기 때문이다. 두 나라 모두 일본의 식민지였고, 같은 민족관과 정치적인 갈등을 겪고 있다. 또한 민주화 과정, 새로운 주역으로 나타난 정치인들의 역사관과 성향, 낮은 출산율과 그로 인한 사회의 노령화로 생기는 변화 등과 같은 상황이 닮아 있다.

타이완대와 서울대가 처한 환경과 대응도 비슷했다. 서울대 교수들과 타이완대 교수들이 대학교수가 사는 모습에 대해 이야기할 때 공감하는 부분이 많아 “우리도 그렇습니다”라는 말을 또 하기가 무색할 지경이었다. 이제껏 많은 나라의 교수들과 이야기를 나누었지만 이렇게 공통점이 많은 적은 없었다. 대학의 역할, 교수 입장에서 느끼는 변화, 압력, 가능성이 국경을 넘어 얼마나 비슷한 모습인지 확인할 수 있었다.

타이완 학자들의 서구에 대한 의존, 그에 대한 자기갈등도 우리와 많이 닮아 있었다. 크게 공감하던 대화 끝에 우리가 일어서는데 타이완대 교수가 한탄을 했다. “왜 이리도 우리는 서구의 기준을 따라가야 하는가!” 하지만 그도 나도 미국에서 박사학위를 받고 서구 학계의 기준에 충실하게 학술 업적을 내서, 그 결과 좋은 대학에서 연구하고 학생들을 가르칠 수 있게 되었다. 그리고 SSCI에 들어가는 학술지에 논문을 내서 승진을 하고 정년 보장을 받기 위해 노력하고 있다. 예전에는 식민지 지식인이라는 비판이라도 있었지만, 지금은 워낙 자연스럽게 스며들어 있어 그런 얘기를 하는 것도 생뚱맞게 느껴질 정도다.

물론 다른 점도 있었다. 특히 일본에 대한 태도는 타이완이 한국보다 훨씬 호의적이었다. 타이완의 식민지 경험이 한국보다 덜 가혹했다고 들었는데, 타이완대에서 만난 교수의 의견은 좀 달랐다. 식민지 경험의 차이라기보다는 중국과의 긴장관계 때문에 상대적으로 일본에는 호의적인 이유도 있다는 것이었다. 그는 한국이 북한과 일본의 존재 때문에 미국에 대해서 상대적으로 호의적인 것과 비슷하지 않겠느냐고 했다.

한국보다 타이완이 문화에 대한 관심과 지원이 많은 것도 눈에 띄었다. 타이완대 학생들이 서울대를 방문했을 때, 동성애에 대한 한국 사회의 보수적인 시선에 놀라워했다. 타이완은 사회 전반적으로 동성애 인권 운동이 활발하고 개방되어 있다. 동성애 주제에 대한 타이완대 학생들의 관심도 높았다. 게이 커뮤니티에 가기로 한 조의 답사에 타이완대 학생 4명이 자원해서 나섰다. 이 책에서 그 부분이 심도 있게 다루어진 것은 타이완대 학생들의 관심이 반영된 것이다.

다른 장소의 사람을 개인적으로 알게 되면 국가 간, 장소 간 정치가 어떻게 개인의 삶에 스며들어 있는지 깨닫게 된다. 과거에는 지정학적 관심이 국가 간의 관계에 크게 쏠려 있었다. 국가 간의 관계는 정말 중요한 것이지만, 지정학이 강대국의 이해관계를 대변한다는 비판을 받았다. 최근 들어 다시 중요해진 지정학은 국가 간의 관계를 보지만, 무엇보다 그 국가 간의 관계가 어떻게 개인의 삶에 나타나는가에 주목한다.

타이완 답사에서 지정학과 개인의 삶에 대해 생각하게 된 계기는 1992년의 한중 수교 이야기가 나왔을 때였다. 한중 수교는 한국과 중국의 관계에 큰 영향을 끼쳤는데, 타이완 사람들에게도 큰 사건이었다. 당시 타이완에는 꽤 많은 한국 사람들이 살고 있었고, 그래서 한국 친구들도 많았는데 1992년에 갑자기 다 사라졌다고 한다. 그것이 타이완 사람들에게는 큰 배신감과 상처를 안겨 주었던 것이다. 여행 가이드를 해 준 타이완대 교수는 무척 생생하게 그 무렵의 이야기를 했다. 언론에서 말하는 한국 혐오 감정이 그때에 뿌리를 둔 것 같다. 실제로 그 한중 수교의 첫 번째 조건이 한국이 타이완과의 관계를 끊는 것이었다고 한다.

국가정치에 이리저리 휘둘리는 것이 개인의 삶이다. 특히 타이완처럼 국가의 존재를 인정받고자 노력하지만 지금은 중국의 힘 때문에 더 힘들어진 사회에서는 그런 문제에 무척 예민할 것이다. 내가 몸담았던 런던 대학교에서도 제목에 'international'이 들어가는 강의를 하다 보면, 타이완을 언급하자마자 "타이완은 나라가 아니에요!"라고 소리치는 중국 학생이 있었다. '영국'이라고 뭉뚱그리면 안 되고 스코틀랜드는 잉글랜드와 다른 나라로 봐야 한다고 주장하는 스코틀랜드 출신 학생도 있었다. 그런 얘기가 오갈 때 학생 개인들의 얼굴에는 자기정체성을 생각하는 진지함이 있었다.

이 책을 쓰기 위해 서울대 지리학과 학생들은 문화, 자연습지, 도시계획, 교통과 같이 주제별로 9개의 조로 나누어 미리 조사하고 연구했다. 어떤 조는 안내를 자원한 타이완대 지리학과 학생들과 같이 다녔고, 몇 조는 따로 답사를 한 후 타이완대 학생들과 합류했다. 한국에 돌아와 타이완 전문가인 김진호 교수님을 모시고 특강을 듣고 열띤 토론과 질문을 던졌다. 학기 중에 이렇게 연구, 여행, 집필을 하는 것은 학생들에게 큰 부담이었다. 그런데도 열의를 가지고 진지하게 임하는 집단적인 노력이 이 책을 만들었다. 특히 여러 학생들이 써서 일관성을 갖추기 힘든 초고를 일반 독자들에게 좀 더 잘 다가가도록 편집하고 수정해 준 지리학과 이경은 박사과정생의 노력이 없었으면 이 책이 나오는 것은 불가능했다. 마지막으로 예쁘게 상을 차려 주신 김선기 대표님을 비롯한 푸른길 출판사의 여러 분께 진심으로 감사드린다.

신혜란 • 서울대학교 지리학과 부교수

행위자 중심의 접근 방법으로 정치지리와 이동의 정치를 연구한다. 정치지리 분야에서는 특히 도시 재생, 신도시, 환경 담론 등에서 다양한 참여자들 사이에 나타나는 권력관계, 협상, 갈등, 협력, 파트너십, 적응 기호를 중심으로 연구한다. 이동의 정치는 이민자, 이민자 밀집 지역을 살펴보아 세계화로 심화된 이동의 정치가 이민자의 삶에서 어떻게 나타나는지 연구한다. USC(University of Southern California)에서 이민자들의 젠더(gender), 일상문화, 빈곤, 역량 등에 관한 연구로 박사 학위를 받았고, 2005년부터 2013년까지 런던 대학교(University College London, UCL)에서 가르쳤다.

차 례

Taipei and Seoul as global cities

Dr. Edo Andriesse

Our four day excursion to Taipei showed me that, similar to Seoul, Taipei should be regarded as a global city. Both cities are extremely vibrant and many people from Asia, but increasingly also other continents, visit these cities for business, education, MICE (meetings, incentives, conferences, exhibitions) and leisure. Indeed, the two cities are two of the most dynamic cities in East Asia. This chapter provides a brief comparison of Taipei and Seoul and global cities and focuses on certain salient urban characteristics of Taipei.

As is well-known in the literature on development studies and economic geography, both Taiwan and Korea have experienced a dramatic increase in living standards since the beginning of the 1960s (Figure 1). This is very remarkable given the geopolitical risks throughout the last 60 years or so. Furthermore, the fact that Taiwan and Korea labour force was made up of many farmers in the 1950s and 1960s, unlike Singapore and Hong, makes the performance even more extraordinary. Figure 1 shows that Taiwan overtook Japan in 2009 in terms of GDP per capita. Note that Japan used to be the prime example of speedy post-war recovery in Asia. The

Figure also shows that Korea, but especially Taiwan, bounced back after the global financial and economic problems of 2009. Finally, China, despite its tremendous progress since the opening up of its economy under the leadership of Deng Xiaoping in 1979, still has a long way to go. The current economic dynamism in Taiwan and Korea is also reflected in the annual Global Competitiveness Reports. In the latest edition, Japan is ranked 6th, Taiwan 14th, Korea 26th and China 28th(World Economic Forum 2014).

A large share of high-tech manufacturing and advanced services is produced and offered in the capital cities of Taipei and Seoul and their urban surroundings. These two cities could be regarded as two sophisticated control and command centres; Taipei as the centre of famous companies such as Giant, Acer and Foxconn and its many small and medium enterprises (SMEs) and Seoul as the seat of the huge Korean chaebol (Korean style conglomerates such as Hyundai and Samsung). It is therefore worthwhile to focus on these large metropolitan areas. Both cities are ranked as "alpha minus" according to GaWC (2012). GaWC is a network of social scientist who measure global city by looking at multinational advanced producer services such as accounting, advertising, finance, insurance, and law. Other "alpha minus" cities in Asia are Jakarta, New Delhi and Bangkok. According to GaWC London and New York are the only two "alpha plus plus cities", the indisputable leaders in advanced producer services.

Another way of looking at global status is to look at the airline industry. Incheon International Airport handled 41.7 million passengers in 2013, Taiwan Taoyuan

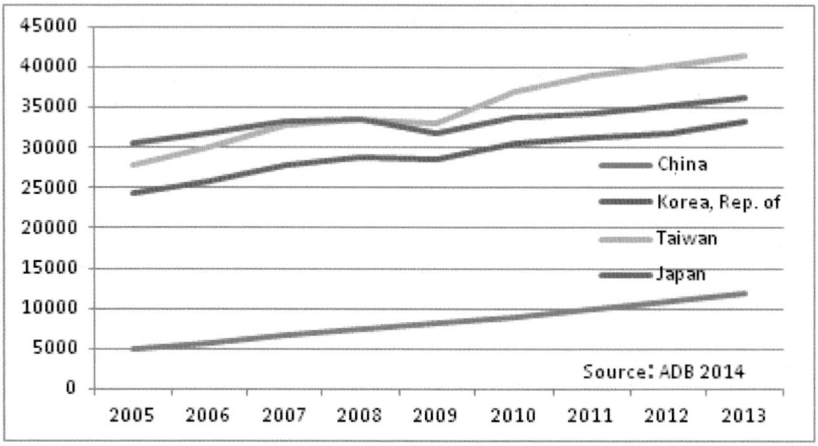

Figure 1 : GDP per capita at PPP, US$

airport 30.7 million passengers. During our four days in Taipei I was surprised to see so many tourists from China; for instance inside the National Taiwan Museum and in hilly tourist site of Jiufen. I did not expect the numbers to be so large. Many tourists of course pass Taoyuan Airport to enter the country. In terms of global logistics, air freight and seaport activity combined, Seoul ranks 5th and Taipei 19th(O'Conner, 2010). This is not surprising as the Korean population and economy is larger than the Taiwanese population and economy.

In an interesting article in Urban Studies Wang (2003) analysed Taipei's urban regime and concluded the following: "Taipei's urban contradictions have not resulted from class inequalities or foreign immigrants, bur from ethnic conflicts, which makes Taipei's problems different from those of both New York and Tokyo and a little similar to Korea's regional confrontations." With low birth rates in Taiwan, Chinese language emerging as one of the global languages and the increasing necessity for global cities to attract foreign talent, this might change in the coming decades. Migrants from Asian countries might consider Taipei more and more as a potential destination for work and education. At present, Little Manila and Little Jakarta are already busy neighbourhouds, especially on Sundays, but other Littles could be established as well (Taipei Times 2007). The same author (Wang 2007) scrutinised Taipei's urban innovativeness and identified the following warning: "The decline of the Taiwanese developmental state and the political confrontation constitute the structural background and local dynamics of Taipei's weakness in accumulating resources for pursuing institutional innovation. Without a constitutional reform, the central government's support, and an internal organizational overhaul, Taipei's actions seem to be policy innovation and developing short-term competitive strategies." However, Table 1 demonstrates that Taipei both cities are forecasted to remain their competitiveness in the coming decade. Within East Asia only Hong Kong and Tokyo are ranked higher (unfortunately Kaohsiung which is one of the largest ports in East Asia was not included in the analysis).

Table 1 : Competiveness in 2025

Rank	City
4	Hong Kong
5	Tokyo
11	Taipei
15	Seoul
38	Shanghai
43	Incheon
49	Beijing
50	Osaka
51	Busan

Four days in Taipei is not a long time, but it is clear that Taipei and Seoul are facing three similar challenges in the coming decades. First, what will low birth rates mean for the urban society and to what extent will immigration compensate for low fertility? In the case of more immigrants, how will the urban society change? Second, given increasing social polarization and high housing prices, what policies could contribute to reduce the difficulties for low-income groups to find affordable housing (Jou et al. 2014)? Third, With respect to the natural environment Tapei has done a good job. I was happy to see so many citizens including NTU students cycling. Taipei won the 2014 citizens' choice award at the C40 Cities Climate Leadership Group (Taipei Times 2014), but how to maintain and improve Taipei's and Seoul's relative clean and green environment? Transboundary haze is challenging Seoul's commitment to have clean air and both cities consume huge amounts of imported fossil energy. What will be the role of nuclear energy and what is the potential of renewable energy sources? From an economic geographical perspective Table 1 provides hope for optimism, but that does not mean that the citizens of metropolitan Taipei and Seoul can sit back and relax. There is a continued need to improve our living environments. Current news reports on wealthy citizens of Beijing who consider to migrate overseas due to environmental pollution is a stern warning for all who aspire to create global cities (Fortune 2014). In the long run competitiveness is not likely to succeed without environmental sustainability. I do hope that graduates of NTU and SNU will contribute to create green and peaceful global cities.

References

- ADB, 2014, Key indicators of Asia and the Pacific. Asian Development Bank: Manila.
- Economist Intelligence Unit, 2014, Hot spots 2025: Benchmarking the future competitiveness of cities. Comissioned by City Group. http://www.citigroup.com/citi/citiforcities/pdfs/hotspots2025.pdf
- Fortune, 2014, China's rich make plans to avoid smog. March 18, http://fortune.com/2014/03/18/chinas-rich-make-plans-to-avoid-smog/
- GaWC, 2012, The world according to GaWC 2012. http://www.lboro.ac.uk/gawc/world2012t.html
- Jou, S-C., Clark, E. and Chen, H-W., 2014, Gentrification and revanchist urbanism in Taipei. UrbanStudies,doi: 10.1177/0042098014541970
- O'Conner, K., 2010, Global city regions and the location of logistics activity. JournalofTransportGeography18(3): 354-362.
- Taipei Times, 2007, Home from home in Taipei. April 15, http://www.taipeitimes.com/News/feat/archives/2007/04/15/2003356794
- ________, 2014, Taipei tops city climate leadership global online poll. September 24, http://www.taipeitimes.com/News/taiwan/archives/2014/09/24/2003600459
- Wang, C-H., 2003, Taipei as a global city: A theoretical and empirical examination. UrbanStudies40(2): 309-334.
- ________, 2007, Is Taipei an innovative city? An institutional analysis. EastAsia24(4): 381-398.
- World Economic Forum, 2014, Global competitiveness report. Geneva: World Economic Forum.

Dr. Edo Andriesse · 서울대학교 지리학과 조교수

As South Korea is engaged in other parts of the world it is imperative that 1. Korean students appreciate the world around them and 2. that foreign students have an idea of what is going in Korea.
In order to achieve both aims he hope that our Geography Department as well SNU in general will continue international academic exchanges with respect to teaching, research and academic outreach.
He teaches Geography of Europe and Geography of Asia at undergraduate level and Geopolitics and Geography of Developing Areas at graduate level. He wish all of you the very best in studying and research our complex, but interesting world.

특별기고 · ❷

역사와 문화의 타임머신, 타이완

김진호

타이완에는 오래전부터 인도네시아-말레이 계통의 원주민들이 살아왔는데, 이들은 현재 타이완의 동남부 해안, 산악 지역, 란위 섬(蘭嶼島, Orchid Island) 및 정부 지정의 원주민 집단 거주지와 일부 도시에 혼재해 있다. 타이완의 다른 이름인 포르모사(Formosa)는 1590년 동방 무역을 위해 아시아로 진출한 포르투갈 인이 타이완을 '아름다운 섬(Ilha Formosa)'이라고 한 데서 비롯되었다.

서구인들이 진입한 후 1616년에는 일본인들이 타이완을 점령하려다 풍랑으로 수천 명이 사망하였다고 한다. 이후 네덜란드 인들이 중국 대륙에서 이주해 정착한 한족(漢族)을 누르고 1624년 남부 안핑 현[安平縣, 현 타이난(臺南) 시]에 지란디아 성(Zeelandia castle)을 구축하였다. 당시 타이완이 중국과 일본의 중계무역 거점으로 전략적 가치가 높아지자 1626년 에스파냐도 지룽(基隆) 지방의 서랴오 섬(社寮島)에 산살바도르 성(San Salvador castle)을 쌓았고, 3년 후에는 단수이 항(淡水港)에 산토도밍고 성(Santo Domingo castle)을 축조하고 타이완에 진출하였다. 현재 이 지역들은 역사 유물로 보존되어 있다. 타이완에 외부 세력이 들어왔던 역사의 흔적들이다.

마지막으로 1642년에 네덜란드가 에스파냐를 격퇴하고 지배권을 확립하였다. 네덜란드는 1683년 명(明)의 관직을 받아 청(淸)에 대립하던 정성공(鄭成功)의 공격으로 타이완에서 물러났고, 정성공 3대의 통치도 1683년 청의 침략으로 막을 내렸다. 정성공의 지란디아 성 공격은 성 주위를 포위하여 식량과 물의 공급을 막아 결국 투항을 받아 내는 방법을 사용했다고 한다. 현재 정성공의 유적은 타이완 남부 여러 곳에서 볼 수 있고, 타이난에는 그의 이름을 딴 청궁(成功) 대학이 있다.

제2차 세계대전이 끝난 후인 1945년에서 1949년까지 중국 전역은 국민당과 공산당의 내전으로 혼전 상태에 있었는데, 이 당시 타이완은 전쟁의 중심 지역은 아니었다. 국공 내전은 초기에 전반적인 우세에 있던 국민당이 역전하는 공산당의 우세로 난징(南京)에 있던 중화민국의 수도를 타이베이(臺北)로 옮기면서, 타이완 해협을 사이에 두고 국민당과 공산당이 서로 대치하는 국면으로 바뀌었다. 이 시기부터 타이완은 중국 전체의 수도로 타이베이를 주장하며 공산당 정부인 베이징(北京) 정부와 대치하였다. 이 국민당과 공산당의 대치 내용을 상하이(上海)와 홍콩을 배경으로 만든 영화가 장아이링(張愛玲) 소설을 원작으로 한 이안(李安) 감독의 〈색, 계(色, 戒)〉다.

즉, 타이완은 청일전쟁의 패배로 1895년부터 1945년까지 만 50년간 일본의 식민 통치를 받다가 제2차 세계대전이 종식되면서 중국의 영역으로 다시 돌아온 것이다. 이 시기는 청나라의 통치에서 일본 식민지로, 그리고 다시 국민당의 이전으로 새로운 중국인들과 문화가 유입되어 중국 대륙의 공산당과 대립하며, 타이완에서는 정치·사회·교육·문화·언어 등 각 영역의 변화가 일어났던 시기이다. 이러한 배경에 의해 1987년 38년간의 계엄이 종식된 후 타이완에는 여러 족군(族群, 민족과 무리) 간의 갈등이 일어나게 되었다.

양안으로 분리된 1949년 이후에도 국민당과 공산당의 적대적 대립은 치열하여, 양안삼지(兩岸三地, 중국 대륙, 타이완, 홍콩)를 중심으로 정치와 체제적 대립과 경쟁이 끊이지 않았다. 그러나 1960년대부터 국방력과 외교력이 성장해 가던 중국 공산당은 타이완에 대해 압박적인 외교 정책을 폈고, 1971년 중화민국(타이완)을 UN에서 몰아내 타이완의 국제적 고립화를 추구하였다. 또한 1997년 중국이 홍콩의 주권을 회복하자 홍콩에서의 타이완의 영향력은 극감되었고, 타이완이 홍콩과 마카오를 통해 진행하던 중국 통일전략도 약화되었다.

타이완은 이렇게 중국의 변방이자 아름다운 원주민의 주거지에서 서구의 통치 지역으로, 다시 한족의 통치 지역으로 환원되었고, 그 후 일본의 식민지였다가 또다시 중국인의 영토가 되는 역사적 변천을 거친 곳이다. 이러한 과정에서 타이완의 근대화와 산업화는 초기 한족과 네덜란드 인 그리고 일본인에 의해 기초가 만들어졌고, 근현대에는 1949년 이곳으로 이전한 국민당 정부에 의해 다시 새롭게 변모했다.

사실, 타이완 원주민이 모두 원래부터 산에서 살았다는 생각은 잘못된 것이다. 원주민은 이민족의 침입과 도시화에 몰려 점점 산으로 올라간 것이기에 이들을 원주민(原住民)이라고 하는 것이다. 또한 원주민에 이어 일찍이 타이완으로 이주했던 내성인(內省人)이라는 한족도 후에 타이완으로 들어온 외성인(外省人)이라는 중국인들의 회유와 억압 그리고 교육에 의해 현재의 타이완 사람으로 바뀐 것이다. 타이완을 일구어 낸 사람들은 바로 현재 타이완에 살고 있는, 이 섬에 뿌리를 내리고 스스로를 '타이완 사람(臺灣人)'이라고 주장하는 이들의 선조인 원주민, 한족 그리고 근현대 중국인들이다.

타이완의 민주화는 중국 본토에서 들어온 장제스(蔣介石)와 그의 아들 장징궈(蔣經國) 시대를 종식하면서 본격적으로 일어나기 시작했다. 장징궈 시대부터 시작된 양안 관계 개선은 타이완을 새로운 도전과 발전의 시대로 접어들게 하였다. 이런 의미에서 보면, 타이완은 중국인을 위주로 한 여러 통치 집단의 행정 체제 및 문화 현상이 사회에 접목되면서 복합적인 현대화를 이루었다고 할 수 있다.

다시 말해, 타이완은 원래 원주민이 거주하던 지역에 에스파냐, 포르투갈, 네덜란드의 점령 및 통치가 있었고, 여기에 중국의 명말청초에 정성공의 점령과 청나라의 통치, 시모노세키조약 이후 일본의 식민 지배, 그리고 중국에서 옮겨 온 국민당 정부의 통치의 역사를 겪은 곳이다. 이들 사이에는 서로 간의 이질성도 존재하는데, 이것을 현재 타이완에서는 족군 문제라고 한다. 이것이 타이완 역사에서 통치 세력과 이주 세력의 지배와 피지배의 관계, 그리고 정착인 지역 분포에 따라 북부와 남부가 서로 다른 정치적 색채와 문화를 갖게 된 역사적 배경일 것이다.

타이완은 아시아 대륙의 동남부에 위치하며, 타이완 해협을 사이로 중국 대륙과 마주하고 있는 본섬과 본섬 서북쪽의 진먼 섬(金門島)과 동남쪽의 란위 섬(蘭嶼) 등 부속 도서들로 되어 있다. 타이완 중남부 자이 현(嘉義縣)은 북회귀선이 통과하고 있으며, 북동부 해양에는 댜오위다오(釣魚島, 중국명 釣魚臺)와 오키나와(沖繩)가 있고, 남쪽으로는 필리핀(Philippines)의 섬들로 이어진다. 이러한 이유로 타이완 사람들은 본섬에서 출발하여 댜오위다오 근처에서 바다낚시를 즐기고, 가오슝(高雄)에서 가까운 필리핀 북부 섬으로 여행도 다니는데, 이런 지리적 환경은 과거 타이완 원주민의 유입과 일본과의 교류에도 영향을 미쳤을 것이다.

타이완의 면적은 남한의 1/3 정도인 약 3만 6,000km^{2}이며, 섬이 고구마 모습과 비슷하게 세로로 길고 가로로 좁은 형태에 동고서저(東高西低)의 지형을 하고 있다. 따라서 작은 면적임에도 불구하고 북부 타이베이에서 최남단 컨딩(墾丁)까지 차로 이동할 경우 470km를 내려가야 하며, 이 거리는 서울에서 부산까지의 거리보다 멀다. 타이완 최남단에 위치한 컨딩은 타이완에서 태평양의 바다와 열대기후를 만끽할 수 있는 최고의 휴양지인데, 주변에 자연림과 온천도 많다.

타이완 북부에서 남부로 내려갈수록 내성인의 비율이 높아지며, 국민당이 타이완에 보급시킨 국어(國語, 타이완의 표준 중국어)보다는 타이완의 민난 어(閩南語)인 타이완 어(臺灣語)를 쓰는 비율이 높다. 한편 중남부 지역에서는 타이완의 토속적인 문화와 음식을 더 많이 볼 수 있는데, 특히 타이난과 가오슝의 야시장에 가면 토종 타이완 음식이 어떤 것인지 쉽게 이해할 수 있다. 또한 타이완을 통치하였던 네덜란드나 네덜란드로부터 타이완을 되찾은 정성공의 역사 유적과 전통적인 타이완 한족 건축물도 볼 수 있다.

타이완을 종단하는 중앙산맥 근처에서는 원주민들을 많이 볼 수 있는데, 해안가에 살던 이들은 네덜란드 인과 한족의 진입 그리고 도시화에 따라 산으로 이동하게 되었다고 한다. 이들이 타이완의 주인이었다는 것을 생각하면 문화와 문명의 교차로 나타나는 도시와 주거지의 역사적 변화가 아이러니하다.

태평양 서쪽 가장자리에 위치한 타이완은 오래전부터 지속된 지각 운동으로 웅대한 산봉우리와 언덕, 평평한 분지와 구불구불한 해안선 등이 아름다운 자연경관을 형성하고 있어 보는 이의 눈을 시원하게 한다. 특히 타이완 북부에서 동부 해안 도로를 타고 내려가는 길인 지룽에서 화롄(花蓮)으로, 다시 타이둥(臺東)으로 내려가는 해안 도로는 기암절벽과 태평양이 마주치는 환상적인 풍경을 펼쳐 보인다. 이 지역의 풍경은 타이완이 지닌 천혜의 관광 환경을 설명한다고 해도 과언이 아닐 것이다.

중앙산맥 서쪽은 타이완 해협까지 완만한 경사를 이루는 평지로 농작물은 거의 이 지역에서 생산된다. 타이완 초기 도시의 형성이 중서부 해안의 타이난에서 형성된 것은 그 지역이 평야 지역으로 물자가 풍부하고 교통이 편리했기 때문이다. 강 하구와 해변의 많은 모래는 화산재의 영향으로 검은색을 띠고 있는 것도 타이완 해안의 특징이다. 그러나 일부 지역에는 한국에서 볼 수 있는 일반적 빛깔의 모래도 존재하고, 산호 가루로 형성된 백색 모래도 볼 수 있다. 또한 타이완에는 황토로 된 지형도 많아 밭작물로 고구마, 토란, 마(麻) 등을 재배하고 있다. 타이완 서남부에 있는 펑후(澎湖) 섬에는 산호가 부서져 만들어진 모래가 많고, 건축 자재로 이 산호를 활용한 전통적 가옥도 있다. 이 지역을 보면 중국 대륙에서 타이완으로 이주하는 한족 문화의 변화 과정을 이해할 수 있고, 이곳의 언어를 자세히 관찰하면 과거 타이완 언어의 원류도 찾을 수 있다.

타이완의 행정 중심인 타이베이는 과거 분지였던 지역으로 여러 곳에서 패총이 나오기도 한다. 타이베이 북쪽에 자리한 양밍 산(陽明山) 자락의 즈산옌(芝山岩)은 빙하기에 형성된 돌 언덕으로 지질학적 가치가 높다. 즈산옌에 올라가면 타이베이의 분지 모습과 단수이 강(淡水河)의 위치 및 하구 습지 위치를 파악할 수 있다.

타이베이를 관통하는 단수이 강은 관두(關渡)라는 대단위 습지 평원을 지나 타이완의 북서부로 흘러 나가는데, 타이완 북부 맹그로브숲과 자연습지가 형성되어 있는 관두 평야는 조류 관찰 지역으로 유명하다. 현재 타이완 정부는 이 지역의 개발을 제어하며 생태환경을 보존하고 있고, 환경운동을 벌이는 타이완 시민들에 의해 양밍 산과 이어진 관두 평야의 생태환경이 조류(鳥類) 공원을 형성하였다. 이 지역은 현재 타이베이 시민들의 생태공원이자 철새들의 도래지가 되었다. 한때 난개발에 부동산 열풍이 불던 타이완에서도 자연과 환경 보호에 대한 관심이 꾸준히 일어나고 있다.

단수이 강이 바다로 이어지는 바리(八里, 타이베이 항 근처)에 있는 관인 산(觀音山)은 석양이 특별히 멋있는 곳이다. 타이완의 여류 소설가 충야오(琼瑤)가 양안의 분단에 따른 가족의 비극을 다룬 소설 "기도석양홍(幾度夕陽紅, 해가 서쪽으로 얼마나 넘어갔나 하며 세월의 비정함을 말하는 삼국지 서문의 글)"이 이곳을 배경으로 한다. 누워 있는 관음의 몸 위로 석양이 지는 모습이 단수이 강에 비쳐 더욱 멋있게 보인다고 한다. 이곳에서 더 올라가 북쪽 스먼(石門) 지역으로 가면 라오메이(老梅)라는 용암이 흘러내려 풍화 작용으로 골을 이룬 아름다운 지역이 나온다. 이곳이 타이완에서 대표적인 사진 촬영 장소다. 타이완은 모든 지역이 선사 시대의 모습과 현재까지의 모습이 공존하는 천연의 학습장이다.

하구에서 단수이 강을 따라 내륙의 남서쪽인 신뎬(新店) 지역으로 향하다 보면, 중간 지점에 타이완의 행정 중심이 북쪽으로 이전한 이후 중국과 교류하던 다다오청 부두(大稻程碼頭)가 있다. 과거 중국의 문물은 이곳을 통해 디화지에(迪化街)로 들어왔는데, 이 지역이 바로 다퉁 구(大同區)로 완화 구(萬華區), 시먼딩(西門町)과 연결되는 과거 타이완의 번화가다. 그 남쪽에는 과거 일본 식민지 시대의 총독부가 있는데, 이 총독부는 현재 타이완의 총통부로 쓰이고 있다. 일본의 문화는 바로 이곳에서 타이완 내성인의 중국 문화 위에 건설된 것이고, 여기에 다시 국민당 정부의 중국 문화가 꽃피우게 된 것이다.

원주민, 내성인, 일본인, 그리고 국민당 정부와 같이 중국 대륙에서 온 중국인인 외성인의 문화가 타이완에서는 하나의 문화로 융화되어 있다. 그리고 국민당의 타이완 이전 후 일시 거주했던 미국인의 서구 문화가 이 섬에서는 타임머신 여행과 같이 공존하고 있다. 특히 일본이 남긴 문화가 현재 타이완의 문화에 많은 부분을 차지하는데, 이것은 국민당 정부가 일본에 대한 제도와 문화를 아전인수 식으로 활용하였기 때문이다. 문화 융합의 원인으로는 비교적 전통을 강조하면서도 외래문화를 거부하지 않는 타이완 사람들의 섬세하면서도 보수적인 인성, 사면이 바다에 접한 타이완의 지리적 환경, 그리고 거주민들의 실용주의 정신을 들 수 있다.

타이완 동북 해안 지역은 단층으로 나뉘어 태평양에 접해 있는 절벽이 형성되어 있다. 이 때문에 동북 지역에는 이란(宜蘭) 평야를 제외하고는 평지가 거의 없으며, 화롄 시와 일부 소규모 도시를 빼고는 도시의 발전이 적어 인구 이동도 서부에 비해 저조하였다. 또한 교통이 불편할 수밖에 없어 동서 연결이나 해안 개발이 어려웠다고 한다. 그러나 장징궈 총통이 통치하던 시기에 중앙산맥을 관통하는 중부횡관공로(中部橫貫公路)가 완성되었고, 여기에 남부횡관공로(南部橫貫公路), 북회철도(北廻鐵道), 남회철도(南廻鐵道)로부터 서부의 남북종관철도(南北縱貫鐵道)가 효과적으로 연결되었다. 최근에는 남북 고속전철도 연결되어 동서남북이 쉽게 연결되는 교통 체계를 이루었다.

중부횡관공로나 가오슝에서 타이둥으로 이어지는 남부횡관공로는 타이완의 특수 지형과 기후를 이해하며 자연의 아름다움을 만끽할 수 있는 최고의 드라이브 코스라고 할 수 있다. 이 지역은 해발 3,000m가 넘는 지역을 통과하는 곳으로 아열대 지역의 신비로운 자연의 모습을 눈에 가득 담을 수 있다. 동부 해안은 모두 절경이지만 침식과 융기가 같이 일어난 자오시(礁溪)로 가는 동북부 해안과 화롄 리우 강(立霧溪)의 타이루거(太魯閣) 협곡 등은 동아시아에서 쉽게 볼 수 없는 지질박물관이다. 타이완의 천혜의 비경이 바로 이곳이 아닐까 한다.

타이완 관광의 좋은 점은 천연 지질박물관과 자연경관을 다채로운 문화와 음식 및 풍부한 아열대 과일과 함께 즐길 수 있고, 타이완산 고급차인 우롱 차(烏龍茶)와 철관음(鐵觀音) 차를 즐기면서 여러 종류의 온천욕을 할 수 있다는 데 있다고 할 수 있다. 여기에는 타이완이 오랜 기간 일본의 통치를 받으며 농업 기술이 상대적으로 발전했다는 배경이 있다. 또한 정부의 주도로 새로운 연구와 개발이 있어 농수산물 관련 새로운 품종 개발과 대량 생산 기술을 이루어 냈다고 한다. 사계절 풍부한 과일과 채소를 즐길 수 있고 조금씩 여러 종류의 음식을 맛볼 수 있다는 것이 바로 여성들이 타이완을 사랑하는 이유라고 본다. 타이완은 보는 즐거움, 먹는 즐거움 그리고 여러 문화를 동시에 체험할 수 있는 시공간을 초월하는 복합 문화의 타임캡슐이다.

타이완 지형은 산지가 약 70%를 점하고 있으며 중부 지역의 옥산(玉山, 3952m)이 최고봉인데, 이 산은 동북아시아에서도 가장 높은 산이다. 옥산 외에도 타이완에는 3,000m가 넘는 산봉우리만 220개가 넘는다고 한다. 중앙산맥을 따라 벽산(碧山, 3931m), 수고만산(秀姑巒山), 비남대산(卑南大山) 등이 있는데, 관광지로 유명한 아리산(阿里山)도 2,663m의 높은 산으로 일출과 신목(神木)으로 유명하다. 이러한 고산지에는 겨울에 눈이 내리기도 하며, 고산지 식물과 차(茶)를 재배하기도 한다. 일조량이 적고 온도의 변화가 큰 고산지에서 농약을 적게 사용하여 재배하는 타이완의 고산차는 생산량이 많지 않아 과거에는 일부 특수층에만 제공되었다고 한다.

이러한 자연환경을 자동차나 모터사이클로 둘러보거나 자연이 잘 보전된 지역을 트레킹 혹은 등산하는 것이 현재 타이완에서 유행하는 여행 방식이다. 또한 태평양의 큰 파도를 타는 서핑과 바다를 보고 기암절벽에서 뛰어내리는 행글라이딩도 유행하고 있으며, 계곡의 급류를 타고 내려오는 리프팅 장소도 많다.

타이완의 하천은 대부분 서쪽으로 흘러들어 가면서 타이중(臺中) 항 등 많은 항구가 타이완의 서쪽에 형성되었다. 북부의 단수이 강, 중부의 다자시 강(大甲溪), 중남부의 줘수이 강(濁水溪) 등 주요 하천이 깊은 협곡을 이루며 서쪽을 향해 흐르고 있다. 시내나 강물은 대리석 및 화산 지형을 통과하며 내려와 혼탁한 빛깔을 띠지만, 그 속에는 여러 보호 어종이 서식하고 있다. 강들은 동쪽에서 급하게 내려와 서쪽으로 지맥이 이어져 구릉과 대지를 넓게 분포하게 했다. 이 지역은 매년 홍수로 범람이 일어나는 곳이지만 상대적으로 비옥한 토지를 형성하고 있다. 때때로 지진에 의해 자연환경에 큰 변화를 이루는 지역이 바로 타이완의 중부 지역이며, 매년 여러 차례의 태풍이 타이완을 강타하고 있다. 강들의 하구에는 습지와 맹그로브숲이 형성되어 좋은 자연생태환경을 조성하고 있는데, 타이난에는 아시아에서 유명한 맹그로브숲과 습지가 매우 잘 보존되어 있어 세계적으로 유명한 습지생태계를 형성하고 있다. 이 지역을 따라 동쪽으로 중앙산맥을 거쳐 동부 타이둥으로 가는 남횡공로(南橫公路)는 절경의 연속이라고 할 수 있다.

타이완은 수시로 지진의 위험을 받고 있는 반면, 전 지역에 특이한 여러 유형의 자연경관과 온천이 분포하며 서로 상이한 기후와 서로 다른 지질 특징을 갖고 있어, 여러 종류의 채소와 과일 등의 특산물을 맛볼 수 있다. 즉, 타이완의 북부와 중부, 남부 그리고 동쪽과 서쪽은 서로 다른 기후 특성을 갖는데, 여기에 서로 다른 토양에 기초하여 각 지역에서 나오는 차를 포함한 농산물과 과일 등에는 서로 다른 특징이 있다.

지역마다 비슷할 것이라고 판단되는 타이완의 기후는 북부 지역은 아열대기후, 남부 지역은 열대기후이며, 연평균 기온도 북부 지역은 22℃, 남부 지역은 24℃ 정도로 서로 다르며 습도와 일조량도 다르다. 타이완 주위의 섬들도 각기 다른 기후와 문화적 특성을 갖고 있다. 일부 지역의 방언과 문화는 타이완 본토 내성인의 언어인 타이완 어와도 차이가 있는데, 특히 중국 대륙과 가까이 있는 진먼 섬을 포함한 섬들의 경우 중국 대륙의 문화적 영향을 더 많이 받은 것으로 보인다. 국민당 군대가 타이완에 와서 거주하는 동안 중국 대륙을 코앞에 두고 있는 진먼 섬에는 쓰촨 성(四川省) 출신 군인들이 많이 들어와 있었다. 그들은 고량주를 만드는 기술이 있어 고량주를 제조했는데, 이것이 타이완을 대표하는 진먼 고량주이다. 마쭈 섬(馬祖島)에서도 이와 같은 연유로 좋은 고량주가 나오며, 중앙산맥의 천혜의 환경에서도 훌륭한 고량주가 생산된다.

타이완은 중국 대륙과는 다른 화산 지형의 지질과 기후를 갖고 있어, 타이완보다 작은 섬인 하이난 섬(海南島)과는 여러 문화적 차이가 있다. 타이완에는 푸젠 성(福建省) 문화의 특징이 많다면, 하이난 섬에는 광시 성(廣西省) 문화의 특징이 더 많다. 특이한 역사적 경험을 품은 타이완의 문화에서는 원주민의 자취, 초기에 이주한 중국의 대표적 이주 민족인 하카(客家) 인과 중국 대륙 해안 지역 중국인들의 자취, 그리고 중국 전역에서 국민당 정부를 따라온 사람들의 자취 및 식민 통치자였던 일본인들의 역사적 흔적을 도처에서 볼 수 있다. 그중 하카 인들은 아직도 북부 신주(新竹) 지역이나 남부 메이눙(美濃) 지역에 집단 거주하고 있다. 이것이 타이완의 '족군(族群)'이라는 분류로 이들은 정치적 성향도 서로 다르다. 이 구성원들은 자신들의 전통문화를 타이완에 접목하면서 타이완 내에 여러 문화와 현상을 만들어 왔는데, 이들의 행위로 나타나는 외적 형상 외에도 이들의 사고와 행위로 형성된 것들이 타이완의 교육, 행정, 사회, 문화 등 도처에서 표현된다.

그러나 타이완의 내성인이나 외성인이 중국 대륙이나 다른 나라에 정착하더라도 타이완 인들의 정착촌을 만들고 그들만의 생활양식을 유지해 나가는 것은, 타이완 인들이 오랜 역사 속에서 만들어 낸 그들의 역사문화 의식과 생활양식이 정형화되어 있다는 반증이다. 예를 들어, 캐나다나 미국의 일부 도시와 중국의 쿤산(昆山), 샤먼(厦門) 등에는 대표적인 타이완 인들의 집성촌이 있다. 즉, 타이완의 국내 족군은 국외에서는 타이완 인이라는 하나의 문화권 사람들로 구분된다.

우리는 타이완 감독 허우 샤오시엔(侯孝賢)의 〈비정성시(悲情城市)〉, 이안의 〈음식남녀(飮食男女)〉와 〈쿵푸 선생(推手)〉과 같은 영화, 혹은 젊은이들의 생활 모습이 담긴 〈꽃보다 남자(流星花園)〉 같은 드라마를 통해 간접적으로 타이완 사람들의 복합적인 사회와 문화를 이해할 수 있을 것이다.

타이완에는 본토인들이 만들어 낸 쓰촨 성 및 하카의 음식과 문화가 있고, 국민당이 갖고 들어온 외성인들의 음식과 문화가 있다. 현재 타이완의 야시장에는 전통적인 내성인들의 음식과 국민당 정부가 갖고 온 중국 본토의 음식이 혼재한 타이완 음식, 그리고 타이완식 일본 음식과 타이완식 서양 음식이 있다. 영화 〈음식남녀〉에서 중국에서 타이완으로 이주한 고급 음식점의 일류 주방장인 주인공이, "중국 동서남북의 요리가 타이완에 와서는 모두 한 가지 맛을 내며 그 본래의 특색이 없어졌다"라며 자조적 대사를 했던 게 기억난다. 이것은 각자의 모든 특성이 사라지고 타이완화되는 것을 비판하는 외성인의 표현으로, 이러한 융합 문화가 타이완에는 존재한다.

타이완을 관광하면서 타이완에 남아 있는 내성인의 문화, 일본의 식민 통치가 남긴 문화, 그리고 국민당 정부 통치 이후부터 건설된 것으로 중국 대륙의 국민당 통치 지역에도 있는 문화 등을 쉽게 발견할 수 있다. 이와 동시에 자신들의 정체성을 강조하기 위해 '새로운 타이완 인(新臺灣人)'의 정체성을 표현한 타이완 인 특유의 복합적 문화도 쉽게 접할 수 있다. 이러한 타이완 문화의 주류는 타이완과 해협을 두고 마주하고 있는 푸젠 성 문화와 유사한 점이 많다. 그러나 푸젠 성의 문화가 대륙에 있는 해안 문화라면, 바다 위의 섬에 있는 타이완의 문화는 푸젠 성 문화에 기초를 둔 타이완 전통문화와 외부 문화가 융합된 것이다.

이런 복합적인 문화는 다퉁 구, 완화 구, 스린 구(士林區)의 야시장 및 용캉 가(永康街)의 복합 음식문화거리, 시먼딩 홍루(紅樓), 화산 창의문화공원(華山1914文創園區), 보장암 국제 예술촌(寶藏巖國際藝術村), 송산문화공원(松山文化創意園區) 등지에서도 발견할 수 있다. 한편 미국이나 일본의 도심과 같이 조성된 신이 구(信義區)와 네이후 구(內湖區)의 새로 개발된 번화가들을 보면, 타이완에서는 여러 나라의 문화가 중국적인 모습으로 타이완 특징을 갖고 변모되어 가고 있다는 것을 체감할 수 있다.

아시아의 '네 마리 용' 중 하나였던 타이완이 중국 대륙과의 경쟁과 자체 민주화 과정을 거치는 동안, 중국은 이미 거대한 세계의 G2 국가로 성장한 반면 타이완은 여러 면에서 외부 위협을 받으며 성장도 둔화된 상태이다. 그러나 중국에 투자하여 성공한 대형 기업들의 주인이 타이완 인들이라는 사실과 문화적 우수성과 융합의 힘을 갖고 있는 타이완의 장점을 고려하면, 타이완이 더욱 발전해 갈 수 있는 기회는 그들만의 융합적 사고와 생활방식에 있다고 본다.

현재 아시아에서 역사와 문화가 융합하여 공존하는 시공간 여행을 체험할 수 있는 곳이 바로 타이완이다. 타이완은 중국 문화권 같으면서 일본 문화권 같기도 하고, 동남아 문화권 같으면서 서양 문화권 같기도 하다. 동양인인데 서구적 합리성을 갖고 있고, 바닷가 사람으로 거친 듯하지만 섬세하고 부드럽고 친절한 타이완 사람들에게는 역사의 태풍과 지진 속에서도 속으로 여물어 간 그들만의 인내와 융합의 힘이 있는 것 같다.

타이완에는 일본의 온천 문화, 일본 관련 음식과 음악이 아직도 추억의 역사이자 현재의 문화로 남아 있다. 이것이 국민당 통치 시기에도 청산되지 않은 것은 중국 대륙과는 아주 다른 면이다. 특히 일제강점기의 총독부를 아직도 대통령의 집무실인 총통부로 사용하고 있는 것은 우리의 시각으로는 이해하기 어렵다. 이러한 타이완 사람들의 일본과 국민당에 대한 복합적인 감정과 표현은 타이완 북동부 지우펀(九份) 지역을 배경으로 한 영화 〈비정성시〉를 통해 쉽게 이해할 수 있다. 그들은 중국인이면서 외지 문화를 거부하지 않는 합리주의자이자, 오랜 인내를 통해 결국 자신들이 섬의 주인이라는 것을 DNA에 각인하고 있는 타이완 사람들이다.

한국은 1910년 일제의 강점으로 나라를 잃고, 중국의 간도(間島)와 러시아의 연해주, 중국의 난징(南京)과 상하이(上海) 일대, 그리고 광둥 성(廣東省)에서 쓰촨 성, 심지어 타이완에 이르는 지역을 전전하며 나라를 찾으려는 독립운동을 벌였다. 그리고 중국인들의 항일 정신을 북돋은 안중근, 윤봉길을 대표로 하는 많은 독립운동가를 배출하여 중국 정부의 도움을 받을 수 있었다. 우리가 나라를 잃었을 때 중국의 광활한 영토는 우리의 독립운동 활동지가 되었으며, 중국인들은 우리의 후원자가 되었다.

이러한 이유로 한국의 독립운동에서 중국과 중국인은 뺄 수 없는 중요한 부분이다. 그래서 항일의 역사를 같이하며 냉전 시기 미국과 같은 유대 관계를 유지하던 한국과 타이완은 서로 형제 국가라 부르며 국가 독립 후 가장 먼저 돈독한 국가 관계를 유지했다. 그리고 그들과의 교류를 통해 우리의 해외 진출과 젊은이들의 중국 연구를 위한 유학도 진행되었다. 이제 우리는 중국 본토에서 타이완에 이르는 여러 지역을 두루 다니며 중국을 공부하고 중국인들을 접하며 중국 문화를 즐기는 시대로 바뀌었고, 중국 대륙과 홍콩, 마카오 그리고 타이완을 마음대로 다니며 여러 지역의 중국인과 문화를 접하고 있다. 이들은 우리에게 중요한 이웃이 되었다.

과거 타이완을 중화민국으로 부르던 우리 아버지 세대와 현재 중국 본토를 중화인민공화국으로 칭하는 젊은 세대에게 타이완은 서로 다른 모습으로 나타난다. 그러나 중국 대륙과 타이완은 형제 국가라는 것이 진리이다. 현재 타이완이 향수의 지역이 된 세대는 한국의 발전을 위해 모든 젊음을 바친 사람들이다. 그리고 젊은 세대는 그들을 자양분으로 새로운 시대를 열고 세계인으로 바뀌어 나가고 있다. 현재의 젊은이들은 타이완을 역사적 중화민국이 아닌 현재의 타이완으로 보고 있는데, 이것은 현실적 국제정치이다. 그러나 역사적 입장에서 독립운동의 혈맹, 수교와 단교 그리고 다시 교류와 이해로 이어지는 한국과 타이완의 관계에는 어쩔 수 없이 헤어진 형제가 갖는 애증이 존재한다. 그럼에도 불구하고 타이완이 한국의 많은 사람들에게 사랑을 받고 있는 이유는 다음과 같은 특징이 있기 때문이라고 생각한다.

첫째, 타이완 사람들은 일본식 교육을 받은 부모 아래서 다시 국민당 정부의 유교적 교육에 기초한 교육을 받으며 미국식 교육 시스템에서 교육을 받아, 우리와 비교적 비슷한 가치관을 갖고 있는 중국인이라는 것이다. 여러 지역의 중국인들 중에서 한국 사람들과 비교적 쉽게 교류가 가능하다는 특징이 있는 것이다.

둘째, 타이완의 도시에는 한국의 도시처럼 그리 규칙적이거나 획일적으로 계획되어 있지 않은 엉성함이 있다. 그러나 그 엉성함 안에는 부자나 가난한 사람이 동시에 자신의 수준에 맞게 의식주를 해결할 수 있는 공간이 존재하고, 타이완 사람들에게는 서로가 서로에게 위압감을 주지 않는 사회 환경과 가정생활과 교육을 통해 교육된 친절한 성품이 있기에 우리를 편하게 한다는 것이다.

셋째, 타이완은 중국 문화의 특징을 갖고 있지만, 일본과 비슷하면서도 동남아 국가 같은 문화의 다양성을 가지고 있다는 것이다. 우리는 타이완에서 중국 문화, 일본 문화, 동남아 문화 그리고 서구 문화를 동시에 접하면서, 이것을 어떤 문화로 단정하기 어려워 그냥 타이완 문화라고 부른다. 그리고 이 복합적이고 자유분방하면서도 규칙이 있는 문화를 즐기게 된다는 것이다. 즉, 유사하면서도 이상한 환경에서 해방감을 느끼는 것이다.

넷째, 과거 타이완은 아시아에서 경제 발전이 모범적으로 빠른 지역이었지만, 현재는 한국의 경제 발전이 앞서가면서 타이완이 관광지로서 경비 대비 여행의 만족도가 높은 지역이 된 것이다. 경제 효율적 만족도 외에도 타이완에는 그 특이한 무엇이 존재하는데, 이러한 것을 비교적 저렴한 경비로 많이 경험할 수 있다는 장점이 있기 때문이다.

다섯째, 타이완은 우리가 가장 가까이 가 볼 수 있는 아열대기후 지역이고, 자연경관 지역과 관광지의 교통이 발달되어 있으며, 과일과 음식 등 먹을거리가 풍부하다는 것이다. 즉, 한국의 겨울철에 가장 가까이 있으면서 따뜻한 지역으로 타이완이 선택되는 것은 볼거리만큼 먹을거리가 충분하고 온화한 날씨 때문이라고 할 수 있다. 거기에 온천도 빼놓을 수 없을 것이다.

여섯째, 타이완 사람들은 한국을 타이완의 경쟁 대상으로 생각하지만, 한국 문화에 대한 이질감이 적고 서로가 서로를 어느 정도 이해하고 있다는 어떤 공통분모가 존재하기 때문일 것이다. 즉, 서로 간 마음으로 통하는 그 무엇이 있는 것이다.

현재 중국과 타이완 간에는 더욱 많은 교류가 진행되고 있고, 최근에는 양안의 지도자들도 서로 만나 서로에 대한 이해의 폭을 넓히고 있다. 필자는 한국의 젊은이들이 타이완에 가서 여러 지역을 본 후 진먼 섬으로 가서 중국에 인접한 또 다른 분단된 섬을 관람하고, 다시 배로 중국 대륙의 푸젠 성 샤먼 지역을 돌아보고 상하이나 광저우(廣州)를 거쳐 한국으로 돌아오는 여행을 하면 좋을 것이라고 생각한다. 그러면 타임머신을 타고 지질 환경, 문화, 사람 그리고 사회와 국가 체제에 대한 여행을 한 것과 같은 효과를 얻을 것이고, 이것을 통해 남북 통합의 중요성이 얼마나 시급한지도 이해할 수 있을 것이다.

필자가 타이완에 거주하는 동안 1년에 자동차로 2만km 이상의 여행과 답사를 다녔고, 중국 푸젠 성, 광둥 성 및 홍콩, 마카오 등지를 집처럼 수백 차례 돌아다녔다. 그러는 중에 북한 접경인 압록강과 두만강 지역에 가면 무언가 가슴을 억누르는 것이 있었다. 타이완이라는 섬이 대륙과 해양으로 연결되어 문화를 융합하며 발전했듯이, 한반도도 대륙과 해양으로 연결되어 선진 문화를 창조해야 한다는 꿈같은 소망이라고나 할까?

이번에 서울대학교 지리학과 학생들이 타이완을 답사하며 자신들이 느낀 내용을 학문적 기초 위에서 글로 정리하는 것은 매우 중요한 연구 활동이라고 생각한다. 지질학적 혹은 인문학과 사회학적 분석을 통해 다른 나라를 이해하고 공부하는 것은 코즈모폴리턴적인 인재로 성장할 수 있는 좋은 교육이다. 이러한 교육을 통해 학생들은 더 큰 세상을 보고, 또 자신을 돌아볼 수 있는 중요한 경험을 했을 것이라고 믿는다. 외국의 학생들과 같이 답사를 다니며 공부하는 방법은 서양에서는 자주 있는 학습 방법으로, 한국에서도 반드시 적용되어야 할 문화 융합과 교류를 실습하는 교육 방법이라고 생각한다.

학생들의 글을 읽으면서 처음 타이완에 갔던 32년 전 대학 시절 필자의 모습을 회상해 보았다. 그것이 근 32년간 중국의 여러 지역을 다니며 연구하고 있는 지금의 기초가 되었다. 그때 타이완에 대한 경험이 없었다면 지금 무엇을 하고 있을까도 생각해 보았다. 이번 답사를 마친 학생들에게도 언젠가 사회의 요직에서 혹은 자신의 연구실에서 지난 시절을 회상하는 시간이 올 것이다. 그때는 타임머신을 타고 그들이 본 타이완과 미래의 타이완을 비교하게 될 것이다. 이 책은 답사에 참가한 학생들이 미래를 열어 갈 거울이며, 그들의 글은 거울에 박힌 보석이라고 생각한다.

부족한 필자에게 강의를 하고 학생들과 직간접적으로 교류할 수 있는 기회를 주신 신혜란 교수님에게 송구스러운 감사의 말씀을 전하고 싶다. 신 교수님의 격려가 아니었으면 지난 타이완의 추억을 정리하지 못했을 것이고, 미래의 혜성이 될 꿈나무들을 창문 너머에서나마 볼 수 없었을 것이다. 시도는 기회이고 용기는 실천을 만든다는 생각이 든다. 신 교수님과 학생들의 용기에 찬사를 보내고 싶다. 그리고 모든 일에 정성을 다하는 이경은 조교도 필자에게 한국의 미래에 희망을 가져도 된다는 믿음을 주었다. 우리의 미래는 이 책을 만들기 위해 심신의 고생을 마다하지 않은 한국의 젊은이들의 열정이 있기에 걱정하지 않아도 될 것이라고 믿는다.

모든 젊은이들에게 건강과 용기와 희망이라는 축복이 같이했으면 한다.

김진호 · 단국대학교 정치외교학과 교수

단국대학교 중어중문과에서 공부하면서 중국과 인연을 맺기 시작했다. 졸업하던 시점인 1985년부터 한국과 타이완의 관계가 나빠지기 시작해 부득불 중국과 인접해 있는 홍콩으로 유학을 가게 되었으며, 나중에는 베이징에서 박사 공부를 했다. 중어중문학(중국 언어와 문화)을 시작으로 중국 역사(근현대사, 홍콩사), 중국 국제정치로 중국 연구의 틀을 좁혀 나갔다.
주경야독을 핑계로 타이완, 홍콩, 베이징, 한국에서 두루 직장생활을 했다. 그러나 학자 본연의 자세를 지키기 위해 타이완, 베이징, 홍콩, 한국의 연구소에 적을 두고 꾸준히 논문을 써 외국 학회에서 발표했다. 2014년 홍콩 ≪아주주간(亞洲週刊)≫ 한국 특약 기자가 된 이후부터는 중국어 방송 인터뷰나 중국어 주요 저널에 기고를 하고 있다.

Chapter 01

INTRODUCTION

1 타이완과 타이베이는 어떤 곳인가

2 언론에 비친 타이완과 타이베이

3 서울대학교 지리학과의 타이완 타이베이 답사 계획과 여정

4 지리학의 눈으로 보는 타이완과 타이베이

1

타이완과 타이베이는 어떤 곳인가

강진구(서울대학교 지리학과 석사 재학 '15)

타이완은 어떤 국가인가

우리에게는 대만[1] 혹은 타이완이라는 이름으로 더 잘 알려진 이 나라의 공식 명칭은 중화민국(Republic of China)이다. 타이완은 중국 본토와 바닷길로 멀리 떨어져 있기 때문에 중국 역사에서 오랫동안 변방에 머물러 있었고, 이곳에 가장 먼저 정착한 이들도 한족(漢族)이 아니라 동남아시아의 루손 섬과 말레이 반도로부터 온 이주민들이었다. 한족의 이주는 15세기 이후에 본격적으로 시작되었는데, 이주민들 다수는 중국 남부 푸젠 성 지역 출신 한족과 중국의 유랑 민족인 하카 족 출신의 농부들과 무역상들이었다. 그로부터 1세기 무렵이 지나서 유럽 인들도 이곳에 거점을 마련하기 시작했다. 동아시아에 가장 먼저 진출했던 포르투갈 항해사들은 타이완을 포르모사(Formosa, '아름다운 섬'의 의미를 가진 포르투갈 어 Ilha Formosa에서 유래)라는 이름으로 유럽에 소개했으며, 이미 인도네시아에 기반을 갖고 있던 네덜란드 인들도 타이완에 요새를 구축하고 세력을 넓혀 나갔다.

1) 대만의 한자는 臺灣이지만 보다 간편한 형태이면서 동일한 음가를 지닌 台灣으로도 표기된다. 타이완은 중국어 발음에 따라 한국어로 표기한 것이고 대만은 한국의 한자음 발음에 따라 표기한 것이다.

한편 17세기 초반 중국 본토에서는 거대한 변화가 일어나고 있었다. 명나라가 쇠퇴하고 만주족이 청나라를 건국하여 남쪽으로 진격하고 있었던 것이다. 이는 타이완에도 영향을 미쳤는데 한족들이 청나라 세력을 피해 타이완으로 대거 이주하게 된 것이다. 당시 항청 운동을 주도하던 정성공(鄭成功)은 중국 남부 출신의 대부호였다. 그는 에스파냐와의 경쟁에서 승리하면서 타이완의 주도권을 갖고 있던 네덜란드 세력을 몰아내고 타이완을 평정하였다. 그러나 이들의 저항은 20여 년 만에 타이완으로 진격한 청나라 군대에 의해 좌절된다. 1683년에 타이완은 청나라에 복속되었고, 점차 본토에서 온 이주민이 증가하면서 1885년에는 하나의 성으로 독립하기에 이르렀다. 하지만 1894년 청일전쟁의 패배로 청 왕조는 타이완을 일본에게 영구히 양도하는 데 동의하였다. 현지인들은 청나라가 자신들과 아무런 상의 없이 주권을 넘겨준 것에 대해 반발하면서 독립 공화국을 선포했지만, 조직적으로 침투한 일본군에 의해 독립운동이 좌절되었다. 결국 1945년에 일본이 태평양전쟁에서 패배하면서 타이완은 국민당 정부의 관할 지역이 되었다.

독립이 되었음에도 불구하고 타이완 인들은 국민당 정권에 의해 계속 차별을 받았고, 국가의 권력과 각종 요직은 중국 본토에서 온 외성인들이 차지하면서 갈등이 고조되었다. 당시 타이완에 거주하던 한족들은 이전부터 타이완에 거주해 온 내성인 또는 본성인과 국민당 정권의 지배 이후 새롭게 이주한 외성인으로 분류되었다. 이 두 세력 간의 갈등은 1947년에 2.28 사건[2]을 통해 폭발되었다. 당시 공포된 계엄령은 40년 동안 지속되었고 이를 바탕으로 타이완에서는 국민당 1당 체제의 정치체제가 유지되었다. 1987년 리덩후이 총통에 의해 계엄령이 해제되면서 정치적 민주화의 기반이 구현되었고, 현재는 다당제 민주주의가 이루어지고 있다.

한편 중화인민공화국, 즉 중국은 국민당 정권이 타이완에 정부를 수립한 후에도 계속

2) 이 사건은 이 책 3장에 상세하게 설명되어 있다.

타이완에 대한 영유권을 주장하고 있다. '하나의 중국'을 표방하는 중국 정부는 대외적으로 타이완을 독립국으로 인정하지 않고 있으며 각종 국제기구 및 자국과 외교 관계를 맺는 국가들에게도 이 원칙을 강력하게 주장하고 있어, 힘의 논리에서 밀린 타이완은 외교적으로 독립국의 지위를 인정받지 못하고 있다. 그렇기 때문에 1971년 중국의 UN 가입과 동시에 UN에서 탈퇴한 타이완은 국제기구 등에서 중화민국이라는 공식 국가명 대신 주로 차이니즈 타이베이(Chinese Taipei)로 표기된다. 2004년 아테네 올림픽에서 타이완 최초로 올림픽 금메달을 획득한 여자 태권도 종목의 천스신(陳詩欣) 선수가 타이완의 국기인 청천백일만지홍기(青天白日滿地紅旗) 대신 타이완의 올림픽위원회 깃발이 게양되는 것을 바라보며 하염없이 눈물을 흘리던 장면은 타이완을 둘러싼 국제 상황을 상징적으로 보여 주었다.

· 자연환경

타이완은 일본의 남서부, 필리핀의 북부에 위치해 있으며 중국 본토로부터 약 180km 떨어져 있는 타이완 섬을 중심으로 펑후(澎湖) 섬, 진먼(金門) 섬 등 주변의 작은 섬들로 이루어진 섬나라이다. 전체 면적은 3만 6,193km^{2}로 남한 면적의 대략 36% 정도이다.

여름철 기온이 평균 28℃이고 겨울철에도 평균 18℃인 아열대성 해양기후로 연중 따뜻한 기온이 지속되는데, 여름과 가을에는 비교적 날씨가 안정되어 있는 반면 겨울에는 비가 잦고 기온의 변동이 심한 편이다. 여름은 무덥고 길며 특히 6월에서부터 9월 사이에는 태풍의 영향을 자주 받아 짧은 기간 내리는 폭우 등으로 인명 및 재산 피해가 빈번하게 발생한다.

지형은 한반도와 비슷하게 동쪽이 높고 서쪽이 낮은 동고서저의 형태를 띤다. 타이완 섬의 서부는 해안선을 따라 길고 낮은 산지와 기복이 적은 평탄한 지형을 이루는 반면, 동부는 험준한 산악 지대가 계속 이어져 동부와 서부 지역 간에 뚜렷한 지형의 차이가 나타난다. 따라서 타이베이와 가오슝 같은 주요 도시는 타이완 섬 서부에 위치하고 동부 지역은 상대적으로 미개발된 자연 그대로의 모습을 유지하고 있다.

• 인문환경

2014년 기준 타이완의 인구는 약 2,343만 명이며(타이완 외교부 공식 홈페이지) 전체 인구 중 약 95%는 한족이고 약 2%의 원주민이 거주하고 있다. 공식 언어는 만다린, 즉 표준 중국어이지만 중국 남부의 방언에서 유래한 타이완 어도 일상에서 많이 사용된다. 타이완은 총통이 정부의 수장인데 대내적으로는 군 최고 통수권자의 역할을 수행하고 대외적으로는 국가를 대표하는 권한과 책임을 지닌다는 점에서 한국의 대통령과 유사하다고 볼 수 있다. 중화민국 헌법 제정 이래, 최초의 총통이었던 장제스 이후 타이완의 총통은 대대로 제1 정당인 국민당에서 배출되었지만 2000년에 최초로 야당인 민주진보당 소속의 천수이볜 후보가 총통에 당선됨으로써 정권 교체가 이루어졌다. 그러나 천수이볜 다음으로 국민당 소속의 마잉주가 총통에 당선되며 국민당의 집권이 다시 이어지고 있다.

한국, 홍콩, 싱가포르와 함께 아시아의 네 마리 용 중 하나였던 타이완은 1950년대 이후 급속한 경제성장을 달성하였다. 전 세계에서 지난 50년간 연평균 경제성장률이 5%를 넘는 나라는 타이완과 한국밖에 없으며, 두 나라 모두 국가 개발 이전 농업 위주의 산업구조에서 출발하여 수출 지향적 공업화로 전환하는 발전 경로를 밟아 왔다는 공통점이 있다. 국민당 정부는 국가 기반 산업을 위주로 주요 산업을 국영화하면서 대규모의 공기업을 운영하였고 이외의 분야는 민간에 철저히 맡기는 자유방임의 정책을 구사했는데, 이는 민간 부문에서 수많은 중소기업이 산출되는 배경이 되었다. 그러나 시장에서 경쟁이 치열해지던 1980년대 후반, 주문자 생산 방식 위주의 타이완 중소기업들의 경쟁력이 약화되면서 산업의 구조 재편이 이루어졌다. 전략적으로 정보 통신 기술 산업에 집중하면서 현재 Acer, Asus, HTC와 같은 자체 브랜드와 글로벌 브랜드 Apple의 제조사로 알려진

Foxconn 등의 기업이 성장하였으며, 전 세계 정보 통신 하드웨어 시장에서 30% 이상의 점유율을 차지하고 있다.

그러나 2000년대 이후 연평균 경제성장률이 3%에 머무르는 등 성장세가 크게 둔화되었다. 경제학자들은 제조업 부문의 구조 재편에도 불구하고 독점 공기업과 다수의 중소기업으로 구성된 타이완의 이중적 산업구조가 근본적으로 바뀌지 못했다는 점을 지적했다. 글로벌 시장의 경쟁이 치열해지면서 타이완 중소기업들의 경영이 어려워진 데 비해 보다 경쟁력이 있는 민영 대기업이 충분히 성장하지 못했다는 것이 주요한 원인으로 꼽힌다. 또한 수출의 절반을 차지하는 전자 부문이 기존의 일본 및 북미 시장에서 중국 시장으로 점차 옮겨짐에 따라 중국 경제에 대한 의존도가 높아져 타이완 경제 상황이 중국 내수 경기에 동조하는 현상도 나타나고 있다. 그리고 많은 중소기업이 인건비 절감을 위해 중국으로 이전하면서 타이완은 일자리가 부족해지고 실질임금이 정체되고 있다. 이에 따른 청년 인구의 취업문제와 저출산이 타이완 사회가 극복해야 할 큰 문제로 부상하고 있다.

타이완 정부는 경제성장률을 다시 회복하기 위해 신흥국 시장과의 무역 관계를 강화하는 한편 공기업의 민영화를 지속적으로 추진하고 있다. 중국과의 양안 관계도 경제적인 이해를 바탕으로 실리를 지향하는 방향으로 전개되고 있는데, 2010년 체결한 중국-타이완 경제협력기본협정은 실리를 추구하고 타이완의 경제성장 동력을 재가동하겠다는 의지를 나타내고 있다.

· 한국과의 관계

한국과 타이완은 일본의 식민 지배 경험과 반공을 국시로 한다는 공통점, 그리고 건국 후의 급속한 경제 발전과 민주화라는 유사한 사회적 경로를 밟아 오면서 유대감을 갖게 되었다. 하지만 반공 이데올로기 아래에서 정치적인 동맹 관계를 유지했던 것에 비해 이러한 연대를 구체화할 수 있는 실질적인 관계가 충분히 구축되지 못했다. 또한 한국인들이 타이완을 주로 경제와 연관시켜 생각했기 때문에 타이완을 한국의 잠재적 경쟁자로 생각하는 경향도 있었다. 이처럼 우방국이었으나 긴밀하지 못했던 한국과 타이완의 관계는 1992년 한중 수교를 계기로 단절되었다. 단교 직후에는 직항 항공 취항 금지, 수출품 교역 중단 등 사회·경제적 관계가 일시적으로 차단되었으나 비공식 관계는 단교 후에도 계속 명맥을 이어왔고, 2004년 직항 항공편 제한 조치도 해제되었다. 2000년대 중반 이후에는 아시아 지역에 한류 열풍이 불면서 타이완 관광객이 계속 늘어났다. 2013년 한국의 한 케이블방송에서 타이완을 무대로 한 예능 프로그램이 크게 인기를 끈 이후 타이완을 여행하는 한국 관광객도 급격히 증가하고 한국과 타이완 양국 사이를 교류하는 관광객이 2014년에 최초로 100만 명을 돌파하는 등 양국의 민간 교류는 점차 활발해지고 있다. 타이완의 유명 딤섬 레스토랑인 '딘타이펑'이나 타이완 스타일의 밀크티를 판매하는 '공차' 같은 상점들이 젊은 세대를 중심으로 한국 곳곳에서 큰 인기를 끌고 있고, 타이베이 시내를 운행하는 버스들이 한국의 유명 연예인들의 사진으로 도배된 것도 이러한 현상의 하나로 이해할 수 있을 것이다.

· 홍콩의 중국 반환과 타이완

1997년 홍콩이 중국에 반환되던 해, 불안과 긴장으로 중국을 대면하던 홍콩 인들 만큼이나 타이완 인들도 숨죽이며 상황을 지켜보고 있었다. 하나의 중국이라는 기치와 일국양제의 원칙 아래서 새롭게 출발하는 홍콩의 운명은 타이완에게도 중국과의 관계를 어떻게 재정립할 것인지에 대한 이정표가 되었던 것이다.

홍콩과 타이완은 근대 이전까지는 유구한 역사를 지닌 중화제국의 변방에 머물러 있었다. 역설적이게도 근대 이후 영국과 일본이라는 외세의 침략이 홍콩과 타이완을 중국 본토의 고유한 배경으로부터 분리시켰고, 그것이 고유의 문화와 정체성을 형성하게 된 원인이 되었다. 홍콩 인들이 스스로를 중국 사람이 아닌 홍콩 사람으로 규정하는 것이나 반환

이후 유입되는 중국 본토인에 대해 공공연한 반감을 갖는 것은 타이완 인들이 중국을 그들의 뿌리라고 생각하면서도 정치적으로 중국과 철저히 분리되려는 것과 동일한 배경, 즉 지역 고유의 정체성에서 이해할 수 있다. 이런 맥락에서 홍콩과 타이완은 중국의 일부이면서 동시에 중국과 다르다고 말할 수 있는 것이다.

물론 홍콩이 중국과 정치적으로 통합된 지역이고 타이완은 분리되어 실질적으로 독립국의 위치를 유지하고 있다는 점에서 홍콩과 타이완의 입장은 차이가 있다. 하지만 타이완이 2014년에 벌어진 홍콩의 우산 혁명에 주목하는 것은 중국과의 정치적 관계에서 홍콩이 하나의 지표가 되기 때문이다. 중국에 반환된 이후 홍콩에는 특별행정구로서 독립적인 지위가 주어졌지만, 최근 홍콩 자치장관 선거에 관여하는 중국의 권위주의적 태도와 이에 대항하는 홍콩 시민들의 반발을 보면서 타이완은 일국양제의 허구성을 보게 되었다. 또한 중국 사람과 중국 자본이 유입되면서 심해진 홍콩 내부의 갈등과 경제적 불평등이 홍콩 사회 내부의 분열을 가져왔고, 이는 타이완에 중국과의 관계뿐 아니라 중국과의 합병 이후의 양극화문제와 이에 따른 사회 내부의 갈등이 더 큰 문제일 수 있다는 것을 암시했다.

중국은 2014년의 홍콩 시위를 무력으로 진압하려고까지 하면서 중국 정부가 홍콩에 민주주의 체제를 허용하지 않으리라는 사실을 분명히 보여 주었다. 이에 따라 타이완도 언젠가 홍콩과 비슷한 형태로 중국에 병합될 수 있다는 생각에, 타이완 인들은 홍콩 시위대에 적극적인 지지 의사를 보이며 동조하게 된 것이다. 홍콩의 우산 혁명은 타이완과 중국 간의 관계를 다시금 성찰하게 하였고, 현재 홍콩의 상황이 타이완의 미래가 될 수 있다는 유대감은 타이완과 홍콩을 더욱 긴밀히 연결하였다.

타이베이는 어떤 도시인가

타이완의 수도인 타이베이는 타이완 북부 분지 지역의 중심에 위치하며, 시의 북쪽으로부터 동쪽과 남쪽으로 산에 둘러싸여 있고 서쪽으로 낮은 평야 지대를 이룬다. 단수이(淡水) 강이 시의 서쪽을 따라 흐르며 자연 경계가 된다.

타이베이의 2013년 말 인구는 268만 명으로 신베이 시(396만 명)보다 인구가 적으며 가오슝 시(276만 명)나 타이중 시(265만 명)와 비슷한 규모이다. 타이완 제1의 도시임에도 불구하고 인구가 다른 곳보다 적은 이유는 타이베이의 면적이 상대적으로 작기 때문이다. 타이베이의 면적은 271.8km^2인데, 이를 인근 국가들과 비교하면 서울시(605km^2)의 약 45% 수준이며, 도쿄(2,187km^2)나 베이징(16,808km^2)에 비해 매우 작은 규모를 보이고 있다. 이는 기존 타이베이 현에서 중심부인 타이베이 시만 분리되었기 때문이다. 기존 타이베이 현은 2010년에 직할시로 승격되면서 신베이 시(新北, New Taipei City)라고 명명되었고, 신베이 직할시가 타이베이 시 전체를 둘러싸고 있는 형태이다. 실제로 신베이 시의 일부 구는 타이베이와 생활권을 공유하고 있으며, 이 같은 타이베이와 신베이의 환형 구조(Urban Circle)가 타이완 지하철인 MRT 등의 교통 네트워크로 연계되어 하나의 광역 도시권을 형성하고 있다.

타이베이 시는 여러 차례의 행정구역 재편을 거치면서 현재는 다안, 중산, 쑹산 구 등 12개의 구로 편성되어 있다.

• 인문환경

타이베이는 타이완 섬의 주인이 바뀔 때마다 그 모습을 달리해 왔다. 타이베이 분지 일대는 토양이 비옥해 일찍이 원주민인 케타가란 족이 정착해 있었다. 네덜란드와 에스파냐 등 유럽 국가들이 타이완에 진출한 17세기에는 단수이 강 하류 일대가 무역항으로서 번성하였고, 한족이 대거 정착하기 시작한 명-청 교체기에 타이완의 중심으로 자리매김하였다. 근대 이후에는 일본에 점령되면서 일본 문화가 급속히 전파되었고, 태평양전쟁 이후에는 중국 본토에서 피신한 국민당 정부가 통치하게 되었으며 경제성장에 따른 급격한 도시화가 이루어졌다.

타이베이는 역사적으로 여러 세력의 지배를 받았고 격동하는 타이완 역사의 주요 무대였다. 동양과 서양, 그리고 과거와 현재의 공존은 하나의 도시 안에 다양한 경관이 살아 숨쉬는 타이베이만의 고유한 특징을 만드는 요인이 되었다. 중국 문화를 근간으로 다양한 원주민 집단, 유럽이 남긴 문화유산 그리고 일본 점령기의 근대 유산과 생활양식이 다원적으로 융합되었고, 사람들은 전통과 현대가 서로 어우러진 삶을 살아간다. 현대식 건물이 즐비한 정부 청사 옆에는 용이 새겨진 전통적 사찰에서 절하고 있는 타이베이 시민들이 있다. 타이베이 곳곳에 있는 야시장과 전통시장의 축축한 바닥을 걸으며 좌판에 널린 생선과 고기, 길거리 음식의 시큼한 냄새를 맡을 수 있지만, 거기서 조금 더 걸어가면 세계에서 가장 현대적인 백화점과 몰에서 쇼핑을 할 수도 있다.

타이베이와 그 일대 지역은 타이완 경제 발전의 중심으로서 2차산업과 3차산업의 중심지이다. 섬유 공장과 각종 첨단 기술 제품을 생산하는 제조업체들이 입지해 있으나 전통 제조업은 최근 중국으로 이전하는 추세이며, 점차 상업, 운송, 은행업 등 서비스업의 비중이 높아지고 있다. 관광도 타이베이 경제의 한 축을 담당하고 있으며 한 해 500만 명이 넘는 외국인 관광객이 방문하고 있다.

• 자연환경

타이베이가 위치한 타이베이 분지와 그 주변 지역은 크지 않은 면적임에도 불구하고 화산과 온천, 분지와 구릉지, 하천과 습지 등 다양한 지형이 분포되어 있는 곳이다. 평탄하고 화려한 타이베이 시내에서 차를 타고 조금만 가면 조용한 산림에서 산책을 하거나 편안하게 온천에서 휴식을 취할 수도 있다.

타이베이의 자연 지형은 크게 화산과 구릉지, 분지 지대로 구분할 수 있다. 화산 지역은 타이베이 북쪽에 분포하는 다툰 화산군 일대로 타이완에서 가장 높은 화산인 치싱 산(1,120m)을 포함하여 순상화산 및 종상화산이 두루 분포하고 있다. 이 일대는 양밍산국가공원으로 지정되어 있어 타이베이 시민들이 즐겨 찾는 관광지이며, 인접한 베이터우 구에는 온천이 잘 개발되어 있어 타이완 인뿐 아니라 외국인들에게도 많은 인기를 끌고 있다.

구릉 지형은 북쪽의 화산 지대로부터 시작하여 타이베이의 동쪽과 남쪽을 빙 둘러싸고 있는 울창한 삼림 지대이다. 이 지역은 퇴적암으로 구성된 단층산맥의 일부인데 고도가 높지 않고 지형의 기복이 적어서 산악 지대가 아니라 구릉지로 분류된다. 구릉 지대 한 가운데에 지룽 계곡이 북서쪽으로 길게 이어져 있으며, 이 계곡은 북쪽의 네이후 산과 남쪽의 난강 산을 나누는 경계가 된다. 지룽 계곡은 북동부 해안으로 이어지면서 타이베이 분지와 지룽 시를 연결하는 육로가 된다.

분지 지형은 단층운동으로 형성된 구조 분지로 단층을 따라서 이등변삼각형 형태를 띠고 있다. 고지대인 북쪽과 동쪽, 그리고 남쪽에서 흐른 여러 지류들은 타이베이의 서쪽 경계를 따라 흐르는 단수이 강에서 합류하면서 풍부한 유역 토양을 형성하고, 단수이 강은 서쪽으로 계속 흘러가 타이완 해협에 이른다.

타이베이 주변 지역의 지형적 다양성으로 인해 도심 지역과 주변 지역의 기후 차이가 크지만 중심부를 기준으로 하면 분지 지형의 특성이 잘 나타난다. 아열대성 기후로 연중 대체로 온난하지만 여름에는 40℃에 육박하는 무더위가 오는데 이때는 습도 역시 매우 높다. 겨울은 대체로 온화한 편이며 가끔 영하에 가까운 날씨가 찾아오기도 한다. 연중 강우일수가 150일이 넘을 정도로 비가 자주 오며, 겨울인 12월에도 우산을 매일 챙겨야 할 정도로 비가 많이 온다.

References

▷ 논문(학위, 학술지)

- 윤상우, 2003, "타이완 경제성장모델의 신화", 한국사회학 37(6), 85-114.
- 정문상, 2013, "냉전기 한국인의 타이완인식 - 일간지의 타이완 관계 기사 분석을 중심으로", 중국근현대사 연구 58, 87-103.

▷ 보고서

- 경기개발연구원, 2007, 타이완 경제의 침체 배경과 시사점, 정책연구 2007-21.
- ______, 2013, 한국과 타이완의 기업생태계 비교연구, 정책연구 2013-55.

▷ 홈페이지

- 중화민국 공식 홈페이지(중화민국 외교부) http://www.taiwan.gov.twi/
- 타이베이 관광부 홈페이지 http://www.travel.taipei/en/
- 타이베이 시 홈페이지 http://english.gov.taipei/
- 타이완 관광청 공식 홈페이지 http://www.taiwan.net.twi/

2

언론에 비친 타이완과 타이베이

김주연·김진아·이유나·전형근·유동한

타이완과 한국은 굉장히 닮기도 했지만, 또 굉장히 다르기도 하다. 역사적·문화적·사회·경제적으로 매우 많은 부분을 공유하고 있으며, 그로 인해 한국 사람들은 타이완을 매우 친근한 나라로 인식하고 있는 듯하다. 이런 인식 덕분인지 타이완에서 발생하는 사건들은 우리에게 다양한 방식으로 전달되고 있는데, 각각의 사건에는 타이완의 지리적 특성, 타이완과 다른 국가들 간의 지정학적 관계가 반영되어 있다. 몇 가지 기사만 보더라도 타이완이 지리적으로 연구할 만한 가치가 충분한, 흥미로운 이야깃거리가 가득한 지역임을 느낄 수 있을 것이다.

최근 타이완에서 정치적·지리적으로 가장 이슈가 되었던 사건은 '남중국해 분쟁'이다. 이는 단지 타이완만의 문제가 아니라 인접한 동남아시아 국가들과 중국, 심지어 미국까지 개입되어 있는 큰 문제이다. 그리고 그 분쟁의 이면에서 지리적 문제를 발견할 수 있다. 남중국해는 단어 그대로 중국의 남쪽에 위치한 바다이다. 이 해역은 중국, 타이완, 베트남, 필리핀, 말레이시아, 브루나이 등 6개 국가에 둘러싸여 있고, 남중국해에는 난사 군도, 시사 군도, 중사 군도, 둥사 군도 등 4개의 군도가 있다. 남중국해가 분쟁의 중심이 된 이유가 무엇일까? 먼저 이 해역의 해저와 군도에는 엄청난 양의 원유와 천연가스가 매장되어 있는 것으로 추정되고 있다. 또 남중국해는 세계 해양 물류와 원유 수송의 절반 정도가 지나는 세계적으로 중요한 길목이다. 가장 큰 문제는 이 보물과 같은 해역에 무려 6개나 되는 국가가 인접해 있다는 것이다. 지리적으로 보았을 때 분쟁이 있는 것이 어쩌면 당연할 수도 있는 이 남중국해 지역에, 최근에는 미국까지 가세해 서로 영유권을 주장하며 다투고 있다.

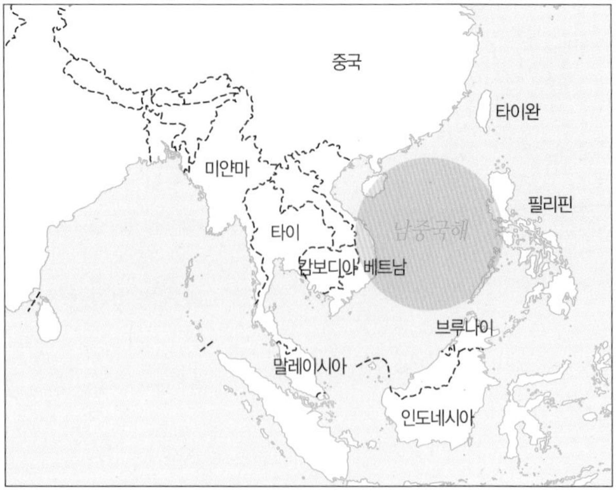

그림 1.2.1 | 남중국해의 위치

미국과 중국 간의 갈등이 빚어지고 있는 곳은 4개 군도 가운데 가장 큰 난사 군도이다. 중국은 난사 군도 부근이 중국의 영토라고 주장하고, 미국은 난사 군도 해역은 공해라며 중국에 반대 입장을 내비치고 있다. 중국은 자국의 입장을 더욱 공고히 하고자, 최근에 실질 지배를 하고 있던 암초에 인공 섬을 건설하고 그 위에 활주로를 만들고 있다.1) 이에 대항하여 미국은 난사 군도의 인공 섬 근해로 미국의 구축함을 진입시켰다. 미국의 군함이 남중국해 부근을 순항하자 중국은 강력한 경고의 입장을 내보이며 중국의 영토임을 강조하고 있다. 미국은 왜 이 남중국해 지역과 관련해 중국을 견제하고 있는 것일까? 중국이 만약 남중국해 지역을 장악한다면, 남중국해가 갖고 있는 경제적·지리적 이점을 모두 독점하게 된다. 그렇게 되면 안보와 경제, 정치 분야에서 중국이 더욱 부상할 것이 자명하기 때문에 미국이 중국을 견제하며 적극적인 입장을 밝히는 것이다.

이런 중국과 미국의 대립에 대해서 타이완도 강한 입장 표명을 하고 있다. 전체적으로는 미국의 입장을 반박하면서, 남중국해의 일부가 타이완의 영토라는 입장을 밝히고 있

1) 홍인표, 2015, "누가 남중국해를 차지하는가", 경향신문(2015.09.08).

다. 타이완의 입장과 관련된 가장 최근의 언론 보도는 네덜란드 상설중재재판소(PCA)가 최근 남중국해 영유권 분쟁문제를 다루겠다고 결정한 데 대해 타이완이 인정할 수 없다는 입장을 보였다는 기사이다. 기사에 의하면, 타이완 외교부는 "역사, 지리, 국제법을 막론하고 난사 군도, 시사 군도, 중사 군도, 둥사 군도와 주변 해역은 '중화민국(타이완의 공식 국호)'에 속한다"고 주장했다. 타이완 외교부는 이어 남중국해 도서 지역은 중화민국이 가장 먼저 발견하여 이름을 지었고, 1952년 발효된 샌프란시스코강화조약과 중일평화조약 등의 문건은 일본의 점령하에 있던 이들 도서 지역이 중화민국으로 반환됐다는 점을 확인했다고 덧붙였다.2) 중국 외교부도 타이완의 입장에 대해서 "양안(兩岸) 중국인들은 모두 국가의 영토 주권과 해양 권익을 함께 수호할 의무가 있다는 점을 강조하고 싶다"고 논평했다. 이처럼 남중국해와 같은 지정학적 요충지는 역사적으로 계속해서 이슈의 중심이 되곤 한다.

최근 타이완 사회의 분위기를 과열시킨 또 하나의 사건이 있다. 타이완에서 역사, 지리, 사회 교과서를 새 교육과정에 맞게 편찬해 발표하였다. 이 교과서가 문제가 된 이유는 교과서에서 양안은 하나의 중국이라는 사상을 내비치고 있기 때문이다. 이전의 교과서는 타이완과 중국을 별개의 국가라고 가르쳤다. 중국사와 타이완사를 따로 배웠고, 중국에서 가장 큰 섬은 하이난 섬이라고 표기했다. 하지만 새 교과서에서는 중국사와 타이완사를 통합해서 본국사로 가르치고, 중국에서 가장 큰 섬은 타이완 섬이 되었다. 타이완이 중국의 일부로 귀속된 것이다. 이 개정 교과서 안이 발표되자 타이완 고등학생들이 '반교과과정 북부지역 고교연맹'을 만들어 새 교육과정을 철회해 달라며 타이베이 교육부 청사 앞에서 시위를 벌였다. 이 갈등은 중국과 타이완 역사에서 비롯된 뿌리 깊은 반중(反中) 정서에 의한 것이다.3) 학생들은 교과서가 이렇게 바뀐 것은 '검은 음모'가 있기 때문이라며 검

2) 이준삼, 2015, "대만도 '남중국해 중재 인정 못해'…중국과 '묘한 공조'", 연합뉴스(2015.11.02).

3) 맹경환, 2015, "중국에서 가장 큰 섬은?", 국민일보(2015.07.07).

그림 1.2.2 | 타이베이 교육부 청사 앞에서 시위를 벌이고 있는 학생들
(출처 : 타이완 중앙통신사 제공, http://news.kmib.co.kr/article/view.asp?arcid=0923149108&code=11141200&cp=nv)

은 우산을 들고 시위를 벌였다. 최근에는 교과서 개정안 철폐를 요구하며 자살한 학생까지 나와 갈등의 분위기가 격화되고 있다.

이런 타이완 인들의 반중 정서는 중국과 타이완의 분단이라는 역사적 사실로부터 비롯된 것이다. 1949년 중국 대륙에서는 '중화인민공화국'의 수립과 함께 공산화가 선포되었고, 내전에서 패한 국민당의 장제스는 타이완으로 건너가 '중화민국'을 선포하였다. 중국은 타이완과의 통일을 위해 '타이완 흡수 통일'을 주장하고, 반대로 타이완은 중국과의 3불(不) 정책을 주장하면서 양안 간의 분열이 심해졌다. 이때 3불이란 중국과의 불접촉, 불담판, 불타협을 의미한다. 반세기 이상의 분단 결과, 중국인과 타이완 인은 서로에 대한 반감을 키워 왔다. 분단의 결과는 인식적인 측면뿐만 아니라 언어와 문자에서도 나타난다. 한국에도 북한과 남한의 언어 차이가 있듯이, 중국과 타이완도 언어와 문자의 차이가 나타난다고 한다. 타이완에 관한 한 보도에 따르면, 중국과 타이완의 사회제도와 생활양식,

지리적 환경, 외래어 수용 방식, 방언 등의 차이로 언어와 문자에서도 뚜렷한 차이가 나타나고 있다고 한다. 정치제도상 중국에는 선거 관련 단어가 없지만 타이완에는 있거나, 중국과 달리 타이완은 몇몇 일본어 어휘도 표준어로 수용하고 있다는 점이 그렇다. 또 중국어로 '투더우(土豆)'가 타이완에선 '땅콩'을, 중국에선 '감자'를 의미한다.4)

하지만 중국과 타이완이 3통(通) 정책에 합의하면서 양안 사이에 운항, 교역, 우편 왕래가 가능해졌고,5) 그 결과 양안 사이의 교류가 늘고 있다. 이와 관련해 언론에서 많이 언급되고 있는 기사는 타이완에서 중국 관광객들이 가지는 파급력에 대한 것이다. 타이완은 중국과 지리적으로 가깝고 다양한 문화로 인해 볼거리가 많기 때문에 중국인들에게 매력 있는 관광지로 여겨진다. 그로 인해 타이완의 중국인 관광 방문객 수가 매년 증가하고 있고, 그만큼 면세 상품에 대한 수요도 급증하고 있다. 이런 현상에 발맞추어 타이완은 최근 부속 섬인 진먼 섬 전체를 면세화하겠다는 정책을 발표하고 이를 추진하고 있다.

진먼 섬은 중국의 샤먼 지역에서 2km 정도밖에 떨어져 있지 않은 섬이다. 이런 지리적 위치 때문에 과거 진먼 섬은 영토 분쟁의 중심지였고 국공 내전의 최전선이었다. 한국에서는 연평도와 자주 비교되는 섬이기도 하다. 그다지 넓지 않은 섬에 군인만 10만 명이 주둔했다고 하니 얼마나 치열한 전쟁터였는지 짐작할 수 있다. 중국과 타이완 간에 교류가 없던 시절에는 위치적 특징이 섬에 접근하지 못하게 만드는 단점이었지만, 이제는 교류가 활발해지면서 진먼 섬의 위치가 최대 강점 중 하나가 되었고 섬의 위상이 180도 변화하였다. 관련 보도에 따르면 샤먼에서 페리를 타면 30분 만에 진먼 섬으로 갈 수 있다고 한다. 중국 관광객들(유커)이 이 섬으로 당일치기 여행을 와서 초대형 면세점을 이용하고 있다. 밀려드는 유커의 수요를 감당하고 또 더 많은 유커를 유치하기 위해서 타이완 정부는 진먼 섬 전체를 면세화하려는 것이다.6)

4) 김승환, 2015, "中 · 타이완, 동독 · 서독도 언어 · 문자 갈등 겪어", 세계일보(2015.09.15).

5) http://imnews.imbc.com/replay/2008/nwtoday/article/2253960_13259.html 2008

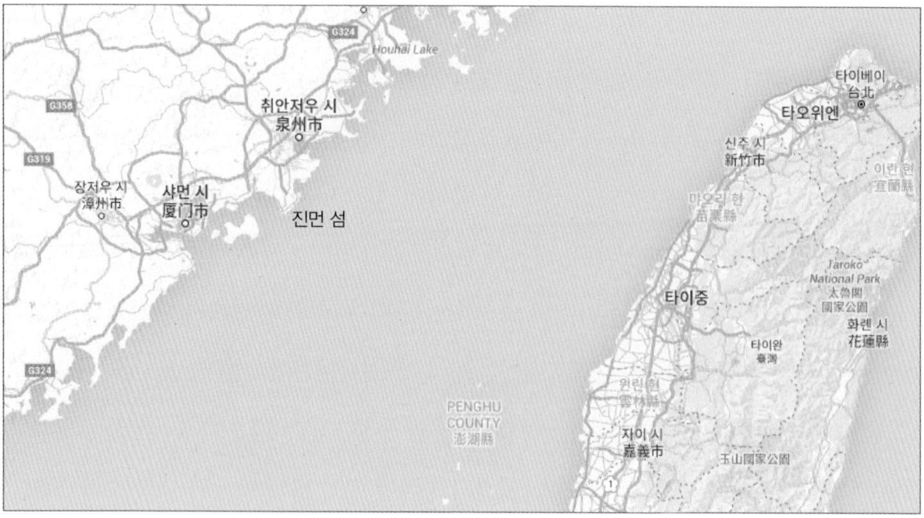

그림 1.2.3 | 진먼 섬과 샤먼 (출처 : Google 지도)

2015년 9월에 보도된 흥미로운 기사가 있는데, 국제 보험업협회인 런던 로이즈와 영국 케임브리지 대학교의 위기연구센터에서 최근 발표한 연구 결과에 대한 것이다. 전 세계 301개 도시의 향후 10년간 재해 피해액 규모를 산정해 본 결과 타이완의 타이베이가 1위를 차지했고, 서울이 3위를 차지했다.[7] 앞으로 2025년까지 타이베이가 사고와 자연재해로 가장 많은 경제적 손실 규모를 겪게 될 것이란 예측으로, 다소 과장되어 보이는 결과이기도 하다. 하지만 타이완의 지리적 위치와 기후적 특징 때문에 자연재해로 인한 피해 소식이 주기적으로 우리에게 전달되곤 한다. 타이완과 관련해 언론에 가장 많이 보도되는 사례 중 하나가 바로 지진과 태풍 피해에 관한 것이다.

2015년만 하더라도 태풍 사우델로르, 고니, 두쥐안, 곳푸 등 수많은 태풍이 타이완을 덮쳐 크고 작은 인명 피해와 경제적 손실을 초래했다. 태풍은 열대 해상에서 발생하는 이

6) 김성훈, 2014, "세계는 지금 '요우커' 유치 전쟁(상)", 한라일보(2014.10.22).

7) 이용성, 2015, "서울, 세계에서 세 번째로 재난에 취약…타이페이 가장 위험", 조선비즈(2015.09.16).

동성 저기압으로, 북서쪽 방향으로 이동하다가 북동쪽으로 방향을 바꿔 포물선을 그리며 이동한다. 태풍이 방향을 바꾸는 지점을 '전향점'이라 하고, 전향점은 일반적으로 북위 20~30° 부근이다. 태풍의 진로는 기압 차이 등에 따라서 변화하기는 하지만 태풍이 주로 지나다니는 길목이 있고, 그중 한 곳이 타이완이다. 그래서 타이완에서 태풍의 피해가 매년 수없이 많이 나타나는 것이다.

지진도 타이완에 주기적으로 피해를 주는 자연재해 중 하나인데, 이 또한 타이완의 위치적 특징 때문이다. 대부분의 지진은 지각이 균열을 일으킬 때 발생하며, 지구에서 발생하는 지진의 90% 정도가 환태평양 조산대에서 발생한다. 타이완은 태평양을 지나는 환태평양 조산대에 위치하고 있다. 그래서 지진의 발원지가 되기도 하고, 주변국에서 발생한 지진으로 인한 여진 피해를 입기도 한다. 가장 최근인 2015년 10월에 타이완 동부의 이란 앞바다에서 진도 5.3의 지진이 발생했고, 같은 해 4월 네팔에서 거대한 지진이 발생한 이후 타이완에도 연쇄 지진으로 인한 크고 작은 피해가 초래되었다고 한다.8)

8) "네팔지진 이후 시짱·대만 등 연쇄지진 공포 확산", 연합뉴스(2015.04.26).

3

서울대학교 지리학과의 타이완 타이베이 답사 계획과 여정

김주연 · 김진아 · 이유나 · 전형근 · 유동한

지리답사와 지리학

지리학과 학생들이 흔하게 듣는 말이 있다. "여행 가자고? 그러면 네가 지리학과니까 계획을 잘 짤 수 있겠네! 그럼 이만."

아쉽게도 지리학과가 개설되어 있는 대학이 많지 않은 탓에 지리학과 학생을 전문 여행사 직원처럼 여기는 경향이 꽤 있다. 그래서 수많은 친구들이 '여행 계획은 지리학과가 짜면 되겠다'라며 막중한 임무를 맡기고, 우리는 여행을 진두지휘할 특권 아닌 특권을 갖게 된다. 물론 지리학은 사회과학의 한 분야이기 때문에 '여행 계획 세우기'를 중점적으로 배우지는 않는다. 재미있는 사실은, '우리가 그런 걸 하려고 지리학과에 간 게 아니야!'라고 울분을 토하면서도, 여행을 짜는 데에 큰 흥미를 느끼고 또 곧잘 한다는 것이다. 원래 그런 것들을 좋아해서 지리학과에 온 건지, 지리학과에 온 뒤로 지도를 보고 자료를 모으는 데 도가 터서 그런지는 몰라도 말이다(우리는 아마도 전자에 속하는 것 같다). 그러므로 결론은, 지리학과 학생들에게 여행에 대해서 좀 '요구'해도 괜찮다는 것이다.

지리학과 학생이라고 해서 세계 모든 나라의 수도를 외우지는 못하지만, 어느 나라는 기후가 어때서 언제 여행을 가면 날씨가 어떨 것이고 또 지형은 어떻다는 것은 자신 있게 이야기할 수 있다. 흔히 자연지리라고 불리는 것들이다. 그러한 요소들은 보편적이고 과학적인 지리학 법칙에 의해 결정되기 때문에 지리학과에서 상세히 다룬다. 어느 지역의 자연환경을 이해하는 것은 굉장히 중요한데, 그 지역의 생활양식과 문화의 양상을 결정하기 때문이다. 물론 이런 시각이 극단적으로 흐르면 어느 민족이 우수하고 어느 민족은 열등하다고 주장하는 민족주의로 변질되어 거센 비판을 받을 수 있다. 하지만 우리가 말하고 싶은 것은 그러한 결정론적 시각이 아니라 세계 각 지역의 모습이 모두 다른 데에는 자연환경의 영향이 분명히 작용한다는 것이다. 인류가 이 땅 위에서 살아가는 한은 그렇다.

그럼, 지리학이란 무엇일까? 사전에는 지리학이란 인간이 사는 지표상의 지역적 성격을 탐구하는 학문이라고 되어 있다. 한편 고등학교 시절 지리 선생님은 '지리는 맛(flavor)'이라고 했다. 일반 사람들이 생각하는 지리학은 또 다를 것이다. 등산이나 여행을 가서 볼 수 있는 명승지나 특이한 지형에 대한 지루한 설명이 빼곡하게 적혀 있는 안내문일 수도 있고, 어느 지역이 어디 있고 무엇이 있는지를 알려주는 내비게이션일 수도 있으며, 배산임수나 장풍득수를 알려주는 풍수지리일 수도 있고, 단순히 땅만 파는 학문이라고 생각할 수도 있다. 이러한 생각들 중 무엇이 옳은지 시시비비를 따진다면 사실 정답은 없다. 지리학에 대한 이 수많은 생각들은 어쩌면 모두 맞을 수도 있다. 지리학은 지표에서 일어나는 모든 것을 공간과 연관하여 탐구하기 때문이다. 그래서 지리학의 영역은 토양, 기후, 정치, 경제, 생물, 도시 등등 광대하고도 다양하다. 땅 위에서 일어나는 모든 현상은 지리를 빼놓고 생각할 수 없다.

그런 관점에서 본다면 지리학은 우리가 발을 디디고 살아가고 있는 생활공간에 대한 열렬한 사랑이다. 철학(Philosophy)의 뜻이 지혜를 뜻하는 소피아(sophia)와 사랑을 뜻하는 필로스(philos)의 합으로서 지혜에 대한 사랑인 것처럼, 지리학은 우리가 사는 이 땅에 대한 불타는 연심이라고 할 수 있다. 그렇기에 지리학은 연인을 사랑하듯 애착을 가지고 지역에 대한 모든 것을 탐구하고 이해하고 알고 싶어 한다. 이것으로도 모자라서 지리학은 머나먼 연인을 그리워하는 것 같은 애달픈 마음으로 지역에 직접 찾아가서 그 지역과 조우하도록 하며, 이를 답사라고 부른다. 하지만 보통의 그리움과는 달리 답사에 서린 그리움의 본질은 낯선 그리움이라고 할 수 있다. 이 '낯선 그리움'이라는 표현은 만주 답사기인 『낯선 그리움의 땅, 만주』(안민영, 2013)라는 책에서 사용되었는데, 참으로 적절한 표현이라고 생각한다. 한 번도 가 본 적 없는 낯선 장소이지만 그 지역에 대한 앎이 그곳을 직접 가서 보고 싶다는 '그리움'이 되어 버린다. 이렇듯 우리는 낯선 그리움을 가지고 답사를 간다. 어떤 이는 자연의 일부인 땅을 사랑해서 부동산 투기를 했다고 하지만 우리 지리학도들은 땅을 사랑해서 방방곡곡을 직접 찾아가 탐구하고 싶어 하는 것이다. 그런 점에서 본다면 지리학은 여행의 학문이라고도 할 수 있다.

물론 여행과 답사는 엄연히 다르다. 비록 우리는 지금까지 겪어 본 몇 번 되지 않는 학술답사를 안락한 버스 좌석에 곯아떨어져 있다가 이따금씩 내려서 비몽사몽 중에 이곳저곳을 둘러보는 여행으로서 대하긴 했지만 말이다. 아마도 그것은 아직 지리학을 공부한 지 얼마 되지 않아 답사 내공, 즉 답사력이 모자란 측면도 있을지 모르겠다. 하지만 이것은 어디까지나 개인적인 태도에 불과하고, 답사의 전체적인 틀은 말 그대로 답사의 형태를 유지해 왔다. 답사를 가기 전에 사전 조사를 하여 답사 책자를 만들어 해당 지역에 대한 그리움과 사랑의 마음을 기르고, 답사를 가서는 각 답사원의 연구 주제에 따라 조를 편성하였다. 답사에서 조별 활동을 하면서 답사지를 즐김과 동시에 지리적인 시각으로 지역을 조망하여 학술적인 태도를 견지했다. 그리고 답사 마지막 날에는 각 조가 조사한 내용을 정리하여 발표를 하고 이를 경청하는 시간을 가졌다.

이 모든 것이 막상 하려면 매우 귀찮고 번거로운 일이다. 그럼에도 불구하고 삼라만상에 통하는 오묘한 법칙 중 하나가 있다면 무언가 수고를 들이면 언제나 보람과 성취가 있다는 것이다. 답사지에서는 투덜댈지라도 그렇게 답사를 다녀오고 나면 항상 무언가 마음속에 남는 것이 있다. 그런 것들은 미시적으로는 자신에 대한 성찰이고 거시적으로는 세계라는 구조와 합일되는 새로운 통찰력으로서, 답사 후에도 뇌리에 남는다. 이렇듯 가슴에 남은 경험들은 머리에 남은 지식과 융합하여 미래를 설계하는 원동력이 되거나 훗날 인생의 겨울날을 버티게 하는 소중한 양식이 된다. 생각 없이 여행을 가서 숙취와 여독 그리고 환전이 안 되는 외화 동전을 가져오는 것보다 귀중한 무언가를 얻을 수 있다. 그래서 그렇게 또 답사를 다녀오면 미운 정이든 고운 정이든 답사지와의 연결이 생겨나 남모를 유대감에 미소 짓고는 한다.

답사는 지리학의 드넓은 영역과 방법 중에서 볼 때 극히 일부에 불과하다. 하지만 답사만큼이나 친근하고도 흥미롭게 지리학에 접근할 수 있는 수단이 또 있을까.

지리학에서 다루는 것들

이번 답사가 단순 여행이 아닌 지리답사인 만큼 지리학에서 어떤 것들을 다루는지 소개하는 것도 필요할 것 같다. 지리학에서 다루는 분야를 간단히 정리하면 다음과 같다.

• 자연지리

땅 위에서 펼쳐지는 인간과 자연의 상호작용을 규명하는 것이 지리학이라면, 자연지리학은 지구에 존재하는 무생물의 물질과 생물체를 포괄하는 자연의 측면에서 그 영향을 탐구한다. 그런 점에서 자연지리는 지구과학과 지질학 등과 유사점을 가지며 지리학에 이과적 특성을 더해 준다. 하지만 그것들과 구분되는 지리학의 특징은 그러한 자연적 요소들을 '인간'에 방점을 찍고 바라본다는 점이다. 인류는 지구를 요람으로 하며 대지 위에서 생육하고 번성하여 지금에 이르기까지 눈부신 문명을 일구어 왔다. 그러므로 자연환경은 유구한 세월 동안 지구상에서 인간이 자아낸 모든 인문환경의 큰 바탕이라고 할 수 있다.

이러한 자연지리는 지구의 지각에서 지형학과 토양학을, 지구의 대기에서 기후학을, 지구의 지표와 대기의 환경을 바탕으로 잉태된 생물들에게서 생물지리학을, 생물체에게 없어서는 안 될 물에서 수문지리학을 대표적인 분야로 삼고, 이외에도 다양한 주제를 개별적으로 탐구한다. 자연지리가 인문지리와 긴밀하게 상호작용하는 것처럼 자연지리도 그 속에 품고 있는 개별 분야들 사이에서 연관관계를 유지한다.

현대사회에서는 과학기술의 발전과 함께 인간이 능동적으로 자연환경을 개척·개발하는 흐름에 따라 자연환경의 영향이 줄어들고, 인간의 인문환경도 세계화와 현대화의 물결 속에서 획일화되어 자연지리의 중요성이 축소되었다고 생각할 수도 있다. 그러나 여러 요소들이 거미줄처럼 섬세하게 연결된 생태계에서 인간의 섣부른 개입은 예상치 못한 나비효과를 불러와, 결국 인간과 자연의 공존에 심각한 균열을 일으켰다. 그 결과, 환경문제가 우리 사회의 중요한 화두로 떠올랐다. 인간의 쾌적한 삶과 무궁한 발전을 위해서 생활공간, 특히 도시에서의 자연환경은 결코 무시할 수 없게 되었고, 그에 따라 자연지리도 중요성을 유지하고 있다. 그 영향력은 도시정책에서도 발휘되어 우리의 일상에까지 깊게 연관되어 있다.

• 인문지리

인류는 자연환경의 바탕 위에서 지표 공간을 가꾸고 문명을 발전시켜 나가면서 자연환경에 적응하는 한편 자연환경을 적극적으로 이용하여 변화시켰다. 그러면서 인간은 지구상에서 자연환경과는 구분되는 독특한 공간과 체계를 형성하였고, 이것이 바로 인문환경이다. 인문환경은 인간의 영향이 공간에 드러난 결과물이기도 하지만, 이렇게 형성된 구조에 따라 인간 집단의 약동에 의해서 발생하는 인문현상의 틀이 되어 다시 인간에게 영향을 끼친다.

인문지리는 자연지리와 함께 지역을 구성하며 지리학을 떠받치는 핵심적인 요소이다.

인문지리학에서 중요한 문제는 지구상의 각 지역마다 자연환경이 상이하고, 곧 그것은 인문환경의 차이를 불러일으켜 궁극적으로는 지역에서 드러나는 역사와 문화, 경제 등 인문적인 요소에서 다양성을 발현시킨다는 점이다. 각 지역은 다른 지역과 차별되는 고유한 특성인 지역성을 가지며, 이것은 주민들의 생활양식을 구성하고 지역의 독자적인 경관을 형성한다. 인문지리학은 지역이라는 공간과 그 지역 속의 사람, 그리고 그 지역민들이 모여서 형성하는 사회와 공간 간의 관계를 핵심요소로 한다.

인문지리학은 이 핵심요소를 중심에 놓고 지구상에서 일어나는 인문현상들의 공간적인 분포와 인간의 장소 선택인 입지를 시공간의 흐름에 따라 탐구하고 설명하는 것을 목표로 한다. 인문지리학은 중점이 되는 인문적 요소의 특성에 따라 개별 분야로 세분된다. 중점이 되는 인문현상이 역사라면 역사지리학, 문화라면 문화지리학, 경제는 경제지리학, 정치는 정치지리학, 인구는 인구지리학, 도시는 도시지리학, 촌락은 촌락지리학이라는 식으로 말이다. 인문지리학은 앞서 언급한 이러한 분야들을 대표 분야로 하여 구성되며, 이외에도 인문지리학은 개별적인 다양한 주제들을 탐구한다. 지역이라는 배경 위에서 이러한 분야 또한 서로에게 영향을 주고받으며 연구의 대상이 되는 인문적 요소들은 지리학의 틀에 의해 공간적 관점에서 구성되고 해석된다.

· 도시지리

도시지리학은 인문지리의 주요 분야들 중에서도 도시라는 인문적 요소를 중점으로 하는 학문이다. 현대사회에서 도시와 도시화의 물결은 가장 두드러지는 특징이라고 할 수 있으며, 도시지리학은 도시의 탄생과 성장 그리고 그 특징을 연구한다. 연구 주제로는 지역에 있어서 도시의 분포와 발달, 기능, 지역 구조, 도시와 밀접한 관계를 맺고 있는 주변의 지역 공간을 묶은 도시권 등이 있다. 초기 도시지리학은 도시의 형태와 기능에 집중한 기능주의의 면모를 보이다가, 경제적 요인을 중심으로 도시의 기능과 역할에 집중하는 구조주의로 발전하였으며, 최근에는 더 나아가 경제적 요인을 넘어 그 이외의 인문학적 요소에 중점을 두는 포스트모더니즘적 접근으로 도시를 바라보는 흐름을 보인다.

도시지리학은 다른 인문지리학 분야와는 다르게 도시라는 광범위한 틀 속에서 다양한 주제들을 포괄한다. 그렇기 때문에 인문지리와 자연지리를 통틀어 지리학의 다른 분야와도 밀접한 관련성을 가지고 있으며, 결론적으로 이들 간의 연결이 도시지리학의 연구에서 매우 중요하다. 도시지리는 도시를 보는 관점에 따라 도시 간 상호작용의 관계에 초점을 두는 도시체계론, 도시 안에서의 토지의 이용이나 지역의 구조에 초점을 두는 도시구조론, 도시에서 발생하는 여러 문제의 해결에 관심을 두는 도시정책과 이외에 여러 주제를 포함하는 도시지리 일반을 하위 분야로 하여 구성된다. 특히 지역정책 분야에서는 쾌적한 거주 공간으로서 도시의 환경문제와 도시의 성장 과정에서 낙후된 도시 공간의 부흥을 위한 도시 재개발과 도시 재생이 주요하게 다뤄진다. 이 주제에서도 자연환경과 인문환경의 분석과 이 두 관점을 유연하게 접목시켜 접근하는 것이 중요하며, 이것은 이후 책의 내용에서도 심도 있게 다뤄질 것이다.

답사지 선택과 일정

서울대학교 지리학과에서는 매학기(상반기에는 국내, 하반기에는 해외) 정기 학술답사 행사를 개최하는데, 2014년 하반기 답사지로 타이완의 타이베이 시가 결정된 데에는 여느 학기와 다른 의미 있는 계기가 있었다.

2013년에 서울대학교 지리학과는 국립 타이완 대학교 지리학과와 자매결연을 맺었다. 그해 8월에 타이완 대학교 지리학과 학부생 12명 및 여덟 분의 교수님이 서울대학교를 방문하여 학술행사 및 서울의 대표적 장소들을 방문하였다. 이번 답사는 이에 대한 일종의

'답례'로서 매우 뜻깊고 설레는 이벤트가 되었다. 그리고 답사 이전에 미리 타이완 대학교와 답사 스케줄 및 답사지를 공유하면서, 우리가 답사를 가면 타이완 대학교 학생들이 답사지를 현지인의 시각에서 자세히 설명해 주기로 한 것이다

답사를 준비하면서 그 어떤 답사보다 분주하고 새로운 시도를 많이 했다. 그동안은 모든 학생이 수동적으로 일정 동안 같은 곳을 탐방한 후, 사진전을 열거나 답사에 참여했던 학생들끼리 찍은 사진을 공유하는 수준에서 답사 회고가 마무리되었다. 하지만 이번 답사부터 우리는 그저 스쳐 지나가는 여행이 아니라, 지리학 전공자로서 답사지를 보는 시각을 보다 학술적인 언어로 풀어내고 기록에 남기기로 했다. 즉, 단행본 출간을 염두에 두고 답사를 기획하였다. 그래서 답사 일정을 전체 답사와 개별 답사로 이분화하고, 개별 답사의 경우 학생들이 사전에 자율적으로 주제와 답사지를 선정할 수 있는 기회를 주었다.

답사 기획 초반에 참가하는 학부생들을 대상으로 사전에 타이베이 시에서 가장 관심 있는 주제를 분과별로 선택하도록 하고 주제가 맞는 학생들끼리 조를 편성하였다. 그 후에 팀별로 정해진 분과 내에서 우리가 답사할 타이베이 시의 장소를 사전 조사하고 프리젠테이션하도록 했는데, 기대 이상으로 답사에 대한 열정을 이 프리젠테이션에 담아냈다. 아마도 지리학도이기 때문에 일반인들은 그 답사지에 대해 쉬이 생각하기 어려운 주제들을 재미있게 탐구했다는 생각이 든다.

각 조별 주제 및 답사지는 ① 자연지리(베이터우 온천, 예류지질공원), ② 지역 계획(타이베이URS27), ③ 장소 마케팅, ④ 교통(쑹산 국제공항, 타이베이 역, 타이베이 지하철), ⑤ 문화역사지리(중정기념당, 2.28 평화공원, 송산문화공원, 스린 야시장, 보장암 예술촌), ⑥ 도시 개발 재생(용캉제, 용산사, 사사남촌), ⑦ 토지주택(타이베이 완화 지구), ⑧ 환경(관두 자연습지) 등과 같이 타이베이 시 인근 지역을 모든 지리학 계통에 아우르도록 했다.

각자 조별로 선정한 답사 지역 중에서 교수님들과 대학원 조교들의 의견을 수렴하여 각 조별 최종 자율 답사지를 통지하고, 답사를 통해 개인당 5쪽의 학술 에세이를 구상하도록

임무를 주었다. 이렇게 선정된 답사지를 타이완 대학교 학생들에게 전달하고, 출발 전에 가이드를 할 학생들과 지리학과 조별 조장들 간에 연락을 해 시간, 장소 약속을 잡고 답사 주제를 조율했다.

그렇게 해서 정해진 답사 일정은 다음과 같다. 첫째 날에는 국립 타이완 대학교 지리학과를 방문하여 작은 학술 세미나를 개최하였다. 타이완 대학교의 두 분의 교수님과 우리 학과 신혜란 교수님의 연구성과를 발표하는 시간, 그리고 타이완 대학교 학생들이 지난해 방문했던 서울에 대한 발표를 했다. 서울과 한국의 모습을 통해서 타이완에 대해 성찰하는 감동적인 발표였다. 타이완 대학교에서 마련한 저녁 시간에는 모든 학생이 한 장소에서 담소를 나누며 국적을 뛰어넘어 같은 지리학도로서 공감할 수 있었다.

둘째 날에는 모든 학생이 함께 오전에는 예류지질공원을, 오후에는 지우펀을 답사하였고, 셋째 날에는 각자 조에서 답사할 장소로 향했다. 타지에서 조별로 다른 지역을 답사하는 역대급 자율 답사 형식에 참가자들은 흥분을 감출 수 없었다. 한편으로 안전에 대한 걱정에도 불구하고 셋째 날 일정은 단 한 명의 일탈도, 사고도 없이 무사히 흥미로우면서도 유익한 답사를 마쳤다.

넷째 날에는 답사를 마무리하는 시간으로 국립 타이완 박물관에 들렀는데, 이곳은 타이완에서 가장 유명한 관광지이기도 하거니와 세계 3대 박물관의 명성에 걸맞게 많은 사람들로 붐비었다. 사실 타이완의 역사라기보다는 중국 본토의 문화예술 유신을 옮겨 온 이 박물관에서 중국과 타이완 간에 있었던, 그리고 현재도 진행되고 있는 뼈아픈 근대사를 간접 체험할 수 있었다. 우리는 중국 문화예술의 선진성을 보고 또 한 번 놀라지 않을 수 없었고, 그 많은 훌륭한 작품들을 답사 마지막에 짧게나마 볼 수 있었던 데 대한 다행스러움과 자세히 볼 수 없었던 데 대한 아쉬움을 안고 귀국장으로 향했다.

4

지리학의 눈으로 보는 타이완과 타이베이

김주연 · 김진아 · 이유나 · 전형근

앞서 말한 대로 우리는 '지리학과' 학생이라는 이유로 여행을 할 때 지도를 보며 길을 찾는 역할 혹은 여행 계획을 짜는 역할을 자주 맡아 한다. 여행을 계획할 때 가장 기본적으로 확인하는 것은 그 나라 혹은 그 도시가 무엇으로 유명한지이다. 어떤 도시는 아름다운 자연 경치를 보유하고 있어 관광객들을 유혹하고, 어떤 도시는 대내외적으로 잘 알려진 랜드마크가 관광객들을 유혹하기도 한다. 여기에 쇼핑을 즐길 수 있는 여건까지 갖추었다면 그 도시는 관광산업으로 크게 발전할 것이다. 그러나 이러한 조건을 모두 만족시키는 도시는 많지 않다. 랜드마크는 큰 도시에, 아름다운 자연경관은 큰 도시의 근교에 자리하는 경우가 많다. 이러한 관점에서 볼 때, 이번에 우리가 방문한 타이베이라는 도시는 위 세 가지 조건을 모두 충족시키는 도시였다. 타이베이 101, 중정기념당과 같은 랜드마크가 있고, 예류지질공원과 같은 빼어난 자연경관도 있으며, 착한 물가와 다양한 상품 덕분에 쇼핑하기에도 좋은 환경을 가지고 있었다.

자연적 특징

타이완 역시 몇 가지 흥미로운 지리적 특징을 가지고 있다. 먼저, 타이완은 중국의 동남쪽에 있는 작은 섬나라로 해양국가의 특성이 강하게 나타난다. 수산업과 어업이 발달해 있다거나, 해양 에너지 개발 잠재력이 크며, 대규모의 국립 해양생물 박물관을 조성한 것 등을 그 예로 꼽을 수 있다. 또한 타이완은 원래 중국의 일부에 속했던 지역이기 때문에 중국과 매우 흡사하기도 하다. 역사적인 이유로 타이완 인들은 중국에 매우 큰 반감을 가지고 있지만 말이다. 그러면서도 세계에서 가장 큰 대양인 태평양과 가장 큰 대륙인 유라시아 대륙이 만나는 곳에 위치하여 해양 문화와 대륙 문화의 복합적인 성격을 보이는 곳이 타이완이다.

기후적으로 타이완은 아열대기후에 속하지만, 유라시아 대륙의 동안에 위치해 있어 계절풍(monsoon)의 영향을 받는다. 아열대기후는 최한월 평균 기온이 5.1℃ 이상이면서 월평균 기온 20℃ 이상인 날이 4달 이상인 지역을 지칭하며, 쉽게 말해서 열대기후와 온대기후의 중간이라고 할 수 있다. 한국에서는 제주도가 아열대기후에 속한다. 열대기후와 아열대기후에서 가장 중요한 특징은 1년 중 우기와 건기가 번갈아 나타난다는 점인데, 타이완은 10월부터 2월까지가 우기에 속한다. 그렇지만 북태평양고기압과 시베리아고기압의 세력 차이에 따른 계절풍의 영향으로 한국처럼 여름에 비가 많이 내려 건기와 우기를 뚜렷이 구분하기는 힘들다.

여름은 한국과 비슷하게 무덥고 비가 많이 내린다. 우리가 답사를 간 때는 한국이 이미 선선해지기 시작한 10월 초였지만, 타이완에서는 여전히 더위가 기승을 부리고 있었다. 그뿐만 아니라 대기가 불안정해 답사 기간 동안에 흐린 날이 많았고, 야시장에 구경을 갔던 밤에는 폭우가 쏟아지기도 했다. 또 예류지질공원을 방문한 날은 너무 더워서 녹아내릴 것 같은 기분이었다. 태양이 작열하고 바닷가에선 습하고 짭조름한 바람이 불어와 숨

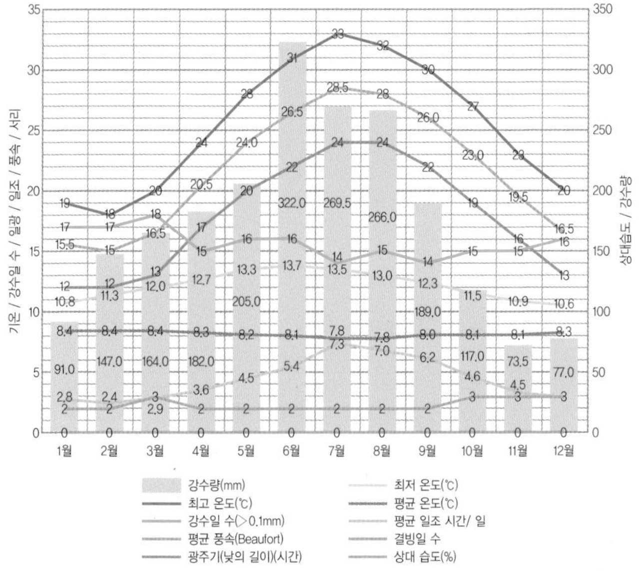

그림 1.4.1 | 타이완의 연간 기후 그래프

연교차가 존재하지만, 최한월 평균 기온이 10℃ 이상으로 1년 내내 온난하게 유지된다. 강수량 또한 여름에 집중되기는 하나 우기의 영향으로 겨울철에도 강수량이 적지 않다.

이 턱 막혔다. 우리는 아무 말도 못 하고 우산을 양산으로 사용하며 걷기만 했다. 완전히 저위도도 아닌데 이렇게 더울 수가 있다는 게 신기할 따름이었다. 그날 먹었던 시원한 망고 슬러시가 아주 인상 깊게 남아 있다. 어쨌든 이렇게 무더운 기후 덕분에 다른 동남아시아 국가들처럼 야시장이 발달하였다. 실제로 야시장뿐만 아니라 타이베이 시내 전체가 밤이면 더욱 활기를 띠는 것을 느낄 수 있었다.

앞서 언급했듯 타이완은 지형적으로 섬나라인데, 흥미롭게도 동고서저의 지형이고 산지가 많다. 어디서 많이 들어보지 않았나? 그렇다. 익히 배워 알고 있는 한국 지형의 특징이다. 그런데 섬의 동부, 그러니까 태평양 쪽에 위치한 산맥의 고도가 한국과 비교할 수 없을 정도로 매우 높다. 그중에서도 최고봉인 위산 산은 해발고도가 3,952m에 달해 동북아시아에서도 가장 높은 산이라 할 수 있다. 동고서저, 즉 산맥이 동쪽으로 치우쳐 있기 때문에 동부 지역은 급경사를 이룬다. 아쉽게도 답사 일정이 짧아 타이베이 이외의 지역을 답사할 수는 없었지만, 답사를 다녀온 뒤 자료를 찾아보니 동부 지역의 자연경관이 아주 독특하고 장엄했다. 경사가 급한 산지가 바다와 수직으로 만나 장관을 이루는 화롄 지역은 2014년 봄에 다녀온 울릉도와 비슷하기도 했다. 울릉도의 자연환경도 매우 인상 깊었으니, 기회가 된다면 타이완 동부 지역을 답사하는 것도 좋을 것 같다.

타이완의 수도인 타이베이는 섬의 북부에 위치해 있다. 여타 많은 도시들과 같이 분지에 자리 잡고 있으며, 단수이 강이 흐르는 서쪽에는 비교적 평야가 발달되어 있다. 반대로 동쪽으로 낮은 산들이 많은데, 특히 타이베이 101 뒤편의 샹산에서는 타이베이 시내를 내려다볼 수 있다. 특히 밤에는 타이베이 101을 중심으로 주변의 고층 건물들이 환하게 불을 밝히기 때문에 샹산에서 보는 야경이 일품이다. 샹산은 이를테면 서울의 남산으로, 아마 타이베이의 젊은이들도 이곳에서 데이트를 즐기지 않을까?

우리 숙소는 타이베이 동물원역 근처의 신시가지에 있는 호텔인데, 호텔 일대가 개발된 지 얼마 되지 않은 동네라 매우 깔끔하고 한적했다. 주택들은 고풍스러운 느낌으로 지어져 있고 길거리가 잘 정비되어 있었다. 타이완에서도 소득이 꽤 높은 사람들이 거주하는 지역이라고 하는데, 타이베이 시내와는 조금 떨어져 있고 산을 넘어야 했던 것으로 기억한다. 도시 개발 과정에서 분지라는 지형적 제약 때문에 조금 떨어진 구릉지에 새로운 주거 지구를 조성한 것 같았다.

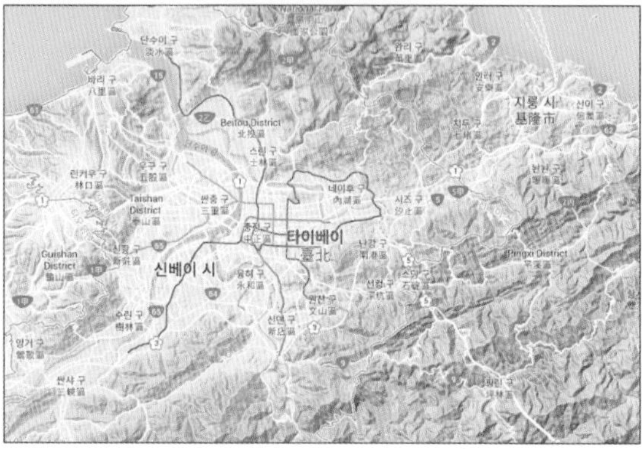

그림 1.4.2 | 타이완의 지형도 (출처 : Google 지도) (↑)
그림 1.4.3 | 타이베이의 지형도 (↓)

한편 타이완은 온천으로도 유명하다. 도시 속의 온천수 발원지인 지열곡(thermal valley)은 그것이 뿜어내는 어마어마한 열기와 유황 냄새로 여행자들의 발길을 멈추게 한다. 타이완 온천 하면 한국 사람들이 떠올리는 바로 그곳으로 TV 프로그램에도 종종 소개되었다. 타이완에 온천이 발달할 수 있었던 이유는 타이완이 유라시아 판과 태평양 판의 조산 활동으로 형성된 섬이기 때문이다. 즉, 두 판이 부딪치면서 그 가운데 솟아오른 부분이 바다 위의 섬이 된 것이다. 섬 아랫부분의 두 판이 만난 곳에서는 마그마 챔버(magma chamber)가 활발하게 움직이고 있고, 여기서 발생하는 열과 가스에 의해 지하수가 온천수가 된다. 일본에 온천이 많은 것과 같은 원리다. 일본 또한 태평양 판, 유라시아 판, 필리핀 판의 조산 활동으로 형성된 열도이며 온천이 발달해 있다. 중국과 일본의 지배를 받았을 뿐만 아니라 온천이 발달해 있다는 점으로 인해 타이완은 중국과 일본의 모습을 동시에 가진 독특한 분위기를 띤다.

점이지대(漸移地帶, transition belt)는 특성의 등질성으로 지역을 구분할 때 두 특징이 혼재되어 나타나는 중간 지대를 지칭하는 지리학 용어다. 보통 문화, 경제 등을 연구하는 인문지리학에서 많이 언급되는 용어지만 타이완의 경우 자연환경에까지 그 의미를 확장시킬 수 있을 것 같다. 열대기후와 온대기후의 점이지대, 해양과 대륙의 점이지대로서 복합적인 자연환경과 이색적인 경관을 나타내는 곳이 타이완이다. 실제로 타이베이를 답사하며 분명히 중국 문화는 맞는데, 일본의 색채도 느껴지고 동남아시아의 색채도 느껴져서 굉장히 신기했던 기억이 난다. 여러 지역의 자연환경, 그리고 거기서 비롯되는 도시환경과 문화적 양상을 모두 가지고 있어서 그랬을 것이다.

독특한 문화를 만나 보고 싶은 사람들에게 타이완은 여행하기에 참 좋은 곳이다. 그 속에 숨겨진 지리학적 원리들을 알고 본다면 더 흥미롭고 매력적인 장소가 될 것이라 믿어 의심치 않으며, 이 책에서 우리가 할 이야기들이 큰 역할을 하길 바란다.

인문지리 측면에서의 특수성

여행 계획을 짜는 것에 흥미를 못 느낀다면, 지리학과라는 이유로 계획을 도맡기더라도 완강히 거부하고 하지 않을 수도 있다. 그러나 우리는 여행을 계획하는 것을 좋아한다. 심지어 여행 계획을 짤 때가 여행을 실제로 하는 것보다 더 즐거울 때도 있다. 여행 계획을 짜는 것의 장점은 무엇보다도 그 나라에 대해서 더 잘 알 수 있다는 것이다. 인터넷 블로그나 시중의 여행 서적을 참고해 여행 계획을 짜다 보면 그 관광지의 역사에 대해 알게 되고, 역사적 내용을 알고 가면 여행이 조금 더 극대화되는 느낌을 종종 받곤 한다. 아무 생각 없이 타이베이의 2.28 기념관과 2.28 평화기념공원을 둘러볼 때와 거기에 담긴 내용을 알고 둘러볼 때의 느낌은 사뭇 다를 것이다. 그러므로 여행하기 전에 그곳의 역사와 같은 인문환경을 조사하는 것을 추천한다. 타이완의 인문환경을 조사한다고 해서 단순히 '타이완의 인구는 2,300만 명이고, 언어는 중국어를 사용하고, GDP는 5,278억 달러로 세계 22위이며, 종교는 자유롭다'는 사실을 공부하기보다는 그 나라의 고유한 특징을 만들어 내는 특수성에 대해서 알아둘 필요가 있다.

타이완의 인문적 특수성은 타이완의 인구 구성과 역사에서 비롯된다고 볼 수 있다. 이 책의 뒤에서 자세히 설명하겠지만, 우선 타이완의 인구는 원주민과 본성인 그리고 외성인

그림 1.4.4 | 2.28 평화기념공원

그림 1.4.5 | 2.28 평화기념공원 안내도

으로 구성되어 있다. 타이완 인구의 대부분을 구성하는 본성인과 외성인은 모두 한족이다. 그러나 이들은 서로 다른 역사적 배경을 가지고 있고, 이는 이들이 서로 다른 정치적 입장을 갖게 만들었다. 따라서 이들을 하나의 국가관, 즉 타이완의 국가관으로 묶기가 힘들고, 이는 타이완의 인문지리를 구성하는 데에 있어서 하나의 특수성으로 반영된다.

타이완 섬은 토착 원주민을 제외하고는 네덜란드 인이 먼저 자리를 잡았다. 이후 명나라 말기에 이들을 몰아내고 명나라 사람들이 살았으나, 이들은 청나라에게 토벌되었다. 청나라의 지배하에서 한족들이 이 섬에 이주해 살았고 이들이 본성인이다. 그리고 일본으로부터 해방된 이후의 이주자들이 외성인이다. 따라서 본성인들은 일제의 탄압과 해방 이후 중화민국의 통치를 받은 피지배층으로 볼 수 있다. 반면 외성인을 지배계급으로 본다

(←) 그림 1.4.6 | 중정기념당의 뒷모습 • 그림 1.4.7 | 중정기념당 안내문 (→)

면 이들이 가지고 있는 입장이 다른 것은 절로 이해가 될 것이다. 본성인과 외성인의 갈등이 극한으로 치달아 터진 것이 2.28 사건이고, 이는 2.28 평화기념공원을 통해 현재의 공간에도 계속 남아 있다.

타이완은 일본의 식민 지배에서 해방된 이후 중국 대륙에서 중화민국을 통치하는 국민당 정부의 주요 관료들의 관심을 받지 못했고, 국민당은 이곳을 국민혁명군의 군사점령 지역처럼 관리하였다. 그리고 1949년 중국 대륙에서 중국 공산당에 패한 장제스 및 국민당 관료들이 중화민국의 수도를 난징에서 타이베이로 바꿔 도피했다. 장제스는 궁지에 몰리자 그동안 천대하던 타이완으로 도망쳐 왔고, 이곳에서 결코 바람직하지 못한 행위를 했다고 보는 것이 본성인의 시각이다. 따라서 장제스의 이미지는 그리 좋지 못하다(현지 대학생 친구들의 반응에 의하면 그렇다). 그리고 이 장제스를 기념하기 위해 세워진 것이 타이베이의 랜드마크인 중정기념당이다.

더 자세한 내용은 이 책의 뒤에서 다루겠지만, 이처럼 인문적 배경을 알고 관광지를 구경하는 것은 여행을 더욱 풍성하게 만들어 준다. 이 책이 타이완과 타이베이의 인문환경을 잘 파악하는 데에 도움이 되었으면 좋겠다.

타이베이의 정책적 특수성

타이완은 중국의 남쪽에 위치해 있다. 아시아에서 타이완의 위치는 그림 1.4.8과 같다. 타이베이는 타이완의 가장 북쪽에 있는 타이베이 분지의 중심에 위치한 도시로서, 타이완 안에서 타이베이의 위치와 범위는 그림 1.4.9와 그림 1.4.10을 통해 확인할 수 있다.1) 정확한 위치는 동경 121°38″, 북위 25°2″이다.

한국에서는 타이베이와 타이페이를 모두 쓰지만, 공식적인 표기는 '타이베이'가 맞으며

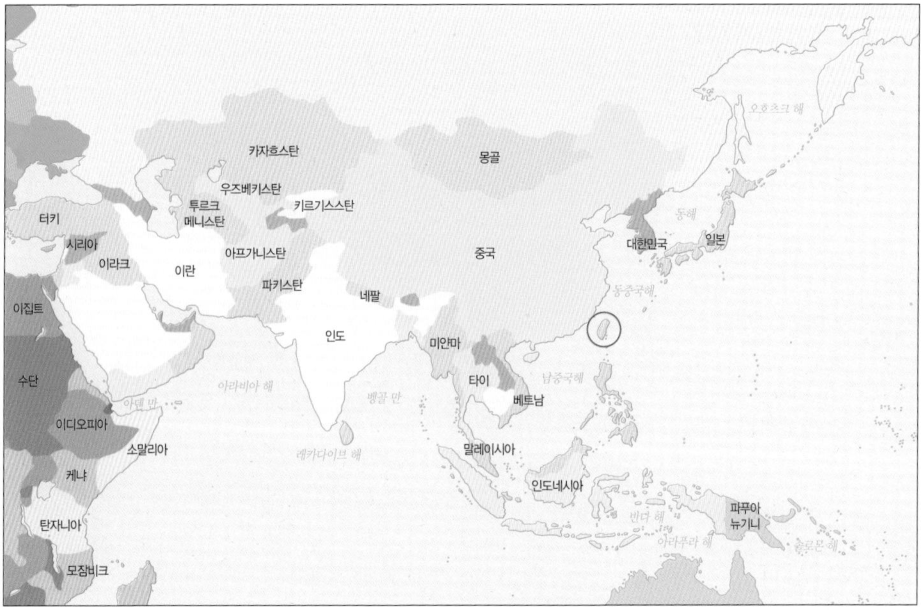

그림 1.4.8 | 아시아 속의 타이완

따라서 타이페이는 잘못된 표기로 간주한다. 따라서 이 책에서는 타이페이가 아닌 타이베이로 표기했다. 타이베이는 한자 臺北을 중국어 발음대로 표기한 것이다. 臺北(대북)에서 臺는 '평평하다'를 의미하는 한자이며, '대만(臺灣)' 할 때 '대' 자도 같은 한자를 사용한다. 즉, 臺北은 타이완의 북쪽을 의미하는 것으로 한 도시를 지칭하는 용어이기 이전에 현재 타이베이가 위치한 북쪽 지역을 통틀어 일컫는 말이었다.

이곳은 폭과 너비가 50km 정도인 넓은 평야 지역으로, 과거부터 타이완을 통틀어 가장 비옥하고 이로운 땅이라고 여겨져 왔다. 그러다 1875년 정부의 관리였던 심보정(沈葆禎)이 타이완으로 발령을 받아 오면서, 현재 중정(中正) 구에 해당하는 지역에 타이베이 행정관리소를 건설하였다. 농사를 주로 하던 비옥한 땅 타이베이가 처음으로 행정구역으로서

1) 그림 1.4.8과 그림 1.4.10은 구글 지도를 캡처한 것이고, 그림 1.4.9는 위키피디아의 그림이다.

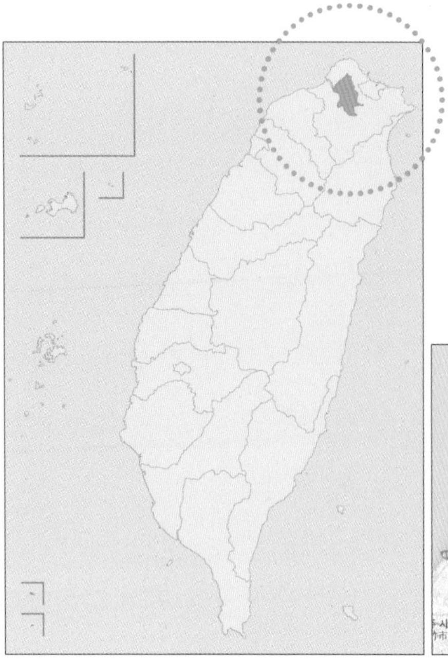

그림 1.4.9 | 타이베이의 위치 (←…) • 그림 1.4.10 | 타이베이의 확대 모습 (…→)

의 성격을 부여받은 것이다. 타이베이 시의 성곽은 이때부터 지어지기 시작하여 1884년에 완공되고 완전한 행정구역의 성격을 갖게 된다. 타이완이 중국의 한 지방 정부로 속하게 된 이후 청네이(城內)와 다다오청(大稻埕) 지역이 집중적으로 개발되기 시작하였는데, 이에 따라 원래 행정 관리소가 지어졌던 곳과 더불어 이 세 지역이 타이베이의 중심 지역으로 떠오르기 시작했다. 제국 중국의 통치하에 세 개의 시가지가 형성된 것이다. 타이완은 일본 식민 지배 시절 속에 하나의 지방 자치 도시로 선언을 하는데, 1920년도에 본격적으로 타이베이 도시라는 명칭을 쓰기 시작한다.

타이베이 분지는 고대에는 큰 강이었다고 한다. 오랜 기간에 걸친 퇴적으로 인해 평평한 분지 지형이 형성되었고, 이 지역은 매우 비옥하여 농업에 적절한 곳이었다. 처음에 이곳에 정착한 사람들은 카이다거란 부족으로 그들은 현재의 지룽 시, 단수이 강, 타이베이 지역에 해당하는 곳에 살았을 것이라고 한다.

16세기에 중국과 타이완 사이의 연안을 해항하던 무역선들은 어업과 무역을 위해서 지룽 시와 단수이 강에 자주 나타나곤 했다. 1624년 네덜란드 인들이 현재의 안핑 구 지역에 침입해 선교와 무역을 위한 항구를 건설하였다. 1626년에는 마찬가지로 지룽 시와 단수이 강 유역에 들어온 에스파냐 인들이 살고 있던 네덜란드 인들을 몰아내고 이 지역을 지배했으며, 그들 역시 선교와 무역에 주로 힘을 쏟았다.

1683년 타이완은 청나라 영토의 일부로 편입되었다. 이때부터 중국 본토에서 한족이 유입되기 시작했고 타이베이는 본격적인 정치, 경제, 군사의 중심지로 성장하게 된다. 1884년 타이베이 성이 완공되면서 타이완은 1885년에 공식적으로 하나의 성으로 인정받는다. 첫 지방관 유명전(劉銘傳)이 도시에 철도와 도로를 건설하고 학교를 짓기 시작하면서 본격적으로 타이베이를 개발했다. 이때 다다오청은 경제 상업 구역으로 개발되는데, 현재 이 거리는 외국인 지역이 되었다. 이러한 도시계획이 현재의 타이베이의 모습을 결정하는 데까지 큰 영향을 미쳤다.

정리를 하면, 타이완의 근간은 한족이 아닌 남도어(南島語) 계통의 토착민이었다. 네덜란드와 에스파냐의 잇따른 침입에 의해 항구를 점령당하면서부터 중국 본토에서 한족들이 넘어와서 정착하기 시작하였다. 당시 이들이 처음으로 정착한 현재의 타이베이 인근 지역인 타이완의 북쪽은 매우 비옥한 평야 지대로 이곳에서 한족들은 개간을 하면서 농업에 종사했다. 더 정확히 말하면 타이베이 지역은 이들의 개간 범위에 포함되지 않았으므로 이 시기까지는 현재의 타이베이는 척박한 상태로 남아 있었다. 18세기 초 제국 중국은 타이완을 자신들의 통치령 안에 포함시켰고, 본토의 넘쳐 나는 인구가 타이완으로 이주해 농업에 종사하며 살기 시작하였다. 농업이 안정되면서 지금의 타이베이 제1 지구가 형성되었는데 현재의 완화 구 지역이 그곳이다. 여러 이민족들이 몰리다 보니 충돌이 일어나게 되었는데, 여러 차례의 유혈 충돌에서 밀린 세력들은 또 다른 항구 지역인 다다오청으로 옮겨 가 타이베이 제2 지구를 형성하였다. 즉, 정부에 의한 계획도시라기보다는 이민자들이 유입되면서 자연스럽게 북쪽의 항구 지역을 중심으로 형성된 도시들이라고 생각하면 된다. 반대로 타이베이 제3 지구인 청네이는 국가의 주도로 형성된 도시이다. 청나라는 청네이 지역을 개발하는 개발 계획을 세워서 실시하였는데, 실제로는 자금이 부족해서 각 지역사회의 지주들에게 돈을 모금하였다. 그러므로 제3 지구의 개발 역시 지역사회에 기반을 둔 것이었다고 생각할 수 있다.

타이베이 성을 지은 것도 바로 이 시기인데, 타이베이 성을 지으면서 동시에 진행된 것이 철도를 건설하는 일이었다. 이 철도는 도시의 요충지를 지나도록 건설된 것이 아니라, 돈줄이었던 지역사회의 영향력 있는 사람들이 원하는 방향으로 건설된 것이다. 원래 역을 지으려던 곳에 자신들의 논밭이 있거나 무덤이 있다면서 경로를 바꾸기를 요구했고, 결국 이들의 요구에 따라 철도의 경로는 원래보다 훨씬 구불구불하게 완성되었다.

타이완은 역사의 흐름에 있어서 한국과 큰 공통점을 갖는다. 바로 일제의 식민 통치를 거쳤다는 것이다. 1895년 일본은 타이완을 식민 지배하기 시작하였는데, 가장 먼저 1899년부터 1991년 사이에 기존의 타이완의 도로, 철도, 수도 시스템을 모두 뒤엎어 버렸다. 청나라 시대의 성곽은 무너지고 새로운 시청이 1920년에 세워지면서 기존의 행정구역 구분을 없애 버렸다. 1896년 6월 가쓰라 다로(桂太郎)가 타이완의 총독으로 부임하면서 본격적인 도시 정비 계획에 착수했는데, 이때 일본이 가장 중점을 둔 건 '공중위생'이었다. 타이완에 입도한 이후 수많은 일본인이 열병에 시달린 적이 있어서 더더욱 건강에 신경을 쓰게 되었고, 가장 먼저 공중위생을 건드리기 시작한 것이다. 타이완은 한국보다 위도 약 10° 남쪽에 위치하고 열대기후에 가까운 지역이므로 냉온대기후에 속하는 일본과 기후적인 차이를 보인다. 하수도 시설을 정비하고 주택을 정비하며, 비위생적인 요소를 도시에서 격리하는 등 위생에 중점을 두어 도시를 정비하였다. 일제는 1896년부터 1932년까지 여섯 차례에 걸쳐 계획을 세우고 도시를 개혁해 나갔다. 위생문제를 일차적으로 해결한 뒤, 후반부에 가서는 청네이 지구와 그 주변을 대상으로 성문을 개통하고 도로를 정비하

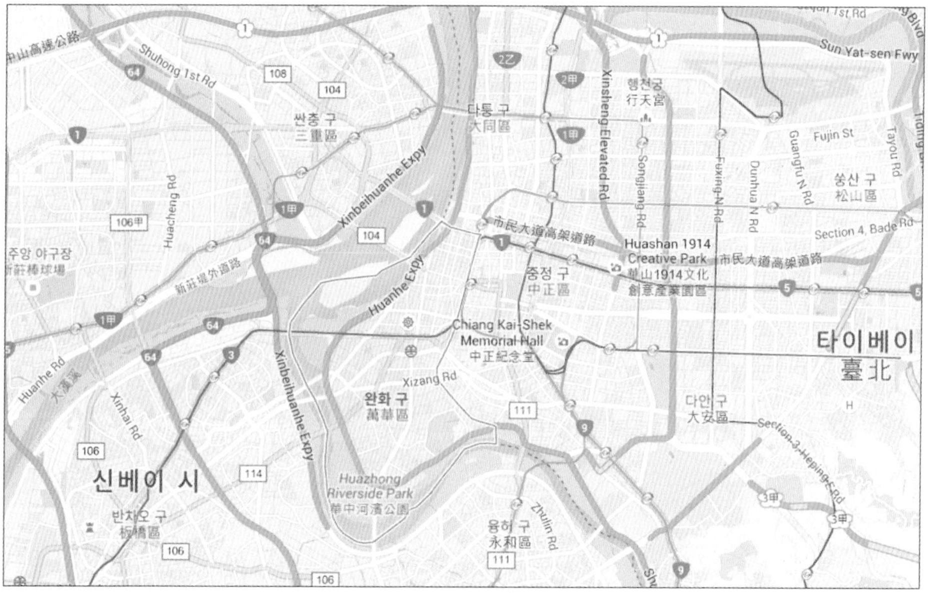

그림 1.4.11 | 제1 지구인 완화 구

였다. 마지막 시기에는 청네이 지구를 넘어 세 지구 모두에서 개혁을 하고자 하였다.

우선 위생에 있어서 하수도 정비의 일환으로 오수가 주거지 근처에 흐르지 않도록 상하수도를 정비하였다. 그다음 구부러져 있던 도로를 직선화하여 뚫고 성문을 추가적으로 만들었다. 이는 전통적인 타이완의 지역들을 전혀 고려하지 않은 블록화로 이어졌다. 청네이 지구로 시작한 일제의 도시계획이 그 인근인 타이완 북부 일대로 퍼지면서 성벽이 허물어지고 기존의 세 지구가 하나로 통합되는 양상을 띠었다. 기존의 타이베이 중심지가 더 크게 확장된 것이다.

가장 인상 깊었던 타이베이의 도시경관 중 하나는 자전거였다. 사람들이 자동차 못지않게 오토바이와 자전거와 같은 교통수단을 많이 이용하고 있었는데, 그중에서도 자전거에 공통적으로 박힌 로고를 볼 수 있었다. 바로 환하게 웃는 스마일 로고이다. 이 로고가 그려져 있는 자전거는 개인의 소유가 아니라 정부의 자전거임을 나타내는데, 앞으로 소개할

U(You)-bike가 바로 그것이다.

타이베이 시내를 걷다 보면 한 블록 건너 한 블록마다 그림 1.4.12처럼 U-bike 자전거들이 일렬로 서 있는 모습을 볼 수 있다. 그만큼 도시 안에 자전거 역이 많고, 자전거 인프라가 잘 구축되어 활성화되었다는 증거이다. 환경오염을 줄이고 에너지를 절약하는 차원에서 자전거 타기가 각광을 받기 시작하였는데, 이러한 자전거 공유 정책은 런던, 파리와 같은 유럽의 도시에서 시작되었다. 교통 관리부의 수장이었던 Tse-Ying Lin이 당시 퍼져 나가던 열풍에 영감을 얻어 현재의 U-bike 프로그램을 구상하고 도입하였다.

그림 1.4.12 | 거리의 U-bike 자전거 (↑)
그림 1.4.13 | U-bike 공식 로고 (↓)

도시 곳곳에 설치되어 있는 U-bike 스테이션에서는 자전거를 빌리고 반납할 수 있다. 자전거 관리는 사람이 하는 것이 아니라 무인 전기 기계가 하며, 카드를 이용해서 자전거를 선택해서 빌리고 정해진 시간이 지난 후 다시 역에 꽂아 놓으면 반납이 완료되는 형태이다. 타이완 사람들 사이에서는 U-bike 이용이 보편화되어 있으며, 현재 타이베이를 방문하는 수많은 관광객 또한 이를 애용한다. 따라서 자전거 통행이 많은 도로에는 자전거가 다니는 도로와 보행 도로를 확연히 구분지어 이용을 더 편리하게 하고 있다. 사람들이 많이 이동하는 출퇴근 시간대에는 택시를 잡거나 버스를 타기 위해 줄을 서는 것처럼 자전거 빌리는 곳 앞에 긴 줄이 만들어진다고 한다. 그만큼 타이베이 시민들이 U-bike를 애용하는 것을 알 수 있다. 타이완 교통카드인 이지패스를 이용해서 자전거를 빌리는데, 이때 처음 자전거를 빌리는 사람들은 1,500TWD 정도의 보증금을 넣어야 한다. U-bike를 빌려 타기 위해 키오스크(kiosk)를 이용했다가 보증금 문제로 애를 먹었던 기억이 난다. 보증금이 생각보다 비싸서 환전을 여유 있게 해 오지 못한 조원들이 자전거를 빌리지 못해 두 대를 5명이 번갈아 가면서 탔던 것이다. 물론 이 보증금은 자전거를 안전히 반납하면 돌려준다. U-bike 스테이션은 공식 홈페이지를 통해서 확인할 수 있으며, 지하철역 근처에는 거의 대부분 있는 편이라 자전거를 빌리고 반납하는 데는 큰 무리가 없었다.

2016년에는 타이완과 타이베이에 주목해야 한다. 타이베이가 2016년 세계 디자인 수도로 선정되었기 때문이다. 2년마다 열리는 세계 디자인 수도는 국제 산업 디자인 단체 협의회가 주관하는 도시 프로모션 프로젝트이다. 선정된 도시에서는 1년 내내 디자인 수도로서 디자인 관련 전시회와 세미나 등이 진행된다. 2008년 캐나다 토론토에서 시작되어 2010년에는 서울, 2012년 핀란드 헬싱키, 2014년 남아프리카공화국 케이프타운을 거쳐 2016년에는 타이완 타이베이가 디자인 수도가 된다. 타이베이가 내걸고 있는 디자인 수도의 테마는 'Adaptive City-Design in Motion'으로 도시의 역동성을 강조하고 있다.

References

▷ **논문(학위, 학술지)**

• 수수오빈, 2009, "시각화의 힘: 타이베이는 언제 어떻게 현대적인 도시가 되었는가(看見的力量: 台北何時及如何成爲現代都市)", 서울.

Chapter 02

GEO-INSIGHT ON NATURE

1 타이베이의 온천 : 신베이터우

2 타이베이의 해안지형 : 예류지질공원

3 타이베이의 습지 : 관두자연공원

1

타이베이의 온천 : 신베이터우

나강혁 · 한동희 · 정의진

2015년 현재 대한민국의 관광 트렌드는 단연 타이완이라고 할 수 있다. 물론 이전부터 타이완은 대한민국 국민들이 선택하는 주된 관광지였으나, 2013년 tvN의 인기 여행 프로그램인 〈꽃보다 할배〉가 타이완을 다룬 내용을 방영한 후 타이완에 대한 대한민국의 관심은 가히 폭발적으로 증가하였다. 이러한 상황을 단적으로 보여 주는 예는 타이완을 방문하는 대한민국 국적의 관광객 수의 증가이다. 2012년 타이완을 방문한 한국 관광객 수는 약 25만 명이었지만 2013년에는 무려 10만 명이 증가한 35만여 명으로 집계되었다.[1]

민족 대명절인 한가위가 지나고 한국에서는 더위가 어느 정도 가시고 있을 무렵인 9월 말 떠난 타이완은 아열대기후대에 위치한 나라답게 무척 덥고 습하였다. 아열대기후대라는 위도적인 위치 특성 외에도 유라시아 판과 필리핀 판이 환태평양 지진대에서 생성된 단층선 위에 놓였다는 지질학적 특성으로 인해 타이완은 전국에 걸쳐 다양한 온천을 보유하고 있다. 그러므로 이번 답사에서는 아열대기후의 온천 지역이 어떠한 경관을 형성하고 있는지에 관심을 두고 관찰하였다.

〈꽃보다 할배〉가 방문한 타이완의 여러 여행지 중에서도 우리의 관심을 사로잡은 여행

1) "KATA / TVA, 타이완 관광의 현재를 점검하다", 세계여행신문(2014.07.01.).

그림 2.1.1 | 신베이터우 온천 지구의 모습

지는 바로 신베이터우(新北投) 역 근처의 온천 지대였다. 우리가 가지고 있던 온천의 이미지는 일본의 홋카이도(北海道)에서 눈 내리는 겨울날에 즐기는 온천욕과 같은 것이었다. 그런데 〈꽃보다 할배〉에서 아열대기후인 타이완에서도 많은 사람들이 온천을 즐기고 있는 모습을 보여 주었고, 이는 우리에게 매우 생소한 광경이었다. 이 때문에 '2014학년도 지리학과 정기 학술답사'에서 타이완의 온천 지역을 직접 둘러볼 기회를 갖고 평소 궁금했던 아열대의 온천 지역에 대한 답사를 진행할 수가 있었다.

이번 답사는 타이완의 수도인 타이베이에 한정되었기에 타이베이 시내 근교에 위치한 신베이터우 온천 지구와 타이베이 외곽에 위치한 우라이(烏來)의 비교를 통해 온천 지역의 공간 활용을 알아보고자 했다. 아울러 온천이라는 같은 천연자원을 이용하여 관광 수익을 올리고 있는 두 장소가 전혀 다른 경관을 구성하고 있는 것을 여러 가지 요소로 살펴보고자 했다. 그리고 신베이터우 온천 지구를 방문하였을 때 답사를 간 인원 모두 해당 지역에서 일본풍을 느낀 것에 착안하여 일본의 식민 지배가 끝난 후 지금까지 왜 그러한 경관이 존속하는지에 대해서 알아보고자 했다.

타이완 섬의 형성과 온천의 발달

현재 우리가 타이완 혹은 타이완이라고 사용하는 명칭은 국가에 대한 명칭이 아니라 중화민국의 영토 중 하나인 타이완 섬(Taiwan Island)을 지칭하는 것이라고 할 수 있다. 타이완 섬을 지칭하는 다른 명칭으로는 포르모사(Formosa)가 있는데 이는 포르투갈 어인 'Ilha Formosa(아름다운 섬)'에서 가져온 것이다.[2] 따라서 '타이완의 온천 지대'라 함은 타이완 섬에 형성되어 있는 온천 지대를 의미한다. 그러므로 타이완의 온천 지대가 어떻게 형성되었는지를 알기 위해서는 타이완 섬이 어떻게 형성되었는지를 먼저 알아야 한다.

타이완 섬은 지금으로부터 2,000만 년 전에 형성되기 시작한 것으로 학자들은 추정하고 있다. 마이오세(Miocene世)[3]에 발생한 필리핀 판과 유라시아 판의 충돌은 남중국해 일대의 조산 활동이 일어난 원인으로, 타이완 섬 역시 이러한 조산 활동에 의해서 형성되었다.[4] 타이완 섬의 북부에서는 필리핀 판이 유라시아 판 아래로 북쪽을 향해 섭입(攝入, subduction)하고, 남부에서는 남중국해 판이 필리핀 판 아래로 동쪽을 향해서 섭입하였다. 타이완 섬 북부에서 필리핀 판의 활동으로 다툰(大屯) 화산군이 형성되었고, 다툰 화산군은 우리의 답사 대상인 신베이터우 온천 지대가 자리 잡고 있는 양밍(陽明) 산 일대를 포함하고 있다.[5]

---

2) "The island the Portuguese called 'Formosa'", The China Post(2013.04.19.).

3) 약 2,600만 년 전에서 700만 년 전까지의 신생대의 4번째 지질시대를 말한다.

4) Sibuet, J. C. & Hsu, S. K., 1997, "Geodynamics of the Taiwan arc-arc collision", Tectonophysics, 274(1), 238-242.

5) Liu, C. M., Song, S. R., Chen, Y. L. & Tsao, S., 2011, "Characteristics and Origins of Hot Springs in the Tatun Volcano Group in Northern Taiwan", Terr Atmos Ocean Sci, 22(5), 476.

다툰 화산군이란?

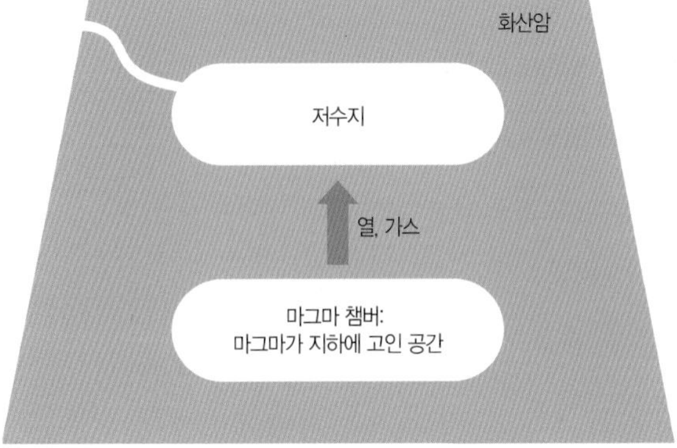

그림 2.1.2 | 온천 형성 개념도

신베이터우 온천 지대는 다툰 화산군의 활동으로 인해서 생겨났다. 다툰 화산군은 타이베이 시에서 북쪽으로 15km 정도 떨어져 있으며 20개 이상의 화산이 모여 있다. 다툰 화산군을 구성하는 화산들은 역사적으로 분출 기록이 존재하지 않기 때문에 휴화산이나 사화산으로 구분되고 있다. 그러나 화산가스를 분석하고 헬륨 동위원소 비율을 측정한 결과들은 다툰 화산군 아래에 활발하게 활동 중인 마그마 챔버가 존재한다는 것을 보여 준다.6) 마그마 챔버란 지하에 다량의 마그마가 고여 있는 곳으로, 이로부터 전해진 열과 가스가 상부의 물을 데워서 신베이터우 지역에 온천이 형성되었다.

타이완 온천의 역사

1894년 독일인 사업가 클리(Quely)가 타이베이 신베이터우의 온천을 발견하면서 타이완의 온천 개발이 시작되었다. 1895년 청일전쟁 이후 일본과 체결한 시모노세키조약으로 타이완이 일본에 할양되면서, 일본은 1945년까지 전 국토에 걸쳐 온천을 발굴하고 시설을 짓는 등의 개발을 진행하였다. 1896년에는 최초의 온천 호텔인 Tenguan이 신베이터우에

6) Liu, C. M., Song, S. R., Chen, Y. L. & Tsao, S., 앞의 글, 475.

개업을 하였다. 이러한 과정에서 일본의 온천 문화가 자연스럽게 타이완에 들어왔다.

1945년 이전까지 온천욕은 귀족이나 부유층의 여가 활동으로 인식되었으나 영토 반환 이후 대중에게도 온천욕이 퍼졌다. 하지만 타이완의 대중들은 일본인들과 달리 위생이나 입욕 습관이 철저하지 못했고 온천 시설은 점차 낙후되면서 퇴조하기에 이른다. 이후 현대에 이르러 건강에 관심을 두는 라이프스타일이 증가하고 여가 시간도 늘면서 온천이 재조명되기 시작하였다. 이에 따라 타이완 정부는 온천 관광을 일으키기 위해 대규모 프로모션을 진행하였다.

그 일환으로 1999년은 '타이완 온천의 해'로 지정되었다. 더불어 온천 개발 및 관리 사업을 진행하였지만 온천 시설을 관리하는 행정력의 부족과 온천수 이용에 관한 법의 부재로 인해 천연자원 착취의 문제가 제기되었다. 그 결과 2003년에는 Spa Law를 제정하였다. 이 법은 온천 관광 진흥에 법적인 기초를 제공하는 데 목적을 두고 있다.

타이완은 역사적으로 50년간 일본의 식민 지배하에 있었기에 일본의 수백 년 된 온천 문화를 이어받았다. 일본 문화의 영향으로 많은 온천 시설들은 일본 양식으로 지어졌으며, 입욕 문화 역시 일본식으로 남아 있다. 이러한 일본의 유산은 신베이터우와 같은 온천 지역의 건물과 절에서 찾아볼 수 있는데, 최근에는 이러한 건물들을 역사적인 명소로 재건축하거나 박물관으로 만들어 활용하기도 한다. 반면, 일본의 영향을 받기 이전부터 많은 온천 지역은 타이완 원주민의 주거지이기도 했다. 그래서 우라이와 같은 지역에는 원주민의 전통과 관습이 풍부하게 남아 있으며, 이러한 원주민의 문화적 유산이 타이완 정부의 온천 관광사업과 결합되면서 일본과는 다른 특징적인 온천 문화의 면모를 보여 주기도 한다.[7]

---

7) Lee, Cheng-Fei, 2006, "An investigation of factors determining the competitiveness of Taiwan's hot springs tourism sector", Victoria University, 3-11.

그림 2.1.3 분홍색으로 표시한 부분이 신베이터우 온천 지구이다.
(출처 : Google 지도)

타이베이 근교에 위치한 신베이터우 온천 지구는 일본 식민지 시기의 유산들을 잘 활용한 데다 정부의 온천 지역 개발과 맞물려 계획적이고 세련된 온천 관광 지구를 구성하였다. 반면, 타이베이 외곽에 위치한 우라이는 타이완 원주민인 타이야(泰雅) 족의 문화가 온천 지역 개발과 맞물려 다소 투박하지만 전통적 색채가 뚜렷한 특색 있는 온천 관광 지구를 형성하였다. 이러한 두 지역은 타이완이라는 국가의 정체성과도 닮은 부분이 있어서 흥미로운 비교가 될 수 있다. 식민 지배를 받은 역사와 태곳적부터 타이완을 지켜 왔던 원주민들의 생활사가 공존하는 타이완이라는 섬나라의 특징을 보여 주는 것이 바로 이 신베이터우와 우라이라고 할 수 있을 것이다.

• 신베이터우 온천

신베이터우 온천 지구는 타이베이 도심에서 북쪽으로 12km 떨어진 지역에 위치하고 있으며, 타이완의 지하철인 MRT 역이 있어 접근성이 뛰어나다. 신베이터우 역은 단수이·신이(淡水信義) 선과의 환승역인 베이터우 역에서 한 정거장밖에 떨어져 있지 않다. 하지만 이 구간에는 별도의 노선이 따로 운영되고 있다. 다른 MRT의 지하철들과 달리 이 노선

그림 2.1.4 | 베이터우 역과 지하철 내부

은 역과 지하철이 온천이라는 테마에 맞게 꾸며져 있어, 신베이터우로 향하는 길부터 관광객들의 눈길을 사로잡는다. 지하철 내부에는 그림 2.1.4와 같이 신베이터우 온천 지구의 숙박, 음식, 박물관, 주요 관광지 등의 정보를 담은 안내 기기가 설치되어 있어 손쉽게 정보를 검색할 수도 있다. 지하철 역사 내부의 디자인에서 볼 수 있듯이 특정 테마를 통해서 특성화가 잘된 관광 지구라는 인상을 준다.

이번 답사의 대상인 신베이터우 온천은 어떤 특성을 가지고 있을까? 신베이터우 일대의 온천은 황산이온을 많이 함유해 pH 1.5~3.5 정도의 산성도를 나타내고 있다. 신베이터우의 온천수는 대기로부터 공급된 물과 마그마 액체의 혼합에 의해서 형성되었으며, 기반암에 의한 영향은 거의 받지 않은 것으로 보인다. 다툰 화산군에서는 활발한 화산가스 활동과 분기공(噴氣孔) 근처의 노란 황 침전물 형성이 일어나고 있기에 이러한 특징을 갖게 된 것으로 생각된다.

이러한 신베이터우 온천 지대의 특징은 매우 독특한 경관을 만들어 내었는데, 신베이터우 역에서 내려 온천 공원을 따라 계속 올라가다 보면 매캐한 냄새가 풍긴다. 그 냄새를 따라 계속 걷다 보면 '地熱谷(지열곡)'이라 쓰여 있는 입구가 나타난다. 그 입구 안으로 강한 유황 냄새와 함께 더운 김에 가려져 있는 온천이 바로 지열곡이다. 지열곡의 온도는 80~100℃이며 강한 산성을 띠는데 이는 신베이터우 지역 온천의 특징이라고 할 수 있다. 지열곡의 수면을 가만히 바라보면 기포가 올라오는 것을 볼 수 있는데, 이것이 바로 화산가스가 온천수에 섞여 있다는 증거일 것이다.

화산가스에 섞인 황 성분 때문에 지열곡 일대에서는 강한 유황 냄새가 나며 온천의 색깔 역시 옥색과 같이 연한 녹색을 띠고 있다. 온천수가 흘러 나가는 길을 따라가다 보면 수로 바닥에 깔린 돌들의 표면도 모두 지열곡의 색과 비슷하게 녹색인 것을 발견할 수 있다. 이 역시 온천수에 섞여 있는 황 성분에 의해서 변색된 것이다.

• 우라이 온천

우라이는 타이베이 시에서 동남쪽으로 28km 떨어진 외곽에 위치하여 타이베이 도심에서 멀리 떨어져 있다. 남북으로 뻗은 MRT 쑹산·신뎬(松山新店) 선의 종점인 신뎬 역에 내려서도 버스를 타고 한참을 가야 우라이에 도착할 수 있다. 택시를 타면 정액제로

(←)그림 2.1.5 | 지열곡 • 그림 2.1.6 | 베이터우석 (→)

600TWD(약 2만 1,000원)를 내고 빠르게 갈 수 있지만 우리는 무더운 날 타이완의 중학생들과 함께 버스를 타고 갔다. 신베이터우로 가는 길이 잘 짜여진 관광 코스처럼 가는 길부터 온천이라는 이미지를 심어 준다면, 우라이로 가는 길은 마치 밀림 속으로 들어가는 듯한 느낌이었다. 옛날 대관령의 꼬부랑길처럼 버스는 가는 내내 커브 길을 거칠게 돌아가며 점점 더 깊은 산중으로 들어갔다. 신베이터우로 가는 전철 안에는 관광으로 들뜬 관광객들이 가득했다면, 우라이로 가는 버스에 탄 사람들은 중학생, 노인, 천진난만한 아들 셋을 데리고 탄 아버지 등 타이완 현지인들이 대부분이었다. 이처럼 우라이는 신베이터우 온천 지구에 비해 타이베이 도심으로부터 접근성이 떨어지며 잘 짜여진 관광지라기보다는 타이완 현지인들의 일상을 살펴볼 수 있는 곳이라는 인상을 준다.

그림 2.1.7 | 분홍색으로 표시한 부분이 우라이다.
(출처 : Google 지도)

그림 2.1.8 | 온천수가 흐르는 우라이(↑) • 그림 2.1.9 | 우라이에서 노천 온천을 즐기는 모습(↓)

비교해 보기

타이베이 시내 근교의 온천 지구 신베이터우 vs 타이베이 외곽의 온천 지구 우라이

• 주변 경관 및 자원 활용을 통한 개발

신베이터우와 우라이는 공통적으로 '온천'이라는 천연자원을 가지고 있다. 하지만 이 두 지역이 자원을 기반으로 하여 주변 경관과 함께 관광지를 형성하는 데에는 큰 차이가 있다. 먼저 신베이터우는 우라이에 비해 좀 더 세련된 온천 관광 지구이다. 이곳에는 일본 식민지 시기 건물과 절 등 일본의 유산이 많이 남아 있어서 이를 재건축하여 역사적 명소와 박물관으로 잘 조성해 놓았다. 특히 온천박물관은 무료입장이 가능하며, 식민지 시기 온천장을 개조하였기 때문에 다다미방이나 욕조와 같은 그 당시의 온천 풍경을 잘 보존하고 있다.

이렇게 일본의 유산을 적극적으로 활용하는 것 이외에도 신베이터우는 온천이라는 천연자원과 연계되는 친환경적 이미지를 적극 활용하였다. 그중 하나가 베이터우 시립 도서관이다. 이 도서관은 그린 건축 계획에 의해 목조로 지어졌으며, 외관을 봤을 때는 도서관인지 모를 정도로 자연과 어우러진 별장 같은 느낌을 준다. 내부 역시 목조로 꾸며져 아늑한 느낌을 준다. 이와 동시에 도서관 옆으로는 북쪽 온천의 진원지인 지열곡에서 흘러오는 온천수 냇물과 열대 나무 숲이 조성되어 있다. 이처럼 박물관과 도서관 그리고 노천 온천탕은 '베이터우 공원'이라는 이름으로 온천수 냇물을 끼고 나무가 우거진 공간 안에 조성되어 있어 친환경적인 이미지를 만드는 데 일조한다.

북쪽으로 길을 따라 더 올라가면 온천수의 근원지인 지열곡을 볼 수 있다. 코를 찌르는 유황 냄새와 후텁지근한 열기, 그리고 뭉게뭉게 피어오르는 안개는 보는 이로 하여금 탄성을 자아내게 한다. 지열곡에서 다시 베이터우 공원으로 내려오면 한편으로 온천욕을 겸하고 있는 온천 호텔들이 있다. 이 호텔들은 각 방이 다 따로 나누어져 있어 겉으로는 숙박

시설과 다를 바 없어 보이지만, 방 안에는 침실이 없고 온천욕을 위한 용품과 온수·냉수를 받을 수 있는 욕조가 있다. 이용 시간은 90분 정도이며, 시설이 깔끔하고 서비스의 질이 높은 이런 온천 호텔들이 이 구역에는 즐비하다. 또한 고급 식당들도 있어 기모노를 입은 점원들이 밖에서 손님을 맞이하는 풍경도 볼 수 있다. 이처럼 신베이터우는 잔재하고 있는 일본 유산을 개발하고 이를 온천이라는 천연자원과 친환경적 이미지를 연계하여 계획적으로 조성한 관광 지구이다.

그림 2.1.10 | 베이터우 시립 도서관 (↑)
그림 2.1.11 | 베이터우 공원 내의 온천수가 흐르는 냇물 (↓)

반면 우라이는 일본의 영향을 받기 이전부터 타이완의 부족인 타이야 족의 터전이었다. 우라이는 타이야 족의 언어로 '온천'이라는 뜻이기도 하다. 이에 따라 우라이에는 타이야 족 원주민의 전통과 관습이 풍부하게 남아 있으며, 이러한 원주민 문화유산을 온천이라는 천연자원과 결합하여 일본적인 온천 문화와는 또 다른 면모를 보여 주기도 한다. 애니메이션 〈센과 치히로의 행방불명〉의 배경으로도 유명한 우라이에는 강 위에 놓인 다리가 절벽처럼 서 있는 건물들을 연결해 준다. 이 다리에는 타이야 족의 문양이 그려져 있어 입구부터 원주민적 색채를 풍긴다.

다리를 건너면 타이야민족박물관

(烏來泰雅民族博物館)이 있어 과거 타이야 족의 생활을 의·식·주 등 다양한 면에 걸쳐서 자세하게 볼 수 있다. 박물관이 있는 라오제 거리(옛 거리)는 즐비하게 들어서 있는 식당과 군것질거리, 기념품 가게들로 왁자지껄하다. 이곳의 특산품인 멧돼지 고기로 만든 소시지는 야시장에서 먹었던 소시지보다 더 쫄깃했다. 박물관 부근의 거리를 지나면서 신베이터우와는 확연히 다른 광경을 느낄 수 있었다. 북쪽으로 더 올라가면 꼬마 기차를 타고 우라이 산 중턱으로 가서 폭포를 볼 수 있다. 이 경로 중간중간에서는 원주민이 그린 벽화 등 원주민과 관련된 상징물을 자주 볼 수 있다.

폭포가 있는 지점에는 우라이임업생활관(烏來林業生活館)이 있다. 타이야민족박물관이 과거 원주민의 전통적인 모습을 보여 준다면, 이 생활관은 근현대를 거치며 우라이 지역이 개발되고 원주민의 생활 환경이 변화되는 모습을 보여 준다. 폭포 지점에서 케이블카를 타고 더 올라가면 '운선낙원(雲仙樂園)'이라는 유원지 공원이 위치하고 있다. 운선낙원은 우라이 산을 활용한 전형적인 자연공원이다. 운선낙원 곳곳에도 원주민의 모습을 한 설치물들이 있다. 이처럼 우라이는 온천이라는 천연자원을 원주민적 색채와 결합함으로써 일본식 온천 관광지와는 다른 특색을 갖는다.

· 온천의 시설, 수질 및 기타

신베이터우는 앞서 살펴보았듯이 계획적인 개발로 세련된 이미지를 갖추고 시설도 대체적으로 좋다고 할 수 있다. 깔끔한 시설을 갖춘 온천 호텔들이 즐비하며 좋은 품질의 서비스를 제공한다. 신베이터우의 베이터우 공원 주변과 호텔 주변의 하수구에서는 종종 연기가 피어오르는 것을 볼 수 있다. 이 연기는 하수구로 내보낸 뜨거운 온천수에서 나는 것으로 유황 냄새를 맡을 수 있다. 이곳의 온천수는 유황 온천수로 특히 일본 학자가 발견한 베이터우석(北投石)으로 유명하다. 베이터우석은 타이완에서만 발견되며 미량의 방사성 물질이 함유되어 있어 치료 효과가 좋다고 한다. 또한 이러한 온천수로 온천욕을 하

> 우리는 한국의 대중탕과 같은 형식의 온천욕과 온천 호텔처럼 방별로 욕조가 설치된 시설의 두 가지 온천욕을 모두 해 보았다. 대중탕과 같은 형식의 온천욕은 탕이 많고 시간을 무제한으로 이용할 수 있었으며 서비스의 질도 좋았다. 그러나 방별로 욕조가 설치된 시설은 신베이터우의 온천 호텔에 비해서 시설이 좋지 않아 온천 모텔 정도로 생각되었다. 하지만 대중탕 형식보다 욕조 2개가 있는 방의 가격이 더 비싼 것은 시설 측면에서 우위에 있다기보다는 프라이버시가 보장되기 때문이라는 생각이 들었다.

지 않더라도 베이터우 공원의 온천수 냇물에서 족욕을 할 수 있는 환경이 조성되어 있다. 온천수는 따뜻했고 지열곡보다는 유황 냄새가 강하지 않았다. 이곳에서는 관광객들이 발을 담그는 정도만 볼 수 있었다.

반면 우라이는 시설 면에서 신베이터우보다 떨어진다. 우라이의 온천수는 신베이터우의 온천수와 달리 탄산수소나트륨 성분으로 냄새가 나지 않는다. 개인적으로 온천수의 수질은 우라이가 더 좋다고 생각되었다. 또한 신베이터우에 온천수가 흐르는 작은 내가 조성되어 있다면, 우라이에는 비취색의 물이 흐르는 넓은 난스 계곡(南勢溪)이 있다. 이곳에는 공공 온천장이 조성되어 있어 수영복만 있다면 돈을 내지 않고도 노천에서 온천을 즐길 수 있다.

생각해 보기

신베이터우 온천 지구를 통해 본 일본과 타이완 문화의 유사성

이 글에서는 신베이터우 온천 지구에서 나타나는 일본풍의 원인에 대해서 분석해 볼 것이다. 이에 앞서 한국과 타이완이 일제의 식민지 역사를 대하는 태도가 왜 달라졌는지를 논의하는 것이 선행되어야 한다.

• 일본의 식민 지배를 받은 타이완과 한국, 그 근대사의 조명과 차이점

타이완과 한국은 근·현대 역사에 있어서 여러 공통점을 지닌다. 메이지 유신 이후 부강해진 일본에게 식민 지배를 받았으며, 1945년 일본이 제2차 세계대전에서 패망하면서 독립을 이루었다는 공통점이 있다. 또한 전후 냉전이 시작되면서 각각 중국, 북한이라는 이념적으로 대립되는 '적'을 두었다. 그리고 제2차 세계대전 후 반세기 동안 눈부신 경제성장을 이루었으며, 정치적인 성숙은 경제성장에 다소 뒤처지는 모습을 보이는 공통점이 있다.

이렇듯 많은 공통점을 가지며 비슷한 발전 패턴을 보인 두 나라이지만 유독 인식이 극명하게 갈리는 부분이 있는데, 그것은 바로 일본의 식민지배에 대한 인식이다. 특히 이러한 인식은 현재 일본 및 일본인에 대한 양국의 시선을 통해 분명히 드러난다.8) 2013년 《한국정책신문》의 여론조사에 의하면 한국 국민들의 일본에 대한 호감도는 5.1%로 대상국인 미국, 일본, 중국, 북한 중 가장 낮게 나타났으며, 일본에 대한 비호감도는 89.7%로 50% 미만인 중국과 미국에 비해서 굉장히 유의미하게 높게 나타난다.9) 반면 타이완과 일본의 경우 국민들이 상대편 국가와 국민을 상당히 긍정적으로 인식한다.

이러한 차이는 일제가 타이완과 조선에서 행했던 식민 정책, 더 나아가서는 식민지 이전의 두 국가의 역사로부터 비롯되었다. 조선의 경우 오랜 시간을 거치며 삼국시대, 남북국시대와 고려를 거쳐서 조선이라는 단일한 국가를 형성했다. 비록 몇 번의 교체가 있기는 했지만 왕조들이 비교적 오랫동안 발전을 지속하고 있었던 것이다.

처음 신베이터우 온천 지구에 도착했을 때 충격적으로 느껴졌던 점은 그 지역이 마치 벳푸(別府)와 같은 일본의 유명 온천 관광지처럼 보인다는 것이었다. 타이완의 건물들과 도시계획은 전반적으로 일본과 유사한 모습을 보이고 있었으나, 특히 신베이터우 온천 지구의 경우 그 정도가 심하여 그 지역만을 그대로 일본에 옮겨 놓아도 이질적으로 느껴지지 않을 것이라는 생각이 들 정도였다.
온천 지구 내의 건물들은 마치 일본의 마을에 온 듯한 기분을 느끼게 하였고, 온천욕을 즐길 수 있는 호텔 밖에서는 기모노를 입은 직원들이 호객 행위를 하고 있었다. 추후 알게 된 사실이지만 일부 호텔의 경우 내부 시설 역시 일본풍이었다고 한다.
또한 베이터우온천박물관에는 한때 동양 최대의 대중목욕탕이 있었던 신베이터우 온천 지구의 역사와 발전 과정이 상세히 게시되어 있다. 신베이터우 온천 지구가 개발된 시기는 일제강점기이고, 개발의 주체 역시 일본인이었으며, 주 이용객 역시 일본인이었다. 온천박물관 내부에는 당시의 모습을 잘 보여 주는 일본풍 욕조와 목욕 시설, 다다미방 등이 전시되어 있었다.
이러한 점 역시 상당히 놀라웠는데 똑같이 식민지 경험을 겪은 한국의 경우에는 식민지 당시의 건축물이나 생활상 자료가 많이 남아 있지 않을뿐더러 보존하려는 노력도 적다고 생각했기 때문이다.

8) 손준식, 2010, "일제 식민통치에 대한 타이완 인의 반응과 경찰 이미지", 역사문화연구 37, 2-4.
9) "한반도 주변국 '호감도' 일본 5.1%> 북한 7.7%> 중국 36.8%순", 한국정책신문(2013.12.02).

하지만 타이완은 1661년 청나라에 반발하여 정성공 세력이 유입되기 이전까지는 포르투갈, 네덜란드, 에스파냐의 지배를 거치며 통일된 지배 세력이 존재하지 않았다. 이후 청의 세력이 더욱 성장하여 1683년에 타이완도 청의 영토가 되었다. 그러나 청이 타이완을 지배했던 시기는 사실상 식민 지배 시기나 다름없었다. 청은 타이완에 대해서 차별적인 정책을 실시하며 과도한 세금을 부과하였기 때문이다. 따라서 타이완에서는 여러 차례 민란이 발생하기도 하였다. 이러한 타이완의 역사적 배경을 보았을 때, 일제의 식민 지배는 이전과 별반 다르지 않은 역사이며 그저 식민지 본국이 바뀌었을 뿐이다.

타이완과 한국에서 일본의 식민 정책에 대해서 살펴볼 때 흥미로운 점은 본질적으로는 두 지역에서 정책의 차이가 크지 않았다는 것이다. 원칙상으로는 문관 총독의 임명이 가능했지만 실질적으로는 문관 총독이 한 명도 부임하지 않은 조선과 달리 타이완에서는 총 19명의 총독 중 9명의 총독이 문관 출신으로 이루어지는 등 타이완에 대한 식민 정책이 조선보다 다소 유화적이기는 했다. 하지만 이는 타이완이 식민지로 편입된 1895년 이후 일제의 적극적인 민란, 봉기 진압과 경찰력 확대로 1902년부터 타이완의 정치 상황이 진정되며 식민지 안정화 단계로 들어간 것에 기인한다. 당시 조선인들이 35년이라는 기간 동안 지속적으로 일제에 대해서 저항을 지속한 것과 달리 1902년 이후 타이완에서는 식민 통치에 저항하는 거족적인 대규모의 봉기가 전무하다.

본질적으로 크게 다르지 않았던 타이완과 조선의 식민 통치가 굉장히 다른 결과를 가져온 이유를 재정적인 측면과 관련하여 일본의 통치 능력에서 찾을 수 있다. 당시 일본의 인구 규모, 면적에 비교하였을 때, 조선의 경우는 상당히 크고 버거운 식민지였다. 조선은 메이지 유신을 거치고 '이제 갓' 산업국가, '자칭' 문명국가로 변모한 일본이 통치하기에는 재정적으로 큰 부담을 주었던 것이다.

반면 조선보다 인구 규모와 면적이 작은 타이완의 경우에는 상황이 달랐다. 또한 농업 분야에서 특출하지 못하여 큰 세수를 기대할 수 없었던 조선과 달리 타이완은 차, 설탕 등의 농업이 혼합기업 형태로서 그 발달이 두드러져 막대한 양의 세수를 거둘 수 있었다.10) 이로써 1906년 타이완총독부는 재정 자립을 달성하였으며, 이후 지속적으로 재정이 풍부한 상태가 유지되어서 식민지 본국의 재정에 기여하기도 하였다.

따라서 고질적인 재정 부족에 시달려 사회간접자본 건설과 이를 바탕으로 한 지역의 발전을 사실상 포기할 수밖에 없었던 조선과 달리 타이완에서는 실질적으로 근대화, 문명화가 이루어질 수 있었다. 이러한 역사적인 이유들을 바탕으로 타이완 인들은 한국인들에 비해서 일본의 식민 지배, 더 나아가 일본과 일본인에 대해 보다 우호적인 인식을 가지게 된 것이다.

· 신베이터우 온천 지구에서 나타나는 일본 친화적 문화

신베이터우 온천 지구는 1894년 독일인 클리에 의해서 최초로 발견된 이후 일본인에 의해서 Tenguan 호텔이 지어지고, 이 호텔의 성공에 고무된 다른 일본인들이 신베이터우 곳곳에 호텔을 설립하면서 신베이터우 지역은 점차 온천으로 유명한 관광지가 되어 갔다. 온천 지구가 번성하면서 단순히 온천만을 즐기는 것이 아니라 게이샤와 같은 접대 문화도 성장했다.11)

또한 초기에는 호텔을 일본인들만이 소유하고 있었기 때문에 온천을 이용할 수 있는 우선권 또한 일본인들에게 주어졌다. 이는 온천의 이용료가 상내적으로 비싸지고 당시 신베이터우 온천 지구의 주 고객층이 타이완 인이 아니라 일본인이 되는 데 기여하였다. 따라서 식민지였던 당시의 정치적인 상황과 결합되어서 신베이터우 온천 지구에는 일본식 건물들이 세워졌고 일본풍의 목욕 시설들이 지어졌다.

---

10) 文明基(Moon Myung-ki), 2009, "대만·조선총독부의 초기 재정 비교연구: '식민제국' 일본의 식민지 통치역량과 관련하여", 중국근현대사연구 44, 1-5.

11) Si-Tong Pei, HUei-Lan Huang, Yan-Yin Pan, You-Jie Guo, Yi-Lin Chen, 2005, "Developing the culture of Beitou Hot Spring", Kun Shan University of Technology Applied English Department, 2-6.

베이터우온천박물관에 잘 재현되어 있는 당시의 시설과 사진을 통해 신베이터우 온천 지구가 일본인들에 의해 개발되고 이용되던 당시의 풍경을 상상해 볼 수 있었다. 한때 동양에서 가장 큰 공중목욕탕이었던 시설 또한 베이터우온천박물관에서 관람할 수 있었는데, 이는 당시 신베이터우 온천 지구가 굉장히 발달한 관광지이자 휴양지였음을 알게 한다. 그리고 일본식 방 구조 중 가장 대표적인, 굉장히 넓은 규모의 다다미방 또한 박물관에 전시되어 있었다. 온천 지구 내의 몇몇 호텔들 역시 일본식 방 구조와 목욕 시설을 구비하고 있다고 한다. 이는 한국인의 입장으로서는 다소 이해하기 힘들었다. 아무리 신베이터우가 일제강점기에 일본인 호텔 주인들에 의해 일본인들을 위해서 개발되었다고 하더라도 일본이 패망한 지 70년이 다 되어 가는 오늘날까지 점령국이었던 일본풍의 시설들이 그대로 남아 있다는 것이 의아했다. 마치 일본에 온 것 같은 분위기를 자아내는 일본풍 건물들은 굉장히 신기한 광경이었다.

• 왜 신베이터우 온천 지구는 일본풍을 띠게 되었는가

이와 같이 신베이터우 온천 지구에서 전체적으로 일본풍 경관이 나타나는 것을 몇 가지 원인으로 분석할 수 있다. 우선 신베이터우 온천 지구의 경우 일본풍의 건물들이 '보존'되었다는 점을 들 수 있다. 한국의 경우 조선총독부 건물이었던 중앙청을 공식적으로 해체한 것과 같이 일본과 식민 지배에 대한 감정이 좋지 않기 때문에 그와 관련된 근대 건물들을 인위적으로 없애기도 하였지만, 1950년 발발한 한국전쟁 또한 일제강점기 건물들의 파괴에 일조했다. 한국전쟁으로 인해서 대부분의 도시들이 파괴되었으며, 특히 전선이 남북을 오가며 치열하게 대립했던 중부 지역의 도시들은 시가지 대부분이 전후 복구 과정에 형성되었을 정도로 파괴가 심각했다. 따라서 한국의 경우 물리적으로 일제강점기의 건물들이 온전히 보존되는 데에는 무리가 있었다. 하지만 타이완의 경우에는 일본으로부터 해방된 이후 전쟁을 겪지 않았다. 이로 인해 자연스럽게 옛날 건물들이 별다른 파괴 없이 보존되어 내려왔다. 따라서 일본으로부터 독립한 이후 전쟁과 같이 이전 시대의 건축물들을 파괴할 만한 대규모의 사건이 없었다는 데에서 신베이터우 온천 지구, 더 나아가 타이완에서 나타나는 일본풍 경관의 원인을 찾을 수 있다.

또한 앞서 말한 바와 같이 타이완 인들은 한국인들에 비해서 과거 식민 지배와 일본에 대해서 비교적 우호적이다. 물론 이는 한국에 비해 반일 성향이 두드러지지 않다는 뜻이다. 가령 식민 지배 시기 타이완의 소설들을 살펴보면 일본, 특히 일본의 경찰들에 대해서는 선량한 시민들을 탄압하는 무자비하고 악랄한 인물로 묘사하는 등 식민 지배에 대해서 전적으로 긍정적인 인식을 가지고 있다고 말하기에는 무리가 있다. 하지만 앞서 밝힌 바와 같이 일본 정부가 의도하였든 의도하지 않았든 간에 조선에 비해 타이완에 대해서는 비교적 잘 다듬어진 식민 통치가 이루어진 것은 사실이다. 따라서 일본어가 들어간 대중가요의 방송을 금지하고 일본풍이 느껴지는 요소들을 왜색이라고 비판하며 터부시하는 한국과는 다르게 타이완 인들은 일본 문화에 대해서 보다 수용적이고 개방적인 태도를 취한다. 정리하자면 역사적인 원인으로 인하여 타이완 인들이 일본과 그 식민 지배에 대해 부정적인 감정이 덜하다는 점 또한 신베이터우 온천 지구에 일본풍 경관이 남아 있게 된 이유로 볼 수 있다.

마지막으로 타이완을 주로 찾는 관광객들의 국적 분포를 살펴볼 필요가 있다. 타이완을 찾는 관광객 중 일본인이 차지하는 비중은 1970년대와 1980년대에 걸쳐 각각 50% 이상을 유지하였다. 또한 1990년대 중반까지도 일본 국적의 관광객은 40%에 근접하는 절대다수를 유지하였다. 이후 한국과 중국 본토를 비롯하여 다른 동아시아 지역 출신의 관광객 비중이 증가하기는 하였지만 오랫동안 일본인 관광객이 타이완 관광에서 큰 비중을 차지하였다. 타이완의 관광지 보존 정책은 국제 흡인력이 높은 곳에 주목하고 있고, 그러한 관광지나 명승지가 관광객 접대 능력을 제고할 수 있는 쪽으로 수립된다.[12] 또한 국제 관광객들이 중점적으로 방문하는 곳을 찾아 계속적인 투자를 통해 그 지역이 미래에도 지속적으로 해외의 관광객을 불러오도록 하고 있다. 이러한 정책적인 차원에 비추어 볼 때, 일본인 관광객이 타이완을 많이 찾고 아울러 타이완의 대표적인 관광지인 신베이터우에도 많이 방문한다는 사실은 신베이터우 온천 지구에 일본인들의 구미에 맞는 시설들이 존재하기 때문이라는 점을 이해할 수 있다. 즉, 신베이터우 온천 지구에 일본인들이 많이 방문하는 것에서 기모노를 입은 호텔 직원이나 일본풍의 목욕 시설이 남아 있는 것을 설명할 수 있는 것이다.

타이완과 한국은 일본의 식민 지배와 그로부터의 독립, 이념 대립, 경제성장 등 역사에서 유사한 점이 여러 가지이다. 하지만 일제 식민지 이전의 역사에서의 큰 차이와 각 지역의 총독부와 연관된 재정적인 문제가 조선과 타이완, 두 지역의 식민 통치를 달라지게 하였고, 이는 두 나라가 독립한 이후 일본에 대해 상반된 감정을 가지게 하였다. 일본 문화에 우호적인 타이완 인들의 감정, 전쟁을 겪지 않아 근대의 건물이 보존될 수 있었던 역사적 배경, 타이완을 방문하는 관광객 중 일본인들의 압도적인 비중 등이 신베이터우 온천 지대의 경관이 일본풍을 띠는 데 영향을 미쳤다. 그러한 배경을 바탕으로 일본 본토와 1,000km 이상 떨어진 타이완에서 일본풍의 독특한 분위기를 풍기는 신베이터우가 탄생한 것이다.

답사를 마치며

'2014학년도 지리학과 정기 학술답사'에서 우리는 '아열대 지역의 온천은 어떠한 모습일까'라는 궁금증에서 출발하여 타이베이 근교에 위치한 신베이터우 온천 지구와 우라이를

12) 이진희, 2010, "동북아시아 명승 보존관리 비교연구: 한국·일본·타이완·중국·북한을 중심으로", 상명대학교 일반대학원: 환경조경학전공, 79-90.

방문하였다. 두 지역은 각기 타이베이 시의 북쪽과 남쪽에 위치하고 있다. 두 곳은 모두 온천으로 유명한 지역이지만 신베이터우가 일제강점기에 본격적으로 개발되고 이용됨으로써 일본풍의 문화를 간직한, 보다 세련된 관광지의 느낌이 강했다. 반면 우라이는 관광지로서는 신베이터우에 비해 정비되었다는 느낌을 받기 힘들었지만, 자연 속에서 타이완 원주민들의 생활상까지 엿볼 수 있는 온천 지구였다. 또한 신베이터우에서 일본적인 느낌이 강하게 든다는 점에 착안하여 왜 신베이터우에서 일본풍이 느껴지는지에 대해서 생각해 보았다.

신베이터우 온천 지구와 우라이 모두 주변의 아열대 식생과 더불어 한국에서는 보기 힘든 이색적인 관광지였다. 특히 직접 온천욕을 체험할 수 있다는 측면에서 두 곳 모두 관광지로서의 매력과 방문 가치가 충분하다고 생각한다. 두 곳을 모두 방문하여 공통점과 차이점을 생각해 본다면 즐거운 여행이 될 것이다.

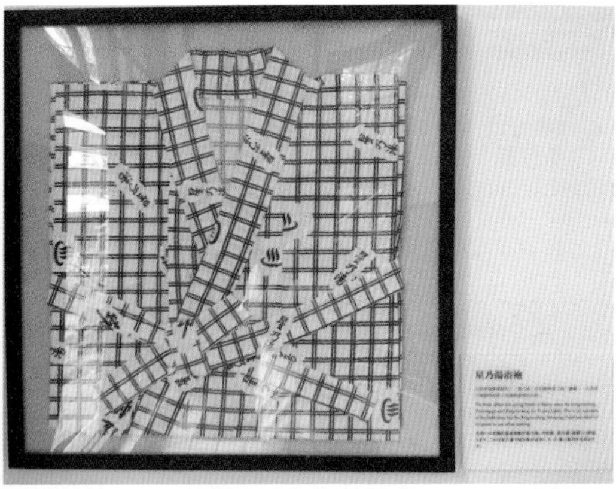

그림 2.1.12 | 베이터우온천박물관 내의 다다미방

그림 2.1.13 | 과거 신베이터우 온천 지구에서 입었던 기모노

그림 2.1.14 | 지어진 지 100년이 넘는 룽나이 온천

그림 2.1.15 | 신베이터우 온천 지구 내에 위치한 Kyoto Spring Hotel. 이름에서 알 수 있듯이 호텔 전체적으로 일본풍을 띠고 있으며 객실 또한 JAPANESE STYLE ROOM, ASAHI ROOM, KYOTO ROOM 등 일본풍을 전면에 내걸었다.

References

▷ **논문(학위, 학술지)**

- 文明基(Moon Myung-ki), 2009, "대만·조선총독부의 초기 재정 비교연구: '식민제국' 일본의 식민지 통치 역량과 관련하여", 중국근현대사연구 44, 1-5.
- 손준식, 2010, "일제 식민통치에 대한 타이완 인의 반응과 경찰 이미지", 역사문화연구 37, 2-4.
- 이진희, 2010, "동북아시아 명승 보존관리 비교연구: 한국·일본·타이완·중국·북한을 중심으로", 상명대학교 일반대학원: 환경조경학전공, 79-90.
- Lee, Cheng-Fei, 2006, "An investigation of factors determining the competitiveness of Taiwan's hot springs tourism sector", Victoria University, 3-11.
- Liu, C. M., Song, S. R., Chen, Y. L., & Tsao, S., 2011, "Characteristics and Origins of Hot Springs in the Tatun Volcano Group in Northern Taiwan", Terr Atmos Ocean Sci, 22(5), 475-489.
- Sibuet, J. C., & Hsu, S. K. 1997, "Geodynamics of the Taiwan arc-arc collision", Tectonophysics, 274(1), 221-251.
- Si-Tong Pei, Huei-Lan Huang, Yan-Yin Pan, You-Jic Guo, Yi-Lin Chen, 2005, "Developing the culture of Beitou Hot Sping", Kun Shan University of Technology Applied English Department, 2-6.

▷ **단행본**

- 한국지리정보연구회, 2006, 자연지리학사전, 한울아카데미.

▷ **언론 보도 및 홈페이지**

- 세계여행신문, 2014.07.01, "KATA/TVA, 타이완 관광의 현재를 점검하다".
- 타이완 관광청 http://tourtaiwan.or.kr
- 한국정책신문, 2013.12.02, "한반도 주변국 '호감도' 일본 5.1%>북한 7.7%>중국 36.8%순".
- Kyoto Sping Hotel http://www.kyoto-spring.com.tw
- The China Post, 2013.04.19, "The island the Portuguese called 'Formosa'".

2

타이베이의 해안지형 : 예류지질공원

박준범 · 이준희 · 길홍준 · 박채연 · 이규성

2014년 가을, 타이완에서 자연환경을 중점적으로 관찰하고 싶다는 생각이 겹치는 이유 하나만으로 이름도, 얼굴도, 학번도 잘 모르던 우리가 뭉쳤다. 우리는 어디를 답사할 것인지 열렬히 논의하여 타이루거(太魯閣) 협곡에 가기로 했다. 그러나 일정상 그 계획은 결국 성사되지 못했다. 대안을 찾던 우리는 3박 4일 중 겨우 1~2시간 동안 머무르기로 되어 있던 예류지질공원을 집중적으로 조사하기로 하였다. 그리고 이 선택은 결과적으로 최고의 선택이 되었다. 비록 우리가 조사할 시간이 넉넉했던 것은 아니지만 열심히 발로 뛰고 조사하며 느낀 바를 이 글에서 설명하게 되어 참으로 기쁘다. 쉬지 않고 계속 돌아다니느라 땀이 나고 힘들었지만 아름답고 기이한 자연환경을 볼 수 있어 행복했던 그 느낌이 전달됐으면 좋겠다.

타이완은 고온다습한 아열대기후에 속한다. 10월부터 다음해 2월까지가 우기인데, 이때 월평균 150mm 이상의 강수량을 기록한다. 타이완의 해안은 6개월 주기의 북·동 계절풍의 영향으로 파고가 높아져, 침식작용 역시 활발해진다. 예류지질공원의 자연경관은 세계에서 손꼽히는데, 기후, 파랑의 작용, 암석 풍화, 지각운동 등의 복합적인 요인 덕분에 기묘한 경관이 형성될 수 있었다.

예류지질공원은 타이완의 대표적인 자연경관 지형으로, 북동부 해안의 완리(萬里) 구

그림 2.2.1 | 조망대에서 바라본 예류지질공원

에 위치해 있다. 본래 바닷속에 잠겨 있던 이 지역은 지각운동으로 인해 융기한 후 독특한 지형이 발달하게 되었다. 이 지질공원의 지형경관은 아열대기후와 함께 사암층의 케스타(cuesta) 산지와 특유의 절리 구조, 즉 외적 작용과 내적 작용을 모두 받아 복합적으로 형성되었다. 예류의 다양한 지형경관은 기후와 지질, 그리고 지각변동의 영향을 매우 잘 반영하고 있고 지형 역시 뚜렷하기 때문에, 해안지형을 관찰하고 싶은 사람에게 예류지질공원은 좋은 답사지이다. 따라서 타이완의 독특한 해안지형을 개괄하기 위해 예류지질공원을 주요 답사지로 선정해 관찰하였다.

본문에서는 예류지질공원에 대한 간략한 소개와 함께 예류의 지질학적 특성, 그리고 예류에만 독특하게 나타나는 해안지형 경관은 무엇이 있는가를 탐구한다. 그런 다음 예류의 해안지형 경관을 다른 지역과 비교하여 어떠한 공통점이나 차이점이 존재하는지를 알아본다.

예류지질공원 소개

예류지질공원은 타이완 북동쪽 해안가에 위치한 좁고 긴 형태의 곶으로, 공원 입구에서 바다 쪽 곶 끝단까지의 길이가 약 1.7km나 되며 파랑 작용에 직접적으로 노출되어 있어 여러 가지 희귀하고 멋진 지물과 경관을 보여 준다.

'예류'라는 이름의 유래는 세 가지가 있다. 첫째로 이 지역에 살고 있던 원주민인 핑푸(平埔) 족의 지신명을 음역하면 '예류'가 된다는 설이 있다. 둘째로 예류를 가장 먼저 점령한 유럽 국가는 에스파냐였는데, 에스파냐 어 'Punto Diablos(악마의 곶)'의 'Diablos'에서 'D'와 'b' 음이 생략된 것에서 유래되었다는 설이 있다. 셋째는 예류 지역의 문화적·지리적 배경을 더욱 잘 반영하고 있다. 예류 주민들은 해양 산업으로 생계를 꾸려 나가야 했고,

그림 2.2.2 | 예류지질공원

쌀의 유일한 공급원은 내지의 상인들이었다. 그런데 몇몇 주민은 내지 상인들 몰래 뾰족한 대나무 막대로 포대에 구멍을 내어 쌀을 빼 갔다고 한다. 쌀이 사라진 것을 본 상인들이 "야만인(Ye)이 쌀을 훔쳐 갔다(Liu)"고 하였는데, 이것이 '야리우'와 발음이 비슷하여 '예류'로 불렸다고 한다.

예류는 지역 최고의 관광자원을 품고 있다. 뛰어난 자연환경 덕분에 관광객 유치에 매우 유리하며, 이것을 지역 산업으로 육성하기에 안성맞춤이다. 이미 세계적으로 유명한 지질공원뿐 아니라 타이완 내에서 유명한 피서지인 그린베이(Green Bay) 해수욕장도 있다. 또한 해양 테마파크도 있어 돌고래와 바다사자 공연을 관람할 수 있으며, 수중 터널을 통해 심해 생물들을 가까이에서 관찰할 수 있다. 예류 해안 일대를 조망할 수 있는 자전거 도로도 바닷길을 따라 마련되어 있고, '바다정화축제', '해신축제' 등 바다와 관련된 축제도 많이 열린다.

바다를 만나는 산, 예류

일반적으로 파도라고 부르는 현상은 바다의 파동으로부터 시작된다. 이 파동은 만들어지면 한 방향으로 나아가려는 성질을 지닌다. 그러나 수심이 점차 얕아지면 파도가 휘기 시작한다. 수심이 얕아지면서 파도의 양쪽 끝의 수심 차이가 영향을 주기 때문이다. 깊이가 얕은 지점은 바닥과의 마찰이 생기기 때문에 속도가 느려진다. 한쪽의 속도가 느려지면 속도의 차이 때문에 한쪽 바퀴가 진창에 빠진 자동차가 빙글빙글 돌듯이 속도가 느린 쪽을 축으로 휘어지게 된다. 곶과 같은 지형은 주변 지형에 비해서 바다에 가깝기 때문에 곶 근처의 바다는 상대적으로 수심이 얕다. 결국 파도는 곶을 축으로 꺾여서 육지에 도달한다. 이로 인해서 곶은 파도의 에너지가 집중되어서 공격을 받는 지역이 된다. 이 에너지는 계속 곶에 충격을 가하여 풍화를 가속시킨다. 따라서 곶은 다른 지역에 비해서 강한 침식을 받는 지역이라고 할 수 있다.

하지만 예류지질공원에 들어가면 제일 먼저 보이는 것은 곶 끝부분에 솟은 산이다. 일반적으로 침식이란 지표를 평탄화하는 작용이다. 그러므로 예류에 산이 있다는 것은 예류에 침식 이외의 작용이 있다는 것을 추측하게 한다. 즉, 예류는 한편으로는 깎아 내는 힘과 한편으로는 솟아오르는 힘이 작용하여 만들어졌다는 것을 알 수 있다. 예류는 이 두 종류의 힘이 경쟁을 하는 경기장이지만 동시에 이 둘이 힘을 합쳐서 지형을 만들어 내고 있는 조각가의 협동 작업장과 같은 모습을 보이고 있다. 이 글에서는 이 중 솟아오르는 힘, 즉 왜 곶의 끝에 산이 있는지, 그리고 이 산이 만들어 낸 경관은 무엇인지에 대해서 살펴볼 것이다.

예류지질공원의 입구를 지나다 보면 전체적으로 땅이 밝은 노란빛을 띤다는 것을 발견할 수 있다. 이것은 예류 곶이 전체적으로 사암질의 지형으로 이루어져 있기 때문이다. 사암은 상대적으로 풍화에 강한 성질을 지니고 있는데, 이 덕분에 예류는 다른 주변 지역에 비해 침식의 영향을 덜 받았다. 이는 예류가 산과 곶이라는 두 가지 정체성을 가지는 것에 공헌하였다. 예류 곶의 끝에 있는 구터우(龜頭) 산은 산과 곶이라는 예류의 모습을 잘 드러내 준다. 한편 예류지질공원의 입구에도 다탄미엔(大單面) 산이 있다.1) 즉, 예류지질공원은 구터우 산과 다탄미엔 산으로 둘러싸여 있다. 이로 인해서 예류지질공원은 미시적으로 보았을 때는 봉소풍화(蜂巢風化, honeycomb weathering) 등의 바닷물의 영향을 받은 침식에 의한 경관을 이루지만, 거시적으로 보았을 때는 두 개의 산으로 인한 산지 지형이 나타난다.

이 두 산은 일반적으로 연상하는 산과는 다른 모습을 지니고 있다. 일반적으로 산은 분

1) 예류지질공원, 자연 지형경관, http://www.ylgeopark.org.tw/KOR/landscape/Sight_kr.aspx

수령을 기점으로 양쪽이 비슷한 모습이지만, 예류의 두 산은 양쪽 사면이 한쪽은 완만하고 반대쪽은 상대적으로 가파른 모습을 보인다. 이러한 자연적 경관을 케스타라고 하며 경사도의 차이는 케스타의 주요한 특징이다. 케스타는 급경사와 완경사가 같이 나타난다는 점에서 단구와 유사해 보이지만 둘은 약간의 차이가 있다. 단구는 해수면의 하강 혹은 지표면의 융기로 인해서 과거의 하상, 해저, 호저였던 것의 일부가 계단의 형태로 남게 되면서 만들어진다.2) 반면에 일반적으로 케스타는 상대적으로 약한 암석들로 이루어진 층과 상대적으로 강한 암석들로 이루어진 층이 층층이 이루어져 있어 풍화 속도의 차이로 인해서 각 면마다 풍화의 정도가 달라지면서 생성된다. 반복되는 하안단구, 해안단구와 같은 단구는 계단과 같이 급경사 이후에 완경사가 이어지면서 점차 고도가 낮아지는 형태를 보여 주는 지형이라면, 반복되는 케스타는 층의 차이로 인해서 연속되는 고저의 반복이 나타난다는 점이 특징이다.

예류의 케스타 또한 평평한 면과 가파른 면이 나타난다. 하지만 예류의 케스타는 일반적인 케스타 지형과 구별되는 점이 있는데, 케스타가 굉장히 좁은 형태로 나타난다는 것이다. 예류지질공원의 길이는 약 1.7km이지만 그 폭은 가장 두꺼운 지역도 약 300m에 불과하다.3) 이로 인해서 예류에는 일반적인 케스타와는 달리 평평한 지대가 잘 나타나지 않는 압축적인 모습을 보여 주는 케스타가 나타난다. 이는 구터우 산에서 쉽게 관찰할 수 있다. 또한 이렇게 케스타가 매우 좁은 곳에서 나타나기 때문에, 예류의 케스타는 그 경사가 매우 급한 모습을 보인다. 앞서 케스타는 한쪽이 완만한 경사를 보이고 다른 한쪽이 급격한 경사를 보이는 지형이라고 하였는데, 예류의 케스타는 완만한 면도 일반적인 산과 비교할 수 있을 만큼 급한 모습을 보여 준다. 일반적으로 케스타에는 평평한 분지가 생기는데 예류의 케스타는 완만한 구역에서도 경사가 대략 20° 정도 된다. 이에 대해 박철웅

2) 한국지리정보연구회, 2004, 자연지리학사전, 한울아카데미, "단구".

3) 예류지질공원, 앞의 글.

(2014)은 이것이 지질적 특성으로 인해서 생기는 현상이라고 해석했다. 예류의 케스타 지형은 두 개의 단층작용이 '기반암층을 변동시켜 해수면 위로 반등'하게 하여 생성된 것이다. 즉, 케스타화(化)가 일반적인 경우와 같이 약한 층이 침식되어서 상대적으로 강한 층이 남은 형태가 된 것이 아니라, 횡압력을 받은 퇴적 지층이 현재의 상태로 솟아오른 것이기 때문에 높은 경사를 가진 케스타가 만들어졌다.4) 또 사암은 풍화에 강해서 침식이 되는 정도가 상대적으로 작기 때문에 예류의 케스타는 만들어진 이후 풍화로 인해서 낮은 구릉이 되지 않고 높은 각도를 유지하고 있다. 이렇게 케스타의 경사가 급하기 때문에 절벽에 있는 암석들은 강한 물리적 풍화력을 받게 되고, 이로 인해서 떨어져 나가 아래에 축적된다. 그래서 각 경사면 밑에는 풍화된 암석들이 군집으로 존재하는데, 이를 애추(talus)라고 통칭한다. 예류의 사암은 풍화에 강한 성질을 가지고 있기 때문에 침식이 되어 낮은 구릉으로 변하지 않아 상대적으로 높은 경사도를 유지하고 있다. 그렇지만 반대로 예류의 대다수를 구성하는 사암은 풍화에 강해 암석이 절벽으로부터 잘 분리되지 않는다. 절벽에서 떨어져 아래에 퇴적되려면 침식작용으로 인해서 바위와 급경사면의 결속이 약해져야 하기 때문이다. 또한 예류는 길이는 길지만 폭이 좁기 때문에 분리된 암석이 퇴적된다고 하더라도 바다로 쉽게 이동해 버린다. 그렇기 때문에 예류의 애추는 다른 애추가 나타나는 경관에 비해서 절벽에서 퇴적되는 모습이 강하게 나타나지 않는다.

이러한 산악지형으로 인해서 예류 지역에는 다양한 지형경관이 나타난다. 우선 앞서 언급한 케스타는 예류에서 산의 형태를 이루면서 하나의 경관으로 나타난다. 타이완에서는 이를 탄미엔(單面) 산이라고 부른다. 예류에서는 두 개의 탄미엔 산을 찾을 수 있다.5) 하나는 앞서 언급한 구터우 산, 그리고 나머지 하나는 섬 본토로부터 뻗어 나온 다탄미엔 산

4) 박철웅, 2014, "타이완 예류에 나타나는 후두암 중심의 지형경관 고찰", 한국지형학회지 21(1), 한국지형학회 1-16.

5) 탄미엔 산은 고유명사가 아니라 케스타와 같이 한쪽 면이 가파른 지형을 의미하는 말이기 때문에 뒤에 나오는 다탄미엔 산과 혼동하면 안 된다.

이다. 이 두 산은 모두 예류 곶과 직교하는 방향으로 압축된 듯한 모습을 하고 있다. 이는 앞서 말한 바와 같이 두 탄미엔 산이 모두 지질적으로 압력을 받은 층이 상승하여 만들어진 것이기 때문이다. 타이완을 남북으로 관통하는 중앙산맥은 지질운동으로 인해서 압축되며 상승하는 과정에서 만들어졌다.6) 이 중앙산맥의 압축 및 상승 작용이 예류 곶까지 이어졌다고 이해할 수 있다. 즉, 두 탄미엔 산은 모두 지각변동의 영향에 의해서 함께 해수면 위로 상승했다고 볼 수 있다.

그림 2.2.3 | 예류의 절벽(↑)
그림 2.2.4 | 의성 빙계계곡의 애추지형(↓)
예류의 절벽이 더 각도가 가팔라 중력의 작용이 더 강하지만
의성의 빙계계곡보다 애추가 덜 발달된 것이 보인다.
(출처 : 《의성 애추》, 위성에서 본 한국의 산지지형,
지광훈·장동호·박지훈·이성순, 2009. 12., 한국지질자원연구원).

예류에서 관광 명소로 널리 알려진 지점들을 설명할 때는 대부분 결핵작용과 같은 지질작용, 혹은 해인의 파도, 봉소풍화 현상으로 인해 만들어진 지형들에 대해서 이야기한다. 하지만 이 경관이 모두 해안과 지질활동의 영향만으로 이뤄지는 것은 아니다. 예류에 형성되어 있는 산지 또한 신비로운 경관을 만든다.

그 대표적인 예가 바로 24샤오(24孝) 산이다. 이 지역은 버섯바위가 솟아 있는 지역으

6) Ho, C. S., 1986, "A synthesis of the geologic evolution of Taiwan", Tectonophysics 125.1, 1–16.

그림 2.2.5 | 예류지질공원에서 촬영한 구터우 산. 작은 탄미엔 산을 가지고 있으며 예류의 케스타 지형 중 하나이다. (↑)
그림 2.2.6 | 구터우 산에서 바라본 내륙부의 케스타. 섬과는 대조적으로 낮은 구릉이 나타난다. (↓)

로, 총 24개의 버섯바위가 있다. '24샤오'는 중국에서 유교적 가치를 전하기 위하여 24명의 효자를 엮은 이야기를 통칭하는 말이다. 이곳은 예전에 명사들이 고사를 이야기하는 곳이었다고 한다.[7] 이 점을 고려하면 24샤오 산이라는 이름은 명사들이 이야기한 고사 중 24명의 효자에 대한 이야기가 있었을 것이라는 점과, 이 돌이 총 24개로 맞아떨어지면서 유래한 이름으로 보인다. 24샤오 산은 버섯바위의 형태를 띠고 있다. 이는 예류의 다른 지역에서도 나타나는 형태이다. 하지만 24샤오 산은 버섯바위가 줄과 열을 맞춰서 나란히

7) 예류지질공원, 앞의 글.

배열되어 있다는 점이 다른 지역과 다르다. 예류의 바위 지형은 대부분 무작위적으로 흩어져 있기 때문이다. 24샤오 산의 규칙적인 배열은 케스타로 나타난 산지의 영향으로 보인다.

그림 2.2.7 | 예류의 24샤오 산 (출처 : 신베이 시 정부 관광여행국)

앞서 말한 것과 같이, 예류의 케스타는 일반적인 케스타와는 생성 원인이 다르다. 다른 케스타는 산지가 만들어진 뒤 약한 부분이 침식되어서 완만한 부분과 가파른 부분이 만들어진 것이라면, 예류의 케스타는 강력한 지질운동으로 인한 압력으로 만들어졌기 때문에 압축적으로 나타난다. 이렇게 산지가 강력한 압력으로 인해서 솟아오른 형태이기 때문에 산은 매우 큰 스트레스를 받는다. 이 스트레스 때문에 산은 압력과는 수직되는 방향으로 균열이 발생한다. 이렇게 균열이 생긴 지형은 상대적으로 약해지기 때문에 쉽게 침식되어서 비교적 강한 부분이 남는다. 이후 바다로 인한 침식이 진행되면서 버섯바위의 형태로 풍화가 진행된 것이다. 예류의 유명한 짚신바위나 여왕머리와 같은 미적인 모습은 아니지만 24샤오 산은 예류의 산과 바다가 교차하는 지역, 지각변동으로 인한 케스타가 보이는 지역이라는 것을 뚜렷하게 보여 준다. 그렇기 때문에 24샤오 산은 예류의 지리적 특성을 축약해 놓은 듯한 모습을 보여 주며 연구에 있어서도 높은 가치를 지니고 있다.

예류지질공원의 지질학적 특성

예류 지역의 지질을 특징짓는 첫번째 단서는 절리(joint)이다. 절리란 암석을 분할하는 면 또는 표면을 지칭한다. 예류 지역은 후기 플라이스토세(Pleistocene)에 판의 충돌로 인한 융기로 형성되었다.8) 판의 움직임에 의해 형성된 이 지역의 절리 구조는 동북-서남 방향의 주절리(master joints)와 이를 수직으로 자르는 북서-남동 방향의 절리가 기반암에 반영된 구조를 보인다.9) 체계적인 절리가 형성되는 것은 구조적인 운동과 관련이 있으며, 두 조 이상의 절리가 교차하면 암석들은 거대한 장방형이나 육면체로 잘린다.

지층들은 신생대 마이오세의 천해 환경에서 형성된 사암질이며, 주향은 N40°E이고 경사는 18~22°로 남동부 쪽으로 경동되어 있다.10) 층리가 수평을 이루지 않기 때문에 이 지역의 지층에 지각변동이 있었다는 증거 중 하나로 해석될 수 있다. 이 사암질의 층을 다랴오(大寮, Taliao) 층이라고 하는데, 여기서 나타나는 해양 무척추동물의 화석층은 이 지역이 과거에 얕

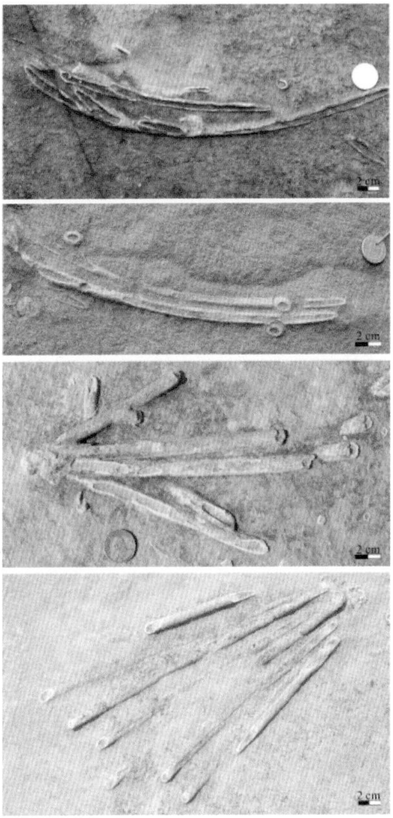

그림 2.2.8 | Schaubcylindrichnus 생흔 화석
(출처 : Löwemark, Ludvig & Eason Hong, 2006, "Schaubcylindrichnus formosus isp. nov. in Miocene Sandstones from Northeastern Taiwan", Ichnos 13.4., p.271.)

8) Codrington, Stephen, 2005, Planet Geography, 197.
9) 박철웅, 앞의 글.
10) 위의 글.

은 바다였음을 보여준다. 뢰벤마르크(Löwemark, 2006)는 자신의 연구에서 해양 무척추 동물인 Schaubcylindrichnus의 생흔 화석이 과거 예류 지역이 육지와 가까운 바다였다는 것을 보여 준다고 주장한다. 사암질의 층은 크게 하부, 중간, 상부의 3개 층으로 각각 구분할 수 있다. 하부는 이암층, 중간은 사암층으로 구성되어 있는데, 특히 예류 곶의 중간 부분은 두께 약 38m의 두꺼운 사암층으로 구성되어 있다.[11] 상부는 층위가 얕고 사암과 이암이 교차하는 층으로 구성되어 있다.[12]

예류 지역의 이러한 지질적 특성은 이 지역만의 독특한 경관을 만들어 낸다. 그중에서도 동북-서남 방향의 주절리와 북서-남동 방향의 절리가 반영된 기반암으로 인해 잘 잘라 놓은 두부처럼 절리 패턴이 잘 나타나 있는 두부바위(bean curd rocks)가 유명하다. 두부바위는 예류지질공원과 바로 이어져 있지 않아서, 해식애 위로 올라가서 절벽 바로 아래를 내려다보아야 볼 수 있다. 따라서 직접 찾아가서 그 생성 기원을 면밀히 조사할 수는 없지만, 먼 거리에서도 두부처럼 잘린 모습을 확연히 알아볼 수 있다. 이 형태는 표면적이 넓은 절리 부분이 다른 부분에 비해 상대적으로 해수의 침식에 약해서 나타난 것이다. 이는 균열의 일종인 절리에서 일어나는 일반적인 현상으로, 절리는 다른 평평한 부분보다 공기나 물에 닿는 단이 풍화 면적이 넓어 빠르게 풍화한다.

그런데 이러한 침식 속도의 차이는 예류 지역의 지질적 특성과 맞물려 더욱 커지게 된다. 예류 지역에서 일어난 융기는 앞서 언급했듯 신생대부터 시작되었으며 현재도 진행 중이다. 즉, 예류 지역의 지질은 인간에 비유하면 아직 성장이 멈추지 않은 청소년과 같이 젊다고 할 수 있다. 이 젊은 지각이 계속해서 융기하면 지각균형(isostasy)에 의해 지각 상부의 표면적이 늘어나 절리 균열이 더욱 확대된다. 확대된 균열은 곧 풍화 면적의 증가를 의미한다. 따라서 절리의 침식이 더욱 가속화되므로 두부바위처럼 뚜렷하게 절리와 절리

11) 박철웅, 앞의 글.

12) 위의 글.

그림 2.2.9 | 두부바위

가 아닌 부분을 구분할 수 있게 된다.

절리는 두부바위에서뿐만 아니라 예류지질공원에서 쉽게 관찰할 수 있는데, 이 지역의 강한 파도는 지질공원의 바닥 부분인 거대한 암석의 절리 부분을 침식시킨다. 따라서 공원 바닥이 군데군데 날카롭게 잘려 있는 것을 쉽게 확인할 수 있다. 이 공원 바닥 또한 명칭만 붙어 있지 않을 뿐이지, 절리의 영향을 살펴보는 데 더할 나위 없이 좋은 증거이다. 침식작용이 더 진행되면 침식 부분이 해식구와 해식동을 형성하기도 한다. 특히 예류 지역 해안의 파도는 아무런 장비 없이 들어가면 절대 헤어 나올 수 없을 정도로 강하여 규모가 큰 해식구와 해식동이 빠르게 형성되었다. 이에 따라 예류지질공원에는 해식구 사이를 안전하게 건너기 위해 여러 개의 다리가 설치되어 있다. 예류지질공원의 해식구와 해식동에 대해서는 후술될 해안지형 단락에서 더욱 자세히 설명할 것이다.

둘째로 예류 지역에서는 절리뿐만 아니라 층리(stratification)의 특성을 관찰할 수 있다. 퇴적암은 그 구성 성분이나 퇴적 방식, 기타 외력의 영향 차이에 따라 각층의 배열 상태가

그림 2.2.10 | 침식이 진행 중인 절리

그림 2.2.11 | 침식이 진행 중인 절리

그림 2.2.12 | 해식구

그림 2.2.13 | 예류지질공원의 케스타 지형

시각적으로 구분되는, 층상 누적의 형태를 보인다. 이것을 층리라고 한다. 예류 지역의 지질 상부 층리는 사암과 이암이 교차하는 형태를 보인다. 이러한 특징은 이 지역의 케스타 지형이 두드러지게 형성되는 한 원인이라 할 수 있다. 앞서 설명했듯이 예류 지역의 케스타 지형은 일반적인 케스타 지형과는 그 성인(成因)이 다르다. 암석의 경연에 따른 차별적인 침식으로 인하여 비대칭적인 양상을 띠는 일반적인 케스타와 다르게 예류 지역에서는 이 지역에 있었던 판의 운동에 의해 약 20°의 경사로 기울어진 케스타 지형이 나타난다.

해수면 위로 드러난 케스타 지형, 즉 육상에 노출된 기반암층은 한쪽 면이 심하게 기울어진 반면 반대 사면은 완만한 형태를 띤다. 이때 사암은 이암보다 육상에서도 풍화하는 속도가 느려서 이암이 먼저 풍화되고 사암은 그대로 남아 케스타 지형의 경사를 더 크게 만든다. 따라서 예류 지역의 경관은 그 지질적 특성에 의해 크게 영향을 받고 있는 것이다.

셋째로 예류 지역에서는 결핵(concretion)을 찾아낼 수 있다. 결핵은 퇴적물의 층 중간에 보이는 자갈 모양의 이질적인 형태이다. 이러한 모양이 나타나는 이유는 퇴적물이 쌓

그림 2.2.14 | 바위 곳곳에 나타난 결핵

일 때 동질적인 퇴적물들 사이에 보다 외력에 강한 이질적인 물질이 끼어 있기 때문이다. 계속해서 퇴적물이 쌓이면서 점차 하중이 증가하면 다짐 작용(compaction)을 받게 된다. 다짐 작용을 통해 퇴적물들은 부피가 줄어들어 퇴적암이 되는데, 이때 외력에 강한 물질들은 본래의 형태를 대체로 유지하며, 이것이 바로 결핵이다. 따라서 퇴적물 층들이 부피가 줄어들어 얇아지는 것에 반해 이 결핵들은 두께에 거의 변화가 없다. 해안지형과 관련된 결핵은 해안지형 단락에서 더욱 자세히 다룰 것이다.

예류 지역의 결핵은 다랴오 층에서 주로 나타난다. 다랴오 층의 암층 절단면을 보면 암층을 3단 케이크처럼 세 층으로 나눌 수 있다. 암층의 세 층 중 가장 상부에 위치한 것을 버섯바위층이라고 하는데, 이 층의 상부는 두께가 약 2m인 칼슘 사암으로 이루어져 있고, 하부는 황갈색의 사암으로 이루어져 있다.13) 다랴오 층의 중간은 생강바위층으로, 그 상부는 불규칙한 단괴를 함유한 사암이며, 하부는 황갈색의 사암으로 이루어져 있다.14) 다랴오 층의 가장 아랫부분에서 보이는 촛대바위층은 사암이 구슬 형태의 단괴를 함유하여 형성된 것이다.15) 즉, 예류 지역에서 주로 나타나는 결핵이란 지층이 칼슘 사암과 단단한 돌덩이를 품고 있는 것이다.

사실상 예류 지역의 지질 구조에서 나타나는 결핵은 이 지역의 변화무쌍한 지형경관을 형성하는 데 기본적인 역할을 하고 있다. 결핵이 형성된 후 그것을 감싸고 있던 층리가 풍화 또는 침식으로 사라지면 결핵만 덩그러니 남게 되는데, 이러한 모습은 땅 위에 독특한 형태의 미술품을 설치해 놓은 느낌을 준다. 파인애플빵바위, 생흔 화석, 생강바위, 선녀의 신발 등이 그러한 결핵에 해당한다. 결핵은 귀중한 관광자원으로, 예류지질공원에서는 이를 만지는 것을 금하고 있다.

13) 예류지질공원 http://www.ylgeopark.org.tw/

14) 위의 글.

15) 위의 글.

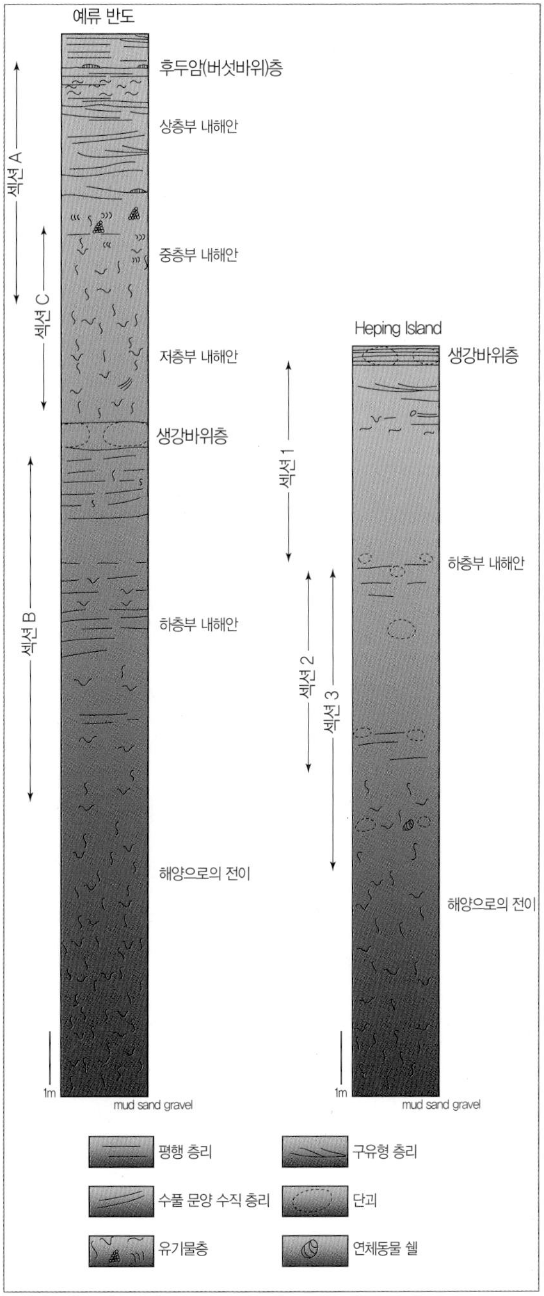

그림 2.2.15 | 다랴오 층의 구분(출처 : http://palaeo-electronica.org/)

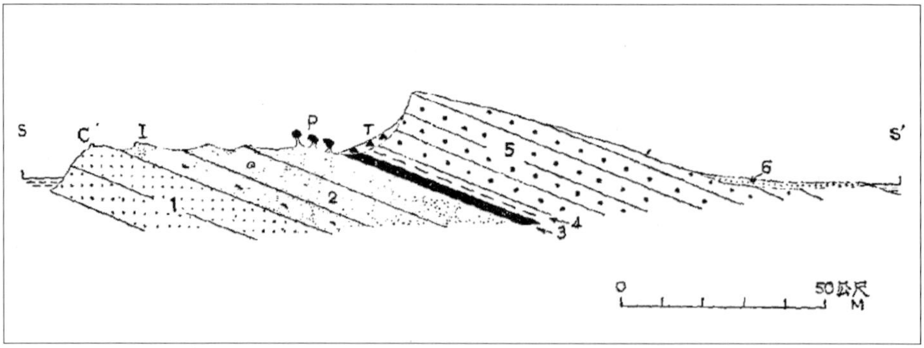

그림 2.2.16 | 예류의 지질 구조. C : 촛대바위층, I : 생강바위층, P : 버섯바위층
(출처 : Hsu, T. L., 1964, "Hoodoo rocks at Yehliu, northern coast of Taiwan")

그림 2.2.17 | 생강바위
(출처 : 예류지질공원 http://www.ylgeopark.org.tw/)

그림 2.2.18 | 촛대바위
(출처 : 예류지질공원 http://www.ylgeopark.org.tw/)

그림 2.2.19 | 선녀의 신발

그림 2.2.20 | 파인애플빵바위

〈표 2.2.1〉 예류 지형경관의 특성

위치	형성 요인	지형경관
해안	풍화와 용식 해수와 파랑	대좌암(버섯바위), 풍화 무늬, 봉소풍화, 해식동, 자연 아치, 파식대, 포트홀, 카르스트반, 결핵, 노치, 골짜기, 타포니, 절리, 풀
	퇴적	모래 해안, 산호 해안
산지	낙하	애추
	지각변동	케스타(단사)
지질	절리와 층리	북동 – 남서, 사암 층리
	지층 결핵	마이오신 다랴오 성상, 결핵

출처 : 박철웅, 2014

대표적인 것 몇 가지를 살펴보면, 먼저 파인애플빵바위는 특이하게 생긴 결핵이다. 둥그런 결핵 위에 수직 절리가 나타나 있어서 흡사 중국인이 후식으로 먹는 보뤄바오(菠蘿包, 파인애플빵)로 보인다. 또한 버섯바위라 불리는 버섯 모양의 기암괴석이 여러 개 존재한다. 촛대바위는 원추형으로 서 있는 암석들의 꼭대기에 동그란 석회질 결핵이 있다.

앞에서 예를 든 결핵은 비교적 패턴이 규칙적이다. 그러나 결핵 패턴이 불규칙한 경우도 있다. 생강바위의 경우 암층에 포함된 결핵이 불규칙적이고 표면에 절리가 나타나 있다. 생강바위의 일종으로 선녀의 신발이라는 결핵이 있는데, 이 결핵은 주변 지층과는 달리 칼슘을 많이 함유하고 있어서 해수의 침식에 비교적 강하다. 그리고 수직의 절리가 나타나 있어 신발 형태를 띤다.

이처럼 예류 지역의 지질적 특성은 판구조론에 따른 구조적인 운동에 의해 결정되며, 독특한 경관을 사람들에게 선사하여 관광자원으로서 기능하고 동시에 관찰자로 하여금 그 과거에 대해 추측해 보는 즐거움을 준다.

예류지질공원의 해안지형

예류는 독특하게 생긴 버섯바위나 넓게 분포하고 있는 사암층 등 기괴한 전경으로 유명하다. 일상에서 쉽게 볼 수 없는 특이한 해안지형 경관이 많기 때문에 이 지형들을 명확하게 정의하고 분류하는 것이 필요하다. 따라서 박철웅(2014)의 '예류의 후두암 및 지형경관의 특성과 분포특성' 표 중 해안 부분을 기준으로 여러 자연경관을 분류하고자 한다.

이에 따라 예류의 해안지형 경관은 9가지, 즉 버섯바위(mushroom rock: pedestal rock의 일종), 봉소풍화(honeycomb weathering), 해식동굴(sea cave), 해식대지(wave-cut platform), 포트홀(pothole), 결핵(concretion), 풍화창(tafoni), 카르스트반(melting erosion panel), 해식 골짜기(sea groove)로 구분하려 한다. 그중 예류의 대표적인 버섯바위는 대좌암(pedestal rock)과 풍화혈(weathering pit)이 복합적으로 나타나는 형태이기 때문에 버섯바위와 풍화혈의 종류인 봉소풍화 지형을 묶어서 하나의 범주로 설명한다.

〈표 2.2.2〉 예류의 해안지형 경관

위치	형성 요인	후두암과 지형경관	여름의 지형경관 자원(지역 별칭)
해안	풍화와 융식 작용 해수와 파랑 작용		아이스크림바위, 견우와직녀바위, 잉어바위, 촛대바위, 쌍촛대바위, 풍화창, 저팔계바위, 여왕머리바위, 생강바위, 게이샤바위, 파인애플빵바위, 고릴라바위, 두부바위, 용두암, 앵무새바위, 코끼리바위, 불상바위, 진주암, 해조암 등
	퇴적	sand beach coral coast	beach

출처 : 박철웅, 2014

• **버섯바위, 봉소풍화**

버섯바위는 이름 그대로 버섯처럼 거대한 머리 부분을 비교적 가느다란 밑동 부분의 돌기둥이 받치고 있는 형태의 바위다. 예류의 바위는 대좌암이 주를 이루고 그 대좌암들은 버섯바위와 비슷한 모습을 하고 있다. 따라서 사막의 버섯바위와 구별하기 위하여 앞으로 대좌암으로 통일하여 언급한다.

대좌암의 형성 과정은 다음과 같다. 타이완 북동쪽 끝에 자리하고 있는 예류의 해안가에는 1년 내내 쿠로시오 해류가 천천히 지속적으로 흐른다. 이 느린 해류로 인해 해안가에는 퇴적물 층이 잘 나타난다. 형성된 퇴적층은 지각운동으로 인해 솟아오르게 되는데, 솟아오른 지반 암석의 경도 차이로 인해 차별 침식이 일어난다. 대좌암 윗부분은 방해석과 석영 입자들이 잘 분급되어 침식에 강하고, 대좌암 아랫부분은 분급이 잘 되지 않아 침식에 약하기 때문이다. 따라서 대좌암의 윗부분은 침식이 덜 되고 아랫부분은 비교적 많이 침식되어 마치 버섯과 같은 모습을 띤다. 결론적으로 예류의 버섯 형태 대좌암은 암석의 차별침

그림 2.2.21 | 예류의 대좌암

식으로 인해 생성된 결과라고 할 수 있다.

이러한 예류의 대좌암은 다른 곳의 대좌암과는 다른 독특한 특성을 가지고 있다. 바로 풍화혈의 일종인 봉소풍화와 포트홀이 복합적으로 나타나 매우 독특한 모습을 보인다는 것이다. 풍화혈이란 암석이 물리적 혹은 화학적으로 풍화작용을 받아 울퉁불퉁한 요철(凹凸) 모양의 표면을 갖게 된 지리적 현상을 말한다.16) 예류의 대좌암 윗부분에는 풍화혈의 모습이 아주 잘 나타나 있다. 여기에서는 봉소풍화를 중심으로 대좌암의 형성을 설명하고 포트홀은 따로 후술하겠다.

그림 2.2.22 | 여왕머리바위

예류의 대좌암은 봉소풍화 현상이 확연하게 나타난다. 봉소풍화는 움푹 파인 자국들이 암석 표면에 수없이 모여 있는 형태를 말하는데, 예류의 봉소풍화는 다음과 같은 원리에 의해 형성된 것으로 보인다. 암석의 차별침식으로 인해 대좌암이 형성되는 과정에서 바닷바람에 실려 온 해안 미생물이나 소금기가 바위 표면에 쌓인다. 그후 햇빛에 의해 이들이 팽창하여 바위를 조금씩 깎아 내려 봉소풍화가 진행된다.17) 봉소풍화는 특히 사암층에서 많이 발생하는데, 예류는 광대한 사암층이라는 지질 특성상 봉소풍화의 발생 특징과 잘 맞아떨어지는 것을 확인할 수 있다.

예류에서 대좌암과 봉소풍화의 형성을 아주 잘 관찰할 수 있는 지형은 예류지질공원에서 대표적인 '여왕머리바위(Queen's Head)'이다. 아래에 있는 가느다란 돌기둥이 봉소풍

16) 권혁재, 2010, 지형학, 법문사, 33.

17) 한국지리정보연구회, 2004, 자연지리학사전, 한울아카데미.

화가 진행된 거대한 바위를 괴고 있는 전형적인 대좌암이다. 옆모습이 여인의 모습을 닮았는데 위상을 높이기 위해 '여왕'이라고 이름을 붙였다고 한다.

• 해식동굴

그림 2.2.23 | 연인동굴

해식동굴은 파도가 거대한 암석을 지속적으로 강타하면서 경도가 약한 부분이 침식되어 떨어져 나가 형성된다. 떨어져 나간 부분은 움푹 파인 모양이 되는데, 계속해서 파도가 침식하면서 더 깊은 동굴을 만들어 해식동굴이 된다. 파도가 해식동굴을 만들었지만, 동굴이 해수면 위에 존재하는 경우가 있다. 이것은 과거 예류의 지반이 지각변동으로 인해 융기했음을 보여 주는 증거이다. 그림 2.2.23은 예류의 대표적인 해식동굴로 '연인동굴'이라고 불린다.

• 해식대지

해식대지는 '파도가 잘라 낸 평평한 대지'라는 뜻으로 파식대지(wave-cut terrace)라고도 한다. 예류에서는 특히 해식대지가 널리 관찰되는데, 예류의 지속적이고 강한 파도의 침식력이 주요한 요인이다. 해식대지가 광활하게 형성되기 위해서는 파도의 연속적인 에너지가 필요한데, 예류의 해안은 이 조건을 충족할 정도로 파도가 강하다. 해식대지의 형성은 해식동굴의 형성 과정과도 관련이 깊다. 해식대지가 만들어지기 위해서는 거대한 암석이 통째로 부서져야 하는데, 파도의 힘만으로는 이것이 가능하지 않다. 그러나 파도에 의해 먼저 해식동굴이 만들어진 다음 점점 깊어진다면 동굴이 버텨 내야 하는 암석의 하중이 점점 커진다. 그러다가 동굴 천장이 더 이상 버티지 못하고 붕괴하면, 그 위로는 해식절벽이 되고 그 아래는 바닷물에 잠겨 비교적 침식이 덜 된 암석만 남게 된다.[18] 바로 이

그림 2.2.24 | 해식대지

아랫부분이 해식대지가 되는데, 예류에서는 지각변동으로 인해 지반이 융기하여 해수면 위로 올라와 있는 해식대지를 관찰할 수 있다.

• 포트홀

포트홀은 풍화혈의 일종으로, 비 오는 날 아스팔트가 움푹 파여서 생기는 포트홀과 구분할 필요가 있다. 포트홀은 원래 하천의 상류에서 흐르는 강물에 의해 돌이 큰 암석과 회전마찰을 하여 움푹 파인 지형이다.[19] 그중에서도 해안에서 파도에 의해 생기는 포트홀은 따로 마린 포트홀(marine pothole)이라고 부른다. 예류지질공원은 하천이 없고 해안에 접하고 있으므로 엄밀히 말하자면 마린 포트홀이라고 해야 하지만, 편의상 포트홀이라고 부르기로 한다.

18) 권혁재, 2011, 자연지리학, 법문사, 503-505.

19) 권혁재, 위의 책, 403-404.

그림 2.2.25 | 물이 고여 있는 포트홀과 그 안에서 자라는 풀

예류 포트홀은 하천의 포트홀과 형성 과정이 상당히 유사하다. 하천에서는 '강물'에 의해 자갈이나 모래가 침식을 일으켰다면, 예류의 포트홀은 '파도'에 의해 자갈이나 모래가 침식을 일으킨다는 것이 차이점이다. 파도에 의해 작은 돌덩이가 암석을 지속적으로 강타하면 그 부분이 침식되어 움푹 파이고 작은 구멍이 생긴다. 그 구멍이 다른 자갈들이 충분히 들어갈 만큼 깊어지면, 파도가 들이칠 때마다 안에 있는 자갈들은 밖으로 나오지 못하고 안에서 요동친다. 이때 자갈들이 구멍 안에서 빠른 속도로 회전마찰을 일으켜 침식이 더욱 가속화되면서 현재 예류의 포트홀을 만든 것이다.

예류에 직접 답사를 가서 보니, 대좌암 다음으로 많이 보이는 해안지형이 바로 포트홀이었다. 예류의 암석, 지반은 해안과 매우 밀접한 지리적·위치적 관계를 가지고 있어서 수많은 포트홀이 만들어지기에 최적이기 때문이다. 예류의 포트홀 안에는 자갈뿐 아니라 항상 물이 고여 있어서 어떤 구멍에는 해초나 풀이 자라고 있는 풍경을 볼 수 있다.

• **결핵**

결핵이란 퇴적물 사이 또는 암석층 속에서 화학적인 작용에 의해 형성되는 암석 물질이다. 대부분의 경우 퇴적이 이루어진 후에 결핵이 형성되며, 형성 과정에서 퇴적층의 원래 조직 형태가 바뀌지 않는 특징이 있다. 퇴적 과정과 동시에 형성되는 결핵도 있는데, 이 경우 퇴적 과정에서 하중이 증가하면서 퇴적층의 층리를 휘게 만든다. 결핵은 주로 주위의 암석층보다 단단하고 침식에 강해서, 이 지형에서 침식작용이 오랫동안 일어날 경우 주위의 암석층은 모두 침식되어 제거되고 결핵만이 남는다.[20]

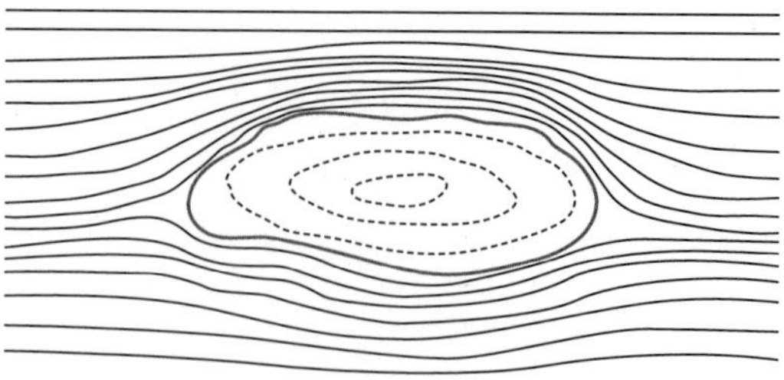

퇴적과 동시에 생성된 결핵체

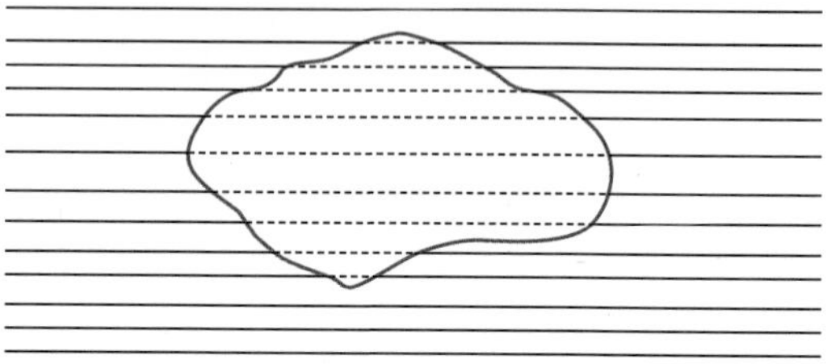

퇴적 후에 생긴 결핵체

그림 2.2.26 | 형성 과정에 따라 퇴적층에 미치는 영향이 다르다.

예류지질공원에서 결핵이 드러나는 대표적인 지형은 생강바위와 촛대바위이다. 먼저 생강바위는 바닷속에서 침식된 후 융기하여 해안으로 노출되면서 만들어진 바위이다. 해수에 잠겨 있는 시기에는 결핵을 덮고 있던 사암층이 점차 침식되면서 불규칙적인 형태의 결핵이 바닷물에 노출되었고, 이후 지각운동이 일어나면서 지표 위로 드러나게 되었다. 생강바위가 지표 위로 올라온 후에는 비람과 파도의 침식이 이어져 거친 외관을 하게 되었다. 또한 생강바위에서는 가로선과 세로선이 교차하는 절리가 발견되는데, 이는 생강바위가 지층 깊이 묻혀 있을 때 지각의 횡압력에 의해 형성된 것이라고 한다. 촛대바위는 매끈한 원기둥 위에 구슬이 뿌려져 있는 듯한 형태를 한 해안지형이다. 촛대바위의 윗부분에 있는 결핵은 원래 사암층에 둘러싸인 채로 있었는데, 해수의 침식에 의해 점차 사암이

20) 한국지구과학회, 2009, 지구과학사전, 북스힐.

침식되면서 그 모습이 드러나게 되었다. 결핵 방향으로 운동하던 유체(바닷물)는 결핵에 부딪친 후 사방으로 흩어지는데, 이 과정에서 결핵 밑바닥 부분을 침식시킨다. 그래서 동그란 결핵은 그대로 있고 초가 타들어 가는 것처럼 촛대의 심지 아랫부분이 침식되는 것이다. 이 상태로 오랜 세월 동안 작용한 파도의 침식작용이 결핵의 아래에 위치한 사암층을 원기둥 형태로 깎아 냈고, 그 결과 현재의 긴 촛대의 모습을 한 촛대바위가 형성되었다.

· 풍화창

풍화창이란 암석이 기계적으로 풍화되면서 형성되는 지형으로, 벌집처럼 구멍이 송송 뚫려 있는 지형을 의미한다. 일반적으로 이러한 지형은 타포니라고 지칭하는데, 예류지질공원 현지에서는 이러한 지형을 특별히 '풍화창'이라고 부른다. 이러한 지형을 형성하는 풍화 과정을 '봉소풍화'라고 하는데, 앞서 설명했듯이 일반적으로 염이 풍부하게 공급되고 습윤 건조의 순환이 잘 이루어지는 해안이나 반건조 환경에서 잘 발달한다.[21]

그림 2.2.27 | 타포니

예류지질공원에서는 풍화창을 발견하기 쉽다. 풍화창은 주로 풍식작용과 용식작용, 그리고 유기물의 분해에 의해 형성되는데, 이는 예류지질공원의 지리적 특성과 밀접한 연관이 있다.

예류지질공원은 북동쪽으로 좁고 길게 뻗어 있는 해안지형이기 때문에 염의 공급이 풍부하다. 지형적인 이유 외에도 이 지역을 지나는 쿠로

21) 권혁재, 2010, 지형학, 법문사, 33-34.

시오 해류가 표층이 34.5 psu 이상의 고염분 해수인 점도 염의 공급을 원활하게 한다. 또한 10~2월의 우기와 6~8월의 건기가 반복되어 습윤건조의 순환이 잘 이루어진다.22) 이러한 점에서 예류지질공원은 봉소풍화의 조건을 완벽하게 충족하고 있다고 할 수 있으며, 실제로 이곳의 많은 바위들에서 풍화창이 발견된다.

• 카르스트반

카르스트반은 저지대에서 바닷물에 의한 용식작용으로 형성된 지형을 의미한다. 예류지질공원의 저지대에는 바닷물이 자주 고이면서 암석 내 가용성 물질이 바닷물과 화학적으로 반응하는 용식작용이 이루어지고, 이로 인해 암석이 녹아 없어지면서 지표가 얕게 파인다.

그림 2.2.28 | 카르스트반

카르스트반에서는 용식작용에 의해 용해된 칼슘 성분들이 바닥에 침전되면서 다른 지표와는 다르게 더 단단한 부분이 만들어지기도 한다. 이렇게 형성된 암층에 의해 각 암층이 받는 풍화작용의 정도 역시 이전과는 달라졌을 것이라고 추측할 수 있다. 즉, 침식에 의한 저항 경도가 달라진 것이다.23)

용식작용은 주로 석회암 지대에서 이루어진다고 알려져 있지만, 대부분이 사암층인 예류지질공원에서도 암석 내에 가용성 물질이 존재한다면 충분히 용식작용이 이루어질 수 있다. 예류지질공원의 카르스트반은 우리가 자주 접하던 산간지역 석회암층의 카르스트 지형이 아닌, 해안지역 사암층의 카르스트 지형이라는 점에서 매우 흥미롭다.

22) kotra 국가정보 – 타이완, 타이베이 무역관.

23) 예류지질공원 http://www.ylgeopark.org.tw/

• **해식 골짜기**

해식 골짜기는 해수의 침식작용에 의해 형성된 지형이다. 단순히 해수의 침식작용에 의한 지형이라기보다는, 절리의 형성이 관여된 침식지형이라고 보아야 한다. 먼저 지층의 횡압력에 의해 암층이 갈라지면서 절리가 형성된다. 그후 절리 면에 해수가 유입되면서 침식이 가속화되고, 암석과 암석 사이에 가해지는 파도의 침식작용에 의해 그 공간이 점점 넓어진다.

예류의 해식 골짜기는 아래에서 위로 점점 간격이 벌어진다. 이는 예류 곶의 지각변동과 연관된 것으로 보인다. 해수에 의한 침식이 지각변동과 관계없이 이루어졌을 경우 암층의 하부가 집중적으로 침식되었어야 하는데, 해식 골짜기를 보면 오히려 하부의 간격이 더 좁고 상부의 간격이 더 넓은 것을 발견할 수 있다. 이는 지각변동의 과정에서 시기별로

그림 2.2.29 | 여왕머리바위(앞)와 해식 골짜기(뒤)

융기하는 속도에 차이가 있었음을 짐작할 수 있게 한다. 융기가 시작되는 시기에는 지각이 상승하는 속도가 빠르지 않아 파도에 의한 침식이 많이 이루어졌지만, 점점 지각이 상승하는 속도가 빨라지면서 이러한 침식 정도의 차이가 발생한 것으로 추정된다.

이상 소개된 지형은 모두 암석 형태가 변화하며 생성된 지형으로, 침식, 풍화 또는 용식 작용과 같은 형성 과정을 중심으로 설명하였다. 예류 곶이 바람과 해수의 영향을 많이 받는다는 점을 고려하면, 이러한 요인들이 어떻게 지형에 작용하는가에 대한 탐구 또한 지각운동만큼 중요한 요인이라 할 수 있다. 지금도 예류는 주변 환경과 상호작용을 하고 있으며 변화를 계속해서 이어 나가고 있다. 단순히 과거부터 이루어진 침식 및 지형 형성 과정을 보여 주는 것에서 그치지 않고 과거와 현재를 동시에 보여 주는 하나의 타임머신인 셈이다.

예류와 다른 지역의 지형 비교하기

예류의 자연지형이 관심을 받는 이유는 다른 지역에서도 발견되는 일반적인 자연지형이 예류 지역의 특수성을 적용받아 독특하게 나타나기 때문이다. 이러한 생각을 바탕으로, 예류와 다른 지역의 자연지형을 비교하여 예류 지역 자연지형의 특징을 더욱 잘 알아보고자 한다. 예류는 해안에 위치해 있으며 지질에 있어서도 다른 지역과 구별되는 특징이 있기 때문에, 이와 관련하여 지형의 형성 원인에 초점을 맞추어 비교해 보고자 한다.

① 예류의 대좌암과 사막의 버섯바위

예류의 대좌암은 사막의 버섯바위와 많이 닮아 있다. 기본적으로 거대한 윗돌을 아래의 가느다란 돌기둥이 받치고 있는 외관부터 매우 흡사하며, 바람에 의한 침식으로 형성되었다는 공통점이 있다. 하지만 해안과 가까운 예류의 경우 지질의 특성상 대좌암의 가느다란 부분은 해풍에 실려 온 수분이나 염분의 영향을 받았을 것이라고 짐작할 수 있다. 반면 사막은 건조한 지역으로 수분이 매우 부족하다. 따라서 사막의 버섯바위는 형성 과정에서 바람에 의해 날리는 모래 입자들에 의해 깎이기만 했을 것이다.

그 외 예류의 대좌암과 사막의 버섯바위는 윗돌이 봉소풍화에서 결정적인 차이점을 보인다. 예류의 대좌암은 본문에서 언급했듯이 미생물이나 염분의 팽창으로 인해 윗돌에 수많은 요철이 생겨 있다. 그러나 사막에서는 팽창 작용에 관여할 미생물이 있다고 하더라도, 수분이나 염분이 턱없이 부족해 이로 인한 풍화혈이 발달하지 않는다. 사막에 풍화혈이 존재한다면 그것은 예류와 같은 원인에 의한 것이 아닌, 바람에 의한 침식작용의 결과일 것이다.

② 예류의 해식동굴과 타 지역의 물에 잠겨 있는 해식동굴

해식동굴은 일반적으로 해수면과 거의 같거나 그보다 낮은 곳에 있어 바닷물에 잠겨 있는 경우가 많다. 그러나 예류의 해식동굴은 특이하게도 대부분 해수면보다 높이 위치한 경우가 많다. 예류의 해식동굴은 일반적인 해식동굴과 같이 파도에 의한 침식으로 형성이 되었지만, 지각변동을 겪으며 해수면보다 높이 위치하게 되었다. 이를 통해, 예류가 과거에 지각변동을 겪어 융기했고 이로 인해 해식동굴뿐만 아니라 사암층이나 해식대지 등이 해수면보다 높이 올라와 지면 위로 드러나게 되었음을 알 수 있다.

그림 2.2.30 | 예류의 대좌암 (↑)
그림 2.2.31 | 사막의 버섯바위 (↓)

References

▷ 논문(학위, 학술지)

- 박철웅, 2014, "타이완 예류에 나타나는 후두암 중심의 지형경관 고찰", 한국지형학회지 21(1).
- Ho, C. S., 1986, "A synthesis of the geologic evolution of Taiwan", Tectonophysics 125.1.
- Hsu, T. L., 1964, "Hoodoo rocks at Yehliu, northern coast of Taiwan", Bulletin Geological Survey of Taiwan 5.
- Löwemark, Ludvig & Eason Hong, 2006, "Schaubcylindrichnus formosus isp. nov. in Miocene Sandstones from Northeastern Taiwan", Ichnos 13.4.

▷ 단행본

- 권혁재, 2010, 지형학, 법문사.
- ______, 2011, 자연지리학, 법문사.
- 한국지구과학회, 2009, 지구과학사전, 북스힐.
- 한국지리정보연구회, 2004, 자연지리학사전, 한울아카데미.
- Codrington, Stephen, 2005, Planet Geography, Solid Star Press, Australia.

▷ 언론 보도 및 홈페이지

- 대한무역투자진흥공사 http://www.kotra.or.kr/
- 북해안 및 관음산 국가풍경구 http://www.northguan-nsa.gov.tw/
- 신페이 시 관광여행국 http://tour.ntpc.gov.tw
- 예류지질공원 http://www.ylgeopark.org.tw/

3

타이베이의 습지 : 관두자연공원

황기현 · 박규원 · 임종서 · 이연주

지속 가능한 개발과 생태공원의 도입

산업혁명과 함께 가속화된 산업화와 도시화는 문명의 발달과 함께 인간과 자연의 괴리, 환경오염과 같은 부작용을 동반했다. 심각한 수준의 환경오염은 자연경관과 서식지의 파괴 등 생태계를 훼손할 뿐만 아니라 도시민들의 주거환경을 위협하는 수준에까지 이르렀다. 이에 따라 20세기 후반에 이르러서는 환경 보전이 사회 발전의 중요한 키워드로 등장하였다. 특히 1992년 브라질 리우데자네이루에서 개최된 유엔환경개발회의(UNCED)에서는 지속 가능한 개발(ESSD)을 슬로건으로 내세워 다양한 환경문제에 대한 대안을 모색하고자 하였다.

한편, 20세기 이전에 도시 근교에 조성된 공원은 단순히 자연환경을 인위적으로 모방한 것으로 생태학적 안정성을 고려하지 않았다. 그렇기 때문에 지역 생태계와의 연결성이 부족하고 자생력도 낮아 유지와 관리에 지속적으로 많은 비용이 소요된다는 단점이 있었다. 이러한 단점들을 개선하고 지속 가능성을 확보하기 위한 노력의 일환으로 생태학적 접근방법에 따른 생태공원이 도입되었다.

생태공원은 생물이 구조적으로 안정된 상태를 잘 보전하거나 훼손된 생태계를 복원 혹

〈표 2.3.1〉 하천이나 호소 및 해안에 조성된 생태공원의 기능

기능		특성
생태적 기능	생태계 기반 조성	식생, 토양, 지표수, 지하수, 야생동물 등의 보호를 통한 지역 생태계 기반을 조성
	이기후 조절 재난 예방 및 완화	• 방풍, 녹음 식재를 통해 이기후를 조절 • 화재, 홍수 등의 재난을 예방하거나 완화시킴
홍수 조절 기능	홍수 유도	집중 강우 시 홍수가 나서 강물이 범람했을 때 갑작스레 불어난 물의 배수로 기능 수행
	홍수 저장	홍수 시 물을 저장하고 천천히 내보내 하류의 홍수량을 저감하고 농작물과 주거지 등에 미치는 영향 저감
토양 안정 기능	침식 방지, 표면 유수 감소	수변 식생을 통해 강우 유속을 저감하고 식물의 뿌리가 토양과 결속하여 토양 침식을 방지
	토양의 퇴적 조절	수변 식생이 토양 입자를 뿌리로 결속하고 침전 속도를 낮춰 토양 퇴적을 조절
오염 조절 기능	오염 조절 및 수질 개선	침전물을 여과하고 과잉 영양 물질 등을 제거하여 여과시켜 주며, 물의 여과와 분해 과정을 통해 수질을 개선
종 다양성 유지 기능	서식지 제공	식물과 물이 어우러져 어류, 양서류, 파충류, 조류, 기타 야생동물의 먹이, 번식처, 휴식처 등을 제공
기후 조절 기능	온도 및 습도 조절	식생을 통해 방풍림을 조성하여 이기후를 조절하고, 수변의 산소 공급 및 물의 순환을 통해 습도를 조절
도시경관의 향상	녹음 및 시각적 개방감 제공	시각적 개방감과 녹음을 제공하여 경관을 향상시키며, 수목과 햇빛 등 자연적인 요소를 제공하여 도시민들에게 시각적 휴식처를 제공
생태계 서비스 제공	환경 교육	공원에 서식하는 다양한 동식물을 이용한 자연 체험 학습장으로서의 역할과 자연생태계 보전 기능과 관찰학습의 기능을 제공
	정보 제공 및 해설	모니터링에 의한 관찰 자료의 축적을 통해 이해 증진 및 자연생태계 해설 기능을 제공

출처 : 설구호, 2013

은 안정되게 하여 시민들에게 자연 관찰 및 학습의 공간을 제공하여 식물, 동물, 곤충 들이 자연환경 속에서 성장, 활동하는 모습을 관찰할 수 있도록 조성된 공원이다(설구호, 2013). 즉, 생태공원은 생태계의 보전·복원과 사람들의 이용이 융합되어 있는 개념이다.

다양한 유형의 생태공원 가운데 하천이나 호소 및 해안에 조성된 생태공원은 여타 공원들과 구분되는 기능을 지니고 있는데, 설구호(2013)는 이를 생태적 기능, 홍수 조절 기능, 토양 안정 기능, 오염 조절 기능, 종 다양성 유지 기능, 기후 조절 기능, 도시경관의 향상, 생태계 서비스 제공으로 구분하고 있다.

생태공원의 조성 과정에서 가장 중요한 요소 가운데 한 가지는 이해관계자들과의 충분한 의사소통과 이들의 참여를 보장하는 것이다. 여기서 이해관계자들은 생태공원의 조성을 주관하는 집단의 소속원뿐만 아니라 지역 주민, 각종 시민단체의 구성원, 지역 학교 및 대학, 지방정부 대표 및 지역 기업 등을 모두 포괄한다. 이해관계자들은 생태공원의 조성 과정을 명확히 인지하고, 그들의 참여가 가지는 의의와 그들의 의견이 미치는 영향과 반영 여부, 이로 인해 발생하는 전반적인 의사 결정의 변화 등을 충분히 이해할 수 있어야 한다. 이해관계자들의 적극적인 참여는 추후에 발생할 수 있는 갈등을 예방할 뿐만 아니라 공원에 대한 관심 제고와 자원봉사 등을 통해 이들이 공원 관리의 주체로 활동할 수 있는 기반을 제공하여 생태공원의 정착과 유지에 도움이 된다는 점에서 큰 의의가 있다.

맹그로브란 무엇인가?

단수이 강은 다한(Dahan) 지류, 신뎬(Hsindian) 지류, 지룽(Keelung) 강 등 3개의 주요 지류로 구성된다. 주류의 길이는 대략 158km이며, 분수령은 약 2,726km^{2}의 면적을 차지하고 있다.

단수이 강 하구의 맹그로브는 주로 Kandelia Candel 종으로 구성되어 있고, 강둑을 따라 넓게 분포해 있는 서양배(P.Communis)와 함께 세계에서 가장 큰 Kandelia 맹그로브 지역을 이룬다. 타이베이 북쪽의 단수이 강을 따라 분포해 있는 맹그로브는 북반구에서

그림 2.3.1 | 관두 맹그로브 습지

가장 넓고, 지리적으로 가장 북쪽에 자리 잡은 Kandelia Candel 맹그로브 삼림지대이다(Chang et al., 2008). 관두의 맹그로브 종 K.Obovata에 대한 가장 이른 기록은 1978년으로 거슬러 올라간다.

맹그로브는 위의 그림 2.3.1에서도 볼 수 있듯이, 담수 풀들이 무성한 넓은 지역의 습지에 분포하여 강가의 유역들을 보호한다(Lee & Yeh, 2009). 맹그로브는 주로 곡류 벤드의 볼록한 둑에 분포되어 있다. 단수이 강 하구에는 맹그로브 초목이 분포된 습지가 4개인데, 바로 와쯔웨이(Wazwei), 주웨이(Zhuwei), 관두(Guandu), 스쯔(Shezi) 습지이다. 이는 그림 2.3.2에 뚜렷하게 표시되어 있다.

관두자연공원에서 맹그로브는 아주 중요한 역할을 한다. 즉, 조위를 조정하고, 해안선을 안정화하며, 어류와 조개류를 비롯한 해안 어장을 보호해 준다. 그뿐만 아니라 야생동물들을 위한 갖가지 삶의 터전을 마련해 주는 등 다양한 생태학적 이점을 제공한다. 따라서 맹그로브 생태계는 열대와 아열대 지방의 조간대 해안에 위치한 중요한 하구계 습지이

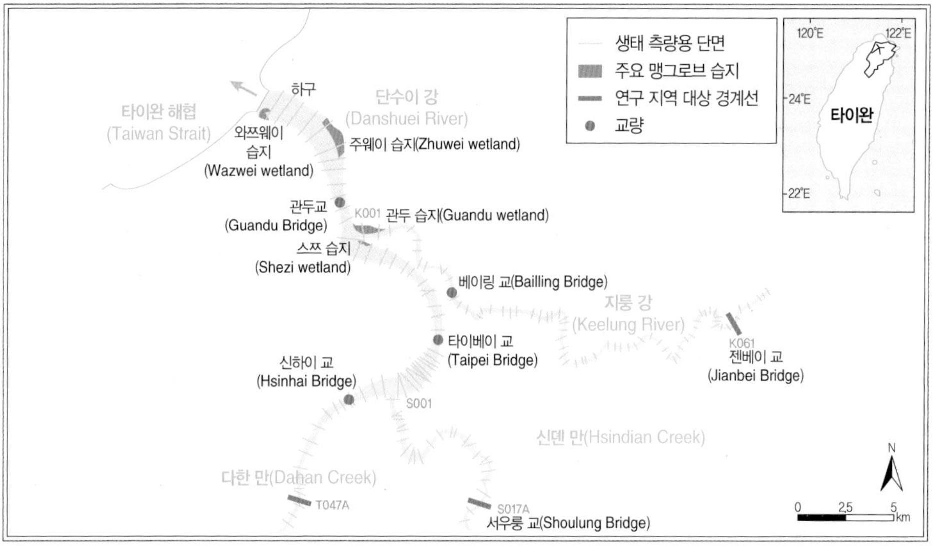

그림 2.3.2 | 단수이 강의 하구, 그리고 4개의 맹그로브 초목 분포 습지인 와쯔웨이, 주웨이, 관두, 스쯔
(출처 : Shih et al., 2015)

다(Chang et al., 2008). 맹그로브는 수많은 생태계적 역할을 하는데, 해안 어장을 받쳐 주는 것을 비롯하여 조류, 새우, 게, 어류 등의 동물들을 위한 주거지와 식량을 제공해 준다. 또한 맹그로브는 쓰나미에 의한 파도와 해안선 상승에 따른 침식과 파괴로부터 해안을 보호해 주기도 한다(Shih et al., 2015).

이러한 생태학적 장점이 있음에도 불구하고 1970년대에 도시 개발로 인한 맹그로브 지역의 파괴가 이루어졌고, 이는 큰 논쟁거리가 되었다. 이러한 논쟁이 활발해지자 1980년대에 대대적인 보호운동이 벌어졌고, 원래 크기의 두 배에 달하는 면적으로 확대되었다. 이는 다양한 하구 생태계 서식지를 만들기 위해서였지만, 맹그로브 면적의 지나친 확장은 오늘날 여러 가지 문제점들을 발생시켰다. 다음에서는 이러한 문제점들에 대해 자세히 서술하고 해결책도 제시할 것이다.

• 문제 1. 홍수 위험

맹그로브의 지나친 확장은 생태계의 변동을 가져와 생물 다양성의 감소라는 문제점을 일으킬 수 있을 뿐 아니라 홍수 위험도 증가시킨다. 홍수 제어의 관점에서 볼 때, 예방 차원에서 관두 습지의 맹그로브를 제거하는 것은 큰 도움이 될 것으로 본다. 맹그로브의 20%를 제거하는 것은 홍수의 위험을 예방하기 위해서 필수적인데, 이러한 제거 작용을 통해서 수면의 높이가 2~22mm 하강할 것으로 예상된다(Shih et al., 2015). 그러므로 맹그로브 지역의 20%를 제거하는 것은 홍수 피해로부터 지역을 보호하기 위해 필수적이다.

타이베이의 지리적 환경 또한 홍수에 큰 영향을 미친다. 즉, 열대와 아열대의 서태평양 지역에 위치한 대륙적 섬이라는 점, 그리고 산악 분수령, 높은 강수량, 유실수의 높은 비율이라는 특징을 가졌기 때문에 관두 지방은 홍수 피해 가능성이 크다. 게다가 현재 맹그로브의 거친 표면으로 인해서 유속이 감소하고 퇴적물의 양이 늘어나고 있다. 이는 맹그로브 분포 면적을 더욱 팽창시킬 뿐 아니라 수면을 상승시키는 원인이기도 하다. 따라서 하안 맹그로브의 지나친 확대는 홍수 위험을 상승시킬 것이므로, 기후변화에 대처하기 위해서는 지나치게 확대된 맹그로브 지역을 줄이는 것이 필요하다(Shih et al., 2015).

맹그로브 지역의 20%를 제거해야 하는 구체적인 이유는 자연적 탄소 때문이다. 맹그로브 지역은 지구에서 가장 탄소가 풍부한 지역 중 하나이다. 맹그로브와 같은 해안가 식물들은 탄소를 보관해서 '블루 탄소' 혹은 '없어진 탄소 싱크'와 같은 탄소문제들을 제어해 준다. 다시 말해 맹그로브는 탄소의 격리와 보호를 하는 점에서 큰 가치를 가진다. 따라서 맹그로브 지역 전체를 없애는 것은 탄소 저장소를 없애는 것과 다름없다. 결과적으로 제거는 주로 지상의 맹그로브 나무들을 대상으로만 이루어져야 할 것인데, 지상의 맹그로브 나무들은 지하의 구조보다 더 많은 탄소를 보유하고 있기 때문이다. 예를 들어, 맹그로브 나무의 잎(지상)은 가장 높은 탄소 보유량(평균값 54.41%)을 가지고 있으며, 뿌리(지하)는 가장 낮은 탄소 보유량(평균값 40.83%)을 가지고 있다(Shih et al., 2015).

이에 더하여 맹그로브숲의 성장은 근처 주거 지역에 큰 위협을 가하는데, 범람기를 더욱 길게 늘이고 물의 수송량을 줄이는 등 강의 유동 특성을 변형시키기 때문이다. 맹그로브의 지나친 확대나 성장을 적절하게 통제하는 것은 홍수 위험성과 침전물의 축적을 완화시키는 데 큰 도움이 될 것이다.

• 문제 2. NP 농도

타이베이의 폐수 처리에 문제점이 있어 노닐페놀과 같은 잔여물들이 단수이 강에서 발견된다. 그런데 이는 수중 환경에서 노닐페놀(Nonylphenol Polyethoxylates, NPnEOs)이 미세 분해된 결과인 경우가 많다(Chang et al., 2008). 노닐페놀은 가정, 산업, 그리고 여러 상업적인 목적으로 쓰이는 비이온 계면 활성제의 주요한 성분이다.

표 2.3.2에서 B 지역은 관두 맹그로브 습지이다. 이곳은 가장 높은 NP 농도를 보이는데, 이는 이 지역이 차량 배기가스 퇴적물을 비롯하여 산업, 가축, 그리고 가정 폐기물과 폐수로 인해 영향을 받기 때문이다. 게다가 NP 농도는 심층 침전물보다 표면 퇴적물에서 더 높았는데, 이는 맹그로브 퇴적층이 더 많은 오염물로 더렵혀졌다는 것을 뜻한다. 즉, 오염물의 농도와 발견 빈도수가 맹그로브 퇴적층에서 더 많이 나타난다는 것이다. 또한 건설 현

〈표 2.3.2〉 5개 지역에서 추출한 맹그로브 침전물의 NP 농도

지역	표면 퇴적물(ugg^{-1})	심층 침전물(ugg^{-1})
A	1.155	0.835
B	1.640	1.015
C	0.890	0.620
D	ND	ND
E	0.620	0.405

출처 : Chang et al., 2008

그림 2.3.3 | 관두 습지에 있는 건설 현장

장들도 이에 큰 영향을 미쳤을 것으로 예상되어 관두 습지에 있는 건설 현장을 둘러보았다. 이는 그림 2.3.3에 나타나 있다.

높은 NP 농도는 생물 분해 속도를 늦추기 때문에 문제시된다. 즉, 높은 NP 농도로 인한 높은 유독성은 결국 맹그로브의 생물 분해를 저해한다.

• 해결 방안

현재 관두 맹그로브 습지에는 많은 문제점이 있고, 이러한 문제들이 주위 환경에 미치는 부정적 영향이 만연해 있다. 이를 적시에 해결하지 못한다면 생태계 내에서 악순환이 일어날 것으로 예상된다. 따라서 최대한 관두 맹그로브 습지에 적합하면서 맹그로브를 활성화시키는 해결 방안을 구상해야 할 것이다.

우선 이 모든 것을 실행하기 위해서는 지방 수준에서의 더 많은 교육과 정보가 확산되어야 한다. 맹그로브 생태계에서 침식이 발생했기 때문에 앞서 언급된 요소들을 기반으로 복원과 재활을 실행하는 것이 무엇보다 필수적이다. 재활이란 구조적 혹은 기능적으로 퇴보한 생태계의 특성을 대체할 수 있거나 대안이 될 수 있는 질로 대신하는 것이다(Field, 1999). 반면에 복원은 생태계를 원래 상태로 가능한 만큼 돌려 놓는 것이다. 즉, 복원은 재활의 특수한 경우라고 할 수 있다.

재활을 하게 되면 자연 시스템과 조경을 보호할 수 있을 뿐 아니라, 천연자원을 지속적으로 얻을 수 있고, 연안지역 또한 보호할 수 있다는 장점이 있다(Field, 1999). 이를 위해서는 보호지역, 즉 자연 보호구역을 만드는 것이고, 이미 관두 자연 보호구역/자연공원을 통해 이루어지고 있다. 하지만 이것으로는 부족하고, 야생동식물 보호구역들 또한 새로 구획해야 할 것이다(Field, 1999).

현재 관두 보호구역에 문제점이 발생한 이유는, 재활 프로그램이 있음에도 불구하고 이를 총체적으로 총괄하는 모니터링 과정이 빈약하기 때문이다. 모니터링 과정은 맹그로브 지대를 유지하기 위해 매우 중요하며, 관두자연공원은 이러한 모니터링과 보수 과정을 체계적이고 확실하게 기록하는 규정을 도입해야 할 것이다(Field, 1999).

이처럼 아직까지 관두자연공원에는 문제가 있기 때문에 '생태학적 복원(회복)'이 더 알맞은 해결책으로 보인다. 이를 위해서, 즉 성공적인 맹그로브 회복 프로젝트를 위해서는 다음과 같은 것이 필요하다. 현재 존재하는 복원하고 싶은 지역의 자연적 맹그로브 식물 집단의 수문학적 깊이, 지속, 빈도, 일물 등을 알아내야 할 것이다. 따라서 수문학적 관점에서 맹그로브 지역 일대를 분석하고 파악한 후, 맹그로브 분포가 드문 지역에 맹그로브를 심으면 되는 것이다. 알맞은 장소는 보통 조류 세곡의 하구이며, 항공사진에 뚜렷이 드러난다. 또한 하구의 바닥에는 감지하기 힘든 지형 변화가 있는데, 이 변화는 조수 간만 변동의 깊이, 지속 기간, 빈도 등을 조절한다. 따라서 회복을 하고 싶은 지역의 지형을 이해해야 수문학을 같이 이해할 수 있다(Lewis, 2005).

도시의 습지란 무엇인가

일반적으로 습지를 통해 수질을 정화하기 위해 인공적으로 습지를 조성하는 데는 두 가지 방법이 적용된다. 첫 번째 방법은 자유수면형 인공습지(free water surface constructed wetlands)이다. 자유수면형 인공습지에서는 오염수가 조성된 습지 위에 얕은 층을 이루며 대기와 접촉하고 있다. 자유수면형 인공습지는 한국의 시화호 인공습지에도 적용되었다. 시화호 인공습지는 침강저류지, 갈대식생대, 개방수면, 중도로 구성되어 있으며 자유수면형 인공습지의 특성을 잘 보여 주고 있다. 두 번째 방식은 지하침투식 인공습지(subsurface flow constructed wetlands)이다. 관두자연공원에 조성된 수질 정화 인공습지는 지하침투식 인공습지이다. 첫 번째 방식과는 다르게 지하침투식 인공습지에서는 오염수의 수위가 습지의 바닥보다 낮게 유지된다. 이처럼 오염수의 수위가 어떻게 유지되느냐에 따라 두 가지 방식으로 나누어진다. 지하침투식 인공습지의 경우 다시 두 가지 방식으로 세분화할 수 있다. 즉, 오염수가 습지의 밑바닥을 거쳐 정화되는 과정에서 물이 흐르는 방향에 따라 두 가지 유형으로 나뉜다.

첫 번째 방식은 수평 흐름 방식(horizontal water flow constructed wetlands)이고, 두 번째 방식은 수직 흐름 방식(vertical water flow constructed wetlands)이다. 두 가지 방식은 단지 물이 흐르는 방향에 있어 차이를 보이지만, 어느 방식을 적용하느냐에 따라 오염수 내의 산소 구성에 차이가 발생한다. 결과적으로 관두자연공원의 수질 정화 인공습지는 지하침투식 인공습지이며 수직 흐름 방식이 적용된 것이다.

지하침투식 인공습지는 자유수면형 인공습지에 비해 유리한 점이 있다. 자유수면형 인공습지와 다르게 오염수가 대기 중에 노출되지 않기 때문에 모기와 같은 해충들이 과도하게 번식하는 것을 차단할 수 있다. 또한 비교적 온도가 낮은 겨울에도 기온에 영향을 받지 않고 안정적으로 수질 정화 기능을 수행할 수 있다. 습지의 바닥을 통해 천천히 여과 과정을 거치기 때문에 비교적 좁은 면적에 인공습지를 조성할 수 있다는 장점도 있다. 반면 자유수면형 인공습지는 정화를 위해 넓은 면적이 필요하며, 오염수의 표면이 대기 중에 노출되어 있기 때문에 모기의 과도한 번식에 취약하다.

관두자연공원의 수질 정화 인공습지에 적용된 수직 흐름 방식에도 몇 가지 장점이 있다. 오염수의 정화는 조성된 인공습지의 바닥에 쌓여 있는 모래, 자갈 등의 구성물을 지나며 진행된다. 이 과정에서 물이 수평 방향이 아닌 수직 방향으로 흐르며 정화의 과정을 거치기 때문에 정화에 필요한 면적이 더욱 줄어든다. 또한 오염수가 여러 종류의 정화 매개체를 거치며 산소 교환이 보다 원활하게 되어 미생물의 활동이 증대된다는 장점이 있다. 반면 수평 흐름 방식은 수직 흐름 방식보다는 더 넓은 면적에 인공습지를 조성할 필요가 있다. 이렇게 조성된 인공습지에서는 매일 약 2,000t의 정화된 물을 흘려보낸다.

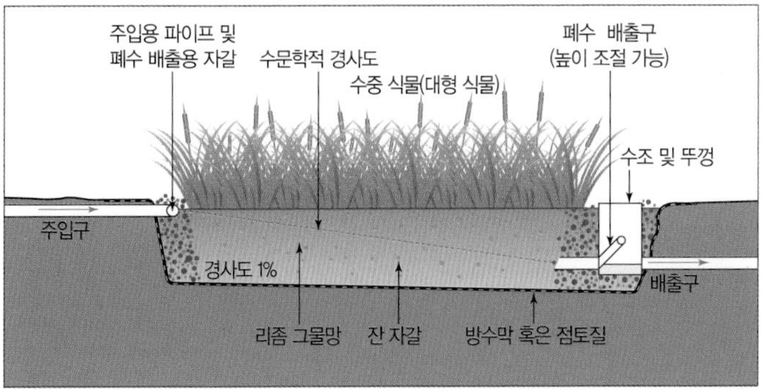

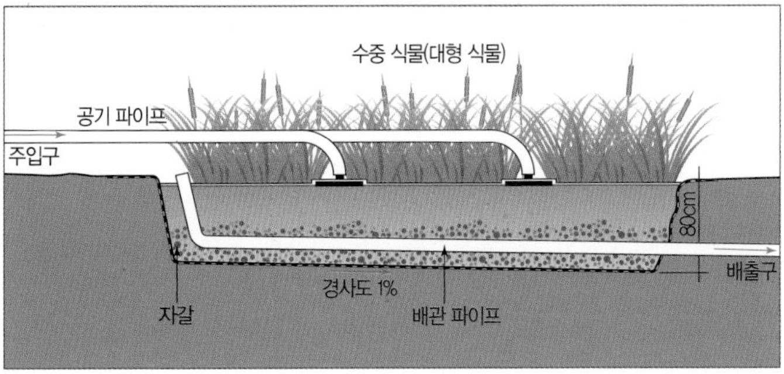

그림 2.3.4 | 수평 흐름 방식 (↑)
그림 2.3.5 | 수직 흐름 방식 (↓)

수질 개선을 위해서는 보다 인공적인 방법을 적용했을 수도 있다. 오염수에 대한 화학적 처리을 통해서 여러 과정의 약품 처리를 통해 빠르고 신속하게 정화하는 편이 편리할지도 모른다. 하지만 관두자연공원에서는 비록 인공적으로 조성된 습지이기는 하지만 자연의 원리가 적용된 방식을 통해 습지를 보전하고 있었다. 어떻게 하면 보다 환경에 적합한, 자연을 거스르지 않는 방식으로 습지를 지켜

나갈지에 대해 끊임없이 고민해 온 사람들의 배려와 고뇌가 돋보였다.

타이베이의 도시습지와 관두 자연습지

주요 답사 일정이 진행된 수도 타이베이를 중심으로 한 타이완 북부 지역은 인구 활동과 교통 수요가 집중된 타이베이의 도심 환경 특성과 더불어 교외 지역에 조성된 관두 자연습지와 단수이 강변 등지를 비롯한 자연 생태환경의 특성을 동시에 드러낸다. 한국이나 다른 국가들과 마찬가지로 타이완도 경제성장을 이룩하기 위한 산업화 과정에서 대기오염, 수질오염, 토양오염 등을 비롯한 환경문제들을 떠안게 되었다. 타이완 정부와 시민단체들은 경제성장 과정에서 오염된 환경과 생태계를 회복해야 할 필요성을 인식하고 여러 노력을 기울여 오고 있다. 환경 보호 및 생태계 보전을 위한 노력 중 주목할 만한 사례가 관두자연공원 조성이다.

수도 타이베이와 인접한 곳에 관두자연공원와 같은 규모의 습지가 형성되어 유지되고 있다는 사실은 매우 흥미롭다. 예로부터 비옥했던 관두 평원에 습지화가 진행되었을 때, 인간의 힘으로 습지화를 멈추고 농경지를 확대하여 직접적인 이익을 창출할 수도 있었다. 하지만 타이베이 시와 민간단체들은 습지 생태계의 다양성과 가치를 인식하고 이를 보전하기로 결정했다. 관두 습지가 조성된 것은 어찌 보면 홍수를 조절하기 위해 단수이 강의 하구에 인위적 변화를 일으켰기 때문이지만, 결과적으로 생겨난 습지는 도시 근교의 생태계의 보고로 탈바꿈했다.

관두자연공원 소개

관두자연공원은 타이완 북부 관두 평원에 위치해 있으며, 도시 철도 관두(關渡) 역에서 도보로 20분 정도 소요되는 거리에 자리 잡고 있다. 관두자연공원은 타이베이 중심부에서 타이완의 지하철인 MRT를 타고 40분 정도를 달리면 도착할 수 있는 거리에 있다는 점에서 타이베이 시내에 있는 사람들은 누구든지 마음만 먹는다면 갈 수 있는 공간이다. 단수이(淡水) 강과 지룽(基隆) 강이 만나는 지점에 위치해 있으며, 단수이 강 하구에는 다툰(大屯) 산과 관인(觀音) 산이 양쪽에 위치하고 있다.

관두자연공원은 A, B, C, D 네 구역으로 나뉘어 있는데, A 구역이 '핵심 보호 구역'으로 일반인의 출입이 금지되어 있는 장소다. 관두자연공원은 관두 자연습지 가운데 제방 안쪽

그림 2.3.6 | 관두자연공원의 위치(노란 원)

그림 2.3.7 | 관두자연공원의 전경

지역에 약 57,000m²의 면적으로 조성된 생태공원으로, 시민들이 자유롭게 접근하여 이용할 수 있는 공원 및 생태 체험 이용 시설이 설치된 주 시설 구역(main area), 하천으로부터 유입되는 오염원을 정화하고 수질을 개선하기 위한 수처리 습지들이 조성된 지속적 관리 구역(sustainable management area), 다양한 서식환경을 제공하며 출입을 엄격히 제한하는 핵심 보호 구역(core reserve area), 조류 관찰대가 설치되어 있는 야외 관찰 구역(outdoor observational areas) 등으로 구분되어 있다. 한편 제방 건너편에는 타이베이 시에서 직접 관리하는 관두 자연보호구가 접해 있다. B 구역은 '야외 탐방 구역'으로 A 구역을 관두 자연습지 중심부가 아닌 곳에서 관찰할 수 있는 장소다. C 구역이 '주요 시설 구역'이고 D 구역은 '보호 습지 지대'로 인간과 자연의 지속 가능한 공생을 추구하고 있다. 따라서 이 구역도 일반인의 출입이 제한되어 있었다.

A 구역은 연못, 습지, 갯벌로 이루어져 있으며 이곳에 대부분의 생물 종이 살고 있다. 이런 생물들을 보호하기 위해 출입은 제한되어 있지만 C 구역에 있는 자연 센터(Nature Center)에서 새들을 관찰하는 것이 가능했다. 자연 센터는 2층으로 구성되어 있는데 1층에는 관두자연공원에서 살아가는 철새들과 습지에서 살아가는 다양한 생물환경에 대한 설명이 있다. 습지의 모습을 재현해 놓은 곳에는 새들의 박제본도 있었으며, 실제로 관두

자연공원에서 발견되는 작은 물고기들을 그들이 사는 환경과 비슷하게 만든 어항 속에 담아 보여 주고 있다. 또한 관두자연공원에서 월동하는 철새에 대한 설명도 있으며, 그들의 발자국을 철판에 주조하여 보여 주고 있다. 새들뿐만 아니라 갯벌에서 발견되는 게와 망둥어의 동상도 볼 수 있다.

C 구역은 관두자연공원에 입장하면 가장 먼저 접하는 공간이고, 관광객들이 가장 오랜 시간을 보내는 공간이다. 이에 따라 사람들이 돌아다니기 편하도록 길이 조성되어 있으며, 습지를 관찰할 수 있도록 전망대를 설치해 놓은 곳도 많다. 이곳은 수질을 자연적인 방법으로 정화하는 곳, 바다와 만나 갯벌을 이루고 있어 게들을 관찰할 수 있는 곳, 담수호, 수변공간에 나타나는 숲 등으로 크게 나눌 수 있다.

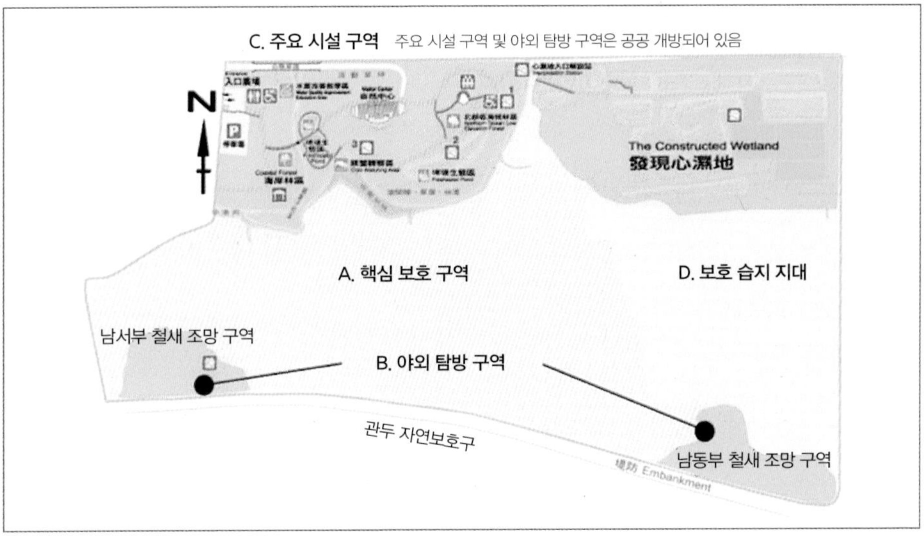

그림 2.3.8 | 관두자연공원의 네 구역

도시 생태환경의 보고, 관두

관두자연공원 내부는 다양한 생물이 살고 있는 담수연못, 갯벌, 습지, 논, 숲 등으로 구성되어 있다. 따라서 이곳은 다양한 동식물의 서식지가 되고 있는데, 관두자연공원의 목적은 이런 귀중한 자연자원을 보호하는 것이라고 할 수 있다. 또 조석의 영향을 받아 담수습지와 염습지가 공존하고 있으며, 과거에 양어장으로 쓰였던 연못들도 있다.

우리는 관두자연공원에서 습지를 돌아다니며 물속에 몸을 담그고 있는 물소를 발견할 수 있었다. 관두 습지의 물소는 습지의 보전과 생태계를 유지하기 위한 목적으로 도입되었다. 특히 습지의 주요 식생인 풀을 효율적으로 관리하기 위한 목적으로 도입되었다. 물소는 습지를 걸어 다니며 체중을 이용해 진흙을 준설하고, 습지의 풀들을 먹어 치워 인간이 풀을 관리해야 하는 비용을 절감시키기 때문이다. 두 마리의 물소가 1헥타르의 습지를 관리하는 경우, 짧은 풀에 대해서는 연간 관리 비용 약 24만 NTD(New Taiwan Dollar), 키 큰 풀에 대해서는 약 72만 NTD 정도가 절약된다. 이와 더불어 물소는 풀을 뜯어 먹기 위해 습지를 헤집고 다닌다. 이 과정에서 자연적으로 물웅덩이가 형성되며, 여러 종류의 풀이 끊이지 않고 성장할 수 있는 환경을 만든다. 결과적으로 물소는 관두 습지를 조류들이 선호하는 환경으로 만들어 주며 생물 다양성을 증가시킨다.

물소의 또 다른 역할은 습지의 육화를 방지하는 일이다. 물소가 없다면 풀들이 습지에 정착하고 성장하며 습지를 육지로 변화시킬 것이다. 물소는 풀의 계속적인 성장을 방해하여 습지의 육화를 억제함으로써 습지의 보전에 필수적인 역할을 하고 있다. 물소의 역할은 여기에서 그치지 않는다. 관두 습지에서는 몇 년 전부터 외래종의 도입으로 인한 생태계의 교란이 심각한 문제가 되었다. 아프리카 원산의 민물고기 틸라피아나 붉은귀거북과 같은 외래종은 관두 습지의 생태계에 부정적인 영향을 미치게 되었다. 외래 식물인 파라그라스(Para Grass)도 관두 습지에 정착하여 다른 풀들을 밀어내고 관두 습지에서 가장 우세한 식물종 중 한 가지가 되었다. 그렇지만 물소가 모든 풀을 골고루 뜯어 먹기 때문에 관두 습지에서 파라그라스와 같은 외래종이 우점종이 되는 현상을 방해하고 있다. 물소의 도입으로 습지 관리 인력 부족 문제도 해결하고, 물소의 생태적 특성을 이용해 최대한 자연적 방법으로 습지를 보전하고 유지하고자 하는 지혜를 엿볼 수 있다.

물소를 이용해 습지를 보전하려는 노력이 관두 습지에서 처음 시도된 것은 아니다. 홍콩의 마이포 습지에서도 2006년 5월부터 물소를 도입해 습지를 관리한 결과, 더 많은 조류가 습지를 방문하고 서식하게 되었다. 앞서 살펴본 인공습지의 조성이 인간이 자연의 정화 기능을 모방하여 환경을 보전하려는 노력이었다면, 물소의 방목은 인위적은 방법이 아닌 물소의 생태적 특성을 이용한 환경적 방식이라 할 수 있다. 관두자연공원을 관리·보전하는 데 있어서 인위적 관리 및 개입과 자연적 보전 방식 사이에서의 타협점을 찾기란 쉽지 않았을 것이다.

그럼에도 관두자연공원의 관리 주체들은 '물소'에서 방법을 발견했다. 이전에 오리농법, 미꾸라지농법 등 농업에서 친환경적 방법을 적용한 사례는 접해 보았지만 습지의 보전에도 환경 친화적 방법을 적용할 수 있다는 사실을 처음 깨달았다. 관두자연공원의 습지를 인위적인 방법으로만 유지하려 했다면 천문학적인 비용이 들었을지 모른다. 어쩌면 이미 습지가 육지로 변해 버려 생태계의 다양성은 사라졌을지도 모르는 일이다.

관두자연공원의 동식물 생태계의 서식지로서의 중요한 역할 중 하나는 철새들의 월동지가 되어 준다는 점이다. 특히 관두자연공원은 전 세계적으로 1,000여 마리밖에 남지 않은 저어새가 가장 많이 월동하는 곳이다. 2004년 1월 16일부터 18일까지 한국, 일본, 타이완, 홍콩, 중국, 필리핀, 베트남 등 동아시아 저어새 월동지를 중심으로 국제 저어새 동시 센서스가 진행되었다. 그 결과 타이완에서 월동하는 저어새는 632마리로 집계되었으며, 이는 다른 월동지에 비해 단연 많은 숫자였다. 또한 229종의 다양한 철새들의 월동뿐 아니라 알을 낳는 장소로 사용되고 있는데, 이는 이 습지가 Important Bird Area(IBA)로서의 조건을 충족하고 있다고 버드라이프 인터내셔널(BirdLife International)은 밝히고 있다. 여기서 IBA는 전 지구적으로 새의 개체수를 유지하는 데 중요한 역할을 한다고 인식되는 장소를 말한다.

이들의 설명에 따르면 관두자연공원의 몇몇 종은 멸종의 위협을 받고 있다고 한다. 관두자연공원의 멸종 위기종으로는 황새, 저어새, 청다리도요, 송골매 등이 있으며, 그 외에 희귀종 및 보전가치가 높은 종으로는 노랑부리저어새, 노랑부리백로, 가창오리, 쇠제비갈매기, 붉은배새매, 솔개, 관수리, 물수리, 참매, 왕새매, 에위니아제비갈매기, 연각(물꿩), 꿩, 호사도요 등이 있다고 한다.

자연 센터 2층으로 올라가자 마음이 탁 트이는 느낌이 들었다. 2층의 앞면이 통유리로 되어 있기 때문이다. 이 통유리는 자연 센터를 방문하는 관광객들이 3~4대의 망원경을 통해 일반인들의 출입이 금지되어 있는 A 구역을 관찰할 수 있도록 해 준다.

망원경을 통해 넓은 초록 부지를 보니 멀리 떨어져 있는 새들이 눈에 들어왔다. 하얀 깃털 끝이 숟가락을 달고 있는 듯 둥그렇고 부리는 검은 새들의 무리였다.

육안으로 보았을 때에는 전혀 보이지도 않던 것들인데 망원경을 통해 보니 부리로 깃털을 정리하고 있는 새, 습지에서 유유히 걸어 다니며 가끔씩 부리를 물속에 넣는 새, 나무에 앉아 있는 새 등 다양한 모습의 새들을 볼 수 있었다.

그뿐만 아니라 물소 떼도 볼 수 있었다. 사실 물소 떼를 찾기는 생각보다 어려워, 망원경 앞에 서 있던 안내원이 찾아서 보여 주었다. 물소 떼는 실제로 묶여 있지 않았으며 유유자적하게 물을 거닐고 있었다.

관두자연공원의 역사

관두자연공원은 1998년부터 시 정부가 150억 TWD를 들여 관두자연공원 일원의 사유지들을 매입하여 조성을 시작하였다. 2001년에 방문객을 위한 자연 센터와 탐조대, 경작 중인 논을 활용한 추가 습지 등 공원의 기본적인 조성 공사가 완료되자, 시 정부는 공원의 운영을 타이베이 야생조류연구회(Wild Bird Society of Taipei, 야조회)에 위임하였다. 이는 타이완에서 국유지의 운영과 관리를 민간단체에 위임한 첫 번째 사례이다. 또한 민간에서 독자적으로 생태공원을 유지하고 관리하는 세계적으로도 독특한 사례이며, 정부와 시민단체가 함께 환경 보전을 이끌어 낸 훌륭한 사례이다(yoshiyuki, 2005).

관두자연공원이 조성된 배경은 다음과 같다. 관두 지역은 단수이 강 하구에 위치하여 사람들이 거주하기에 좋은 조건을 갖추고 있었기에 일찍부터 농업 및 어업이 발달했다. 그러나 상류 지역이 도시화되고 1960년대에 들어와 하천을 직강화하고 제방을 축조하는 등 인위적인 변화로 인해 유기물 농도와 염도가 증가하는 등 생태환경이 빠르게 변화되었다. 특히 제방 건너편의 갯벌 지역에서 맹그로브숲이 급격히 발달함에 따라 1996년에 이 지역은 맹그로브 자연보호구로 지정되었다. 한편 제방에 인접한 농경지들 가운데 상당 부분은 토양 내 염분 농도의 증가로 인해 방치되면서 서서히 습지로 변화하였다. 이러한 일련의 환경 변화에 따라 이 지역에 습지생태계가 발달하게 되었고, 특히 물새를 비롯한 다양한 조류가 서식하게 되었다.

예로부터 관두 평원은 논농사의 적지였으며, 유황의 산지로 많은 주민들이 거주하며 생활의 터전으로 삼았다. 그러나 1963년 태풍 '글로리아'가 타이베이 지역을 지나며 이 지역에 대규모 홍수가 발생했다. 이 홍수를 계기로 1966년 타이베이 시는 홍수 피해를 줄이기 위해 단수이 강 하구의 다툰 산, 관인 산에 접한 양안을 50m씩 후퇴시켜 강 하구의 입구를 넓혔으며, 강의 직강화를 진행했다. 관두 평원은 강의 하구와 불과 4km 정도 떨어져 있기 때문에, 이러한 조치 이후 조수의 영향이 증가하여 염분 농도가 증가했으며 논의 생산성도 점차 감소되었다. 생태계 구성도 변화하는 환경에 맞추어 급격하게 변화했다. 강의 하구에는 맹그로브숲이 발달하게 되었으며, 버려진 농경지는 점차 습지로 변화해 갔다.

관두자연공원의 조성과 관련된 논의는, 1973년부터 관두자연공원에서 조류 연구가들이 중심이 되어 타이완 최초의 환경단체를 조직하고 이 지역의 보전을 위한 다양한 활동을 하면서 시작되었다. 특히 1984년에는 타이베이 야조회가 주축이 되어 타이베이 시 정부에 관두자연공원 일원을 물새보호구로 지정할 것을 건의하였고, 1985년에는 시 정부에서 이 의견을 수용하면서 관련된 논의가 급진전하였다. 하지만 의사 결정 과정에서 이해관계자에 따라 의견 차이가 컸는데, 토지소유주들은 이 지역을 상업지구와 공업지구로 개발 하고자 했기 때문에 갈등과 마찰이 지속되었다. 타이베이 야조회는 토지 소유주들과 의견을 교류하며 공통된 의견을 이끌어 내기 위해 노력하는 한편, 물새 페스티벌을 개최하는 등 다양한 활동을 통해 습지 보전에 대한 대중의 관심과 여론을 이끌어 냈다. 이러한 노력의 결과로 1996년의 시장 선거에서는 후보자들이 관두자연공원의 보전을 공약으로 내세울 정도로 여론이 성숙해질 수 있었고, 선거 이후에는 실질적으로 공약을 이행하는 데에까지 이를 수 있었다.

관두 평원의 변화는 인간의 영향으로 인한 것이었지만, 새로 생겨나는 습지는 복잡한 형태의 생태계를 갖추어 갔으며 물새 서식지, 철새 도래지로 발전해 갔다. 이러한 생태적 풍부함을 인지한 타이베이 야조회는 타이완 정부에 이 지역을 물새보호구로 지정할 것을 제안했다. 하지만 상당 부분의 습지는 과거 농경을 하던 지주들의 사유지여서 쉽게 보호구역으로 전환할 수가 없었다. 1996년에는 타이베이 시의 적극적인 노력으로 사유지를 매입하여 습지 훼손을 막을 수 있는 기반을 조성했다. 이후 2001년에는 관두자연공원의 관리가 비정부기구(NGO)인 야조회에 일임되었고, 관두자연공원은 타이완에서 비정부기구에 의해 관리 및 보호되는 첫 번째 지역이 되었다. 관두자연공원, 관두 습지는 복잡한 역사만큼이나, 또 공원 내에 서식하는 다양한 생물들만큼이나 복합적인 역할을 수행하고 있으며, 타이베이 시 생태계의 보고로서의 역할까지 감당하고 있다.

교육의 장으로 활용하다

타이완 북부를 강타한 1963년 태풍 '글로리아'로 인해 조성된 관두자연공원은 현재 타이베이 오염물질을 자연적으로 정화하는 역할을 하기도 하지만, 이와는 완전히 다른 새로운 기능도 하고 있다. 바로 도시에서만 자라 자연으로 둘러싸인 환경에 익숙하지 않은 도시 아이들을 위한 자연 교육의 장이 되는 것이다. 타이베이 중심부로부터 대중교통을 이용하여 40분 거리에 있는 관두자연공원은 타이베이에서 살아가는 아이들이 자연과 소통할 수 있는 중요한 장이 되어 준다.

그림 2.3.9, 그림 2.3.10 | 관두자연공원의 조성 초기(↑)와 2007년(↓)의 비교
(출처 : 관두자연공원 홈페이지 http://gd-park.org.tw)

타이베이에 위치한 관두자연공원은 비록 처음에는 인간의 힘이 개입되어 만들어진 인공습지이지만, 매년 229종의 다양한 새들이 보금자리를 틀 만큼 자연적으로 성공하였다. 또한 하구에 위치한 특성상 담수와 바닷물이 섞여 생태계를 구성하는데, 이것은 관두자연공원이 더욱 다양한 생태계를 구성할 수 있도록 도와주웠다. 200여 종의 다양한 새와 물소 떼는 소금기가 없는 강물 근처의 풀숲에서 살아가는 반면, 게들은 밀물과 썰물이 만들어 낸 갯벌에서 살아가는 것이다.

이러한 특성을 살려 관두자연공원은 현재 아이들이 직접 체험하는 학습 활동의 공간이 되었다. 아이들은 '배우고-체험하는' 다양한 활동을 하게 된다. 우선 아이들은 관두자연공원에 들어선 순간 도보를 따라 깔끔하게 정리되어 있는 습지와 자연을 보면서 나무로 둘러싸인 환경을 겪게 된다. 또한 그들은 C 구역에 있는 자연 센터에서 망원경을 이용해 다양한 새들을 확대하여 보며 각 새들을 구별하는 체험을 할 수 있다. 그뿐만 아니라 습지에 직접 쌀을 심어 보는 활동을 할 수도 있고, 관두 습지가 도시 오수를 정화하는 과정을 살펴 볼 수도 있다.

이렇게 직접 체험하는 활동 말고도 자연 센터에서는 시청각 자료를 통해 아이들에게 관두자연공원의 역사와 생태환경적 가치를 설명해 준다. 그리고 현재 관두자연공원이 직면하고 있는 문제들을 알려 주고, 이를 해결하기 위해 타이베이 야생조류연구회가 어떠한 노력을 하고 있는지를 설명해 준다.

자연 센터에는 앞에서 설명한 시청각 자료실 외에도 다양한 공간이 있다. 칠판이 놓여 있는 작은 방들도 볼 수 있는데, 그곳에서 현장학습을 오는 아이들을 위한 교육이 이루어진다고 한다. 우리가 답사를 갔을 때에도 초등학교에서 단체로 현장학습을 온 아이들을 볼 수 있었다. 그들은 자연 센터에서 인솔하는 선생님의 설명을 듣고 그들이 본 새의 모습

그림 2.3.11 | 중앙에 창문이 여러 개 있는 건물이 자연 센터이며 앞의 광활한 초록색 지대가 관두 자연습지이다.

을 그리는 활동을 하고 있었다. 아이들은 우리가 신기한지 계속해서 우리의 주위를 맴돌며 기웃거렸다. 아이들은 자신들이 살펴보고 온 자연환경에 대해 이야기하고 망원경을 통해 본 새들의 모습을 그림으로 그리면서 자연을 느끼는 것 같았다.

이렇게 단체로 방문한 아이들 말고도 가족 단위로 오는 사람들도 상당수 눈에 띄었다. 어머니와 아이 두 명인 가족이 보였는데, 그들 또한 자연의 모습이 신기한지 내내 흥분한 목소리로 여기저기를 둘러보며 자연을 즐기고 있었다.

이렇게 관두자연공원은 자연환경을 보호하고 자체적으로 정화하는 장소인 동시에 단체 혹은 개인으로 방문한 도시의 아이들에게 자연에 대해 직접 체험하면서 배울 수 있는 장소로 이용되고 있다. 아이들은 몸소 체험함으로써 관두자연공원의 환경적 가치를 이해할 것이고, 관두자연공원의 자연적 가치는 이 아이들에 의해 계속해서 보존될 것이다.

관두자연공원 조성 과정에 이루어진 이해 당사자들의 협력

공공의 문제 또는 사회의 문제를 해결함에 있어서 이해관계자의 참여와 이를 전제로 한 거버넌스의 구축은 전통적인 행정 시스템의 한계를 극복할 수 있는 좋은 대안 가운데 하나이다(강황선, 2003). 한편, 대기오염, 수질오염, 홍수 등의 각종 환경문제가 심각해짐에 따라 자연생태계의 보존 및 복원의 중요성이 부각되었고, 지속 가능성의 확보가 주요 담론으로 부상하면서 이러한 문제들을 해결하기 위한 타개책 가운데 하나로 생태공원 조성이 주목받고 있다.

한국에서도 국가 정부 또는 지방 정부의 주관으로 다양한 유형의 생태공원이 조성된 바 있으며, 조성 예정인 지역도 다수 있다. 생태공원의 성공적인 정착과 운영을 위해 필요한 요소에는 다양한 형태의 이해관계자 참여도 포함되며, 이 점에서 관두자연공원은 많은 시

사점을 제공한다

관두자연공원에서 발견한 것은 정부와 민간의 적극적인 환경 개선 의지와 환경 보전 의지이다. 현재 관두자연공원이 완벽하게 자연 그대로의 상태를 갖추고 있다고 할 수는 없다. 또한 비옥했던 농경지인 관두 평원이 점차 습지로 변해 갔던 것도 인간이 환경을 급격하게 변화시켰기 때문이다. 그러나 관두 평원이 습지로 변모해 가는 과정에서 다양해지는 생태계를 보존할 필요성을 사회 전반적으로 인식했으며, 정부가 나서서 땅을 매입하는 적극적 조치를 취했다. 그 결과 관두 습지에서는 조류, 파충류, 달팽이, 곤충 등을 포함하여 모두 830여 종의 생물이 서식하는 것으로 기록되고 있으며, 특히 229종의 조류가 관찰되는 환경적 거점이 되었다.

물론 이 과정이 순탄했던 것만은 아니다. 정부가 관두 평원 일대의 땅을 매입하기로 결정하자, 지주들은 습지화로 인해 경작을 멈추었던 자신들의 땅을 다시 경작하기 시작했다. 습지를 메우고 농사를 지어 더 많은 보상금을 받기 위해서였다. 습지를 보존하기 위해 추진한 정책이 오히려 습지의 훼손을 불러일으킨 계기가 되었던 것이다. 그럼에도 정부는 일관성 있게 정책을 추진했고, 이해관계가 충돌하는 시민들을 끊임없이 설득하여 환경 보호의 중요성을 시민들에게 피력하였다. 이러한 조치는 그 어떤 것보다도 값진 것이었다. 더불어 민간단체인 타이베이 야조회가 주도적으로 관두자연공원을 보존하고 관리해 나가는 모습은 매우 인상 깊다.

타이베이 야조회는 1973년부터 물새와 그 서식처를 보호하기 위한 활동을 벌여 왔는데, 이런 활동의 일환으로 정부에 관두 자연습지를 물새보호구로 지정할 것을 건의하였다. 1985년 시 정부에서 이를 받아들였으나 이 지역에 사유지가 많아 상업용지와 주거용지 또는 산업용지로 전환되기를 원하는 땅 소유자와의 이해관계로 인해 의사 결정에 어려움을 겪게 되었다.

토지 소유자와 보전론자와의 갈등이 여러 해 계속되는 동안 타이베이 야조회에서는 물새 페스티벌 등을 통해 습지를 보호하기 위한 노력을 해 왔고, 1994년 시장 선거 과정에서 습지를 훼손으로부터 구해 내기 위해 후보자들로부터 전략 수립을 약속받기도 했다. 결국 1996년 시장이 된 후보자가 공약을 지키기 위해 노력을 하여 사유지를 매입할 수 있었다.

이후 2001년 12월 1일부터는 타이베이 야조회가 관두자연공원을 관리하고 있다. 타이베이 야조회는 자연보호와 환경교육에 관한 30년 동안의 경험을 가지고 있는 비정부기구로, 관두자연공원은 타이완에서 비정부기구에 의해 관리되는 첫 번째 지역이 되었다. 타이베이 야조회는 계속적으로 정부와 민간 차원의 자원과 에너지를 결합하여 건강한 습지를 만들고 새들의 서식지 역할을 유지하기 위해 노력하고 있다.

현재 관두자연공원은 타이베이 야조회에서 위탁 운영하고 있기 때문에 시 정부나 국가 정부로부터 운영비와 인력을 지원받지 않는다. 따라서 공원의 유지와 관리에 필요한 자금은 방문객들이 내는 입장료와 각종 기념품 판매, 그리고 개인과 기업의 후원을 통해 조달되고 있다. 필요한 인력은 자원봉사자들이 주축이 되어 유지되고 있는데, 수치로 비교해 보면 실상근자는 16명에 불과하고 자원봉사자들이 400명 정도 된다. 공공자금으로 운영되는 생태공원들과 달리 풍족하지 못한 여건 속에서도 2001년에 개장한 이래로 2013년까지 약 139만 명이 관두자연공원을 방문했으며, 각종 교육 활동에 참가한 사람도 약 50만 명에 달한다. 이러한 관심의 배경에는 공원에서 개최하는 다양한 활동이 있다. 공원은 가이드 투어, 멀티미디어 쇼, 특별 전시 및 강연, 교육, 컨설팅과 같은 다양한 활동을 제공하며, 이러한 프로그램들은 방문하는 대상과 연령대에 따라 체계적으로 다양하게 세분화되어 있다. 각계각층에서 활동하는 자원봉사자들은 시설 유지나 환경 정화 활동 등 공원 운영에 필요한 활동들을 수행할 뿐만 아니라, 생태 안내 또는 전술한 활동과 행사 진행에 크게 기여해 왔다. 특히 교육 활동 및 학생들을 위한 멘토나 가이드에서 자원봉사자들의 기여도가 두드러진다. 이 외에도 관두자연공원이 방문객 유치를 목적으로 정기적으로 개최하는 탐조 및 문화·예술 축제 등의 행사에도 자원봉사자들이 참여하여 행사 준비와 홍보,

방문객 응대 등의 업무를 수행하며 공원의 인력 부족을 지원하고 있다. 마지막으로 관두자연공원은 수행하는 서식지 모니터링에서도 기술과 열정을 가진 자원봉사자들이 중요 야생동식물 기록에 도움을 주고 있다. 자원봉사자들이 취합한 생태 정보는 센터 관리 및 가치 있는 습지 서식지 보전에 쓰이고 있다(람사르협약 사무국, 2014).

야조회라는 민간단체가 주도적으로 관두자연공원의 보호와 유지를 제안하고 정부가 지원했다는 것은 한국인으로서 매우 부러운 대목이다. 우리 사회에서 환경 보전과 보호에 대한 인식은 정부나 시민 사회 어느 쪽에서든 부족한 것이 사실이다. 4대강 사업, 평창 동계 올림픽을 위한 스키장 건설 등과 같이 가까운 미래에 수익을 창출할 수 있는 사업이라면 환경을 희생하면서도 진행되는 사례가 많기 때문이다. 관두자연공원의 보전 사례에 비해 한국에서는 여전히 국가 차원에서 사업을 추진하고, 그러한 과정에서 미래지향적이고 객관적으로 환경의 가치를 평가하는 시스템이나 환경 보호의 필요성을 인식하고 있는 단체들과의 의사 소통 시스템이 미비하다는 것을 새삼 깨닫게 된다.

나가며

타이완 답사의 셋째 날 이른 아침, 티이베이 관두 역에 내려서 10여 분을 걸어 관두자연공원에 도착하였다. 사실 공원에 도착하여 외관을 보았을 때는 별로 기대가 되지 않았다. 외관이 으리으리한 것도 아니었고 사람들이 많이 모여 있는 것도 아니었다. 그날의 날씨 탓이었을까? 흐린 날씨 때문에 우리를 맞이하는 정문도 허전하고 썰렁해 보였다.

하지만 그 진가는 내부에서 우리를 기다리고 있었다. 타이완의 수도 타이베이 북부에 위치한 관두자연공원은 도시에 위치해 있음에도 그 자체의 자연적·인문적 가치가 뛰어난 장소였다. 태풍의 폐허 위에서 사람의 힘으로 강을 직선으로 흐르게 하여 인공적으로 만든 습지였음에도 불구하고 생태학적 가치를 잘 살리고 있었으며, 그것을 계속 유지하기 위해 노력하고 있었다. 무엇보다 관두자연공원은 자연적인 과정에 의해 습지가 조성되고 난 후 이를 '관두 자연습지'로 보호하는 과정에서 정부단체와 시민단체의 적절한 협의가 이루어져 만들어진 결과물이다. 이러한 과정에서 눈여겨볼 인문학적 의미는 상당히 크다고 생각한다.

그뿐만 아니라 이곳은 자연적인 의미도 크다. 관두자연공원은 이곳이 습지가 된 이후부터 네 구역으로 나누어 자연보호에 힘쓰고 있으며, 사람들이 접근해서 다닐 수 있는 공간일 경우에도 생태적 가치가 높은 갯벌이나 호수에는 가까이 가지 못하도록 울타리를 쳐두고 있었다. 또한 물소를 방목해 물소를 통한 자연적 효과를 보고 있었다. 물소는 계속 이동하면서 토양이 육화되는 것을 방지해 주고, 끊임없이 식물을 섭취해 한 식물이 하나의 고정된 장소에 생태계를 이루며 계속해서 자라는 것을 방지하고 있었다. 그 결과 현재 관두자연공원은 200종이 넘는 새들에게 따뜻한 보금자리가 되었다. 타이완 최초의 환경단체인 조류 연구가들의 지속적인 관심과 관리로 물새들의 서식지로서의 기능은 계속 이어지고 있다. 또한 습지에 넓게 분포한 점토층을 기반으로 맹그로브 나무가 군락을 이루어 서식하고 있다. 강과 바다가 만나는 지점에 무성하게 자란 맹그로브 군락지는 해안선 및 해안 어장 안정화와 함께 습지에서 살아가는 동식물을 위한 식량과 삶의 터전을 보호해준다.

민물과 바닷물이 만나며 만들어진 갯벌에서 살아가는 게, 습지를 효율적으로 관리하기 위해 방목하는 물소 떼, 다양한 생태환경에 따라 증가하는 새들의 종류 등은 그 자체로서 환경적 가치도 크지만, 이곳 아이들에게 생태교육의 장이 되는 효과도 있다. 도시의 높은 건물들에만 익숙한 아이들이 자연을 직접 느끼고 체험할 수 있도록 해 주는 것이다.

타이베이 중심부에는 타이완 전체의 41%가량의 이륜차가 밀집해 있어 가로수보다도 이륜차를 더 많이 찾아볼 수 있다. 이는 타이완 자국 차량 브랜드는 부재한 데다 외국 차의 가격은 비싸기 때문에 상대적으로 값싸게 구매할 수 있는 이륜차의 소비가 증가하는 것으로 해석된다. 이처럼 타이베이 시내는 많은 이륜차의 소비로 인해 오염된 환경이었음에도 불구하고 근거리에 자연환경이 완벽하게 보존된 습지공원이 있다는 사실이 놀라웠다. 200여 종이 넘는 동식물에게 서식처가 되어 주고 생태계를 보존해 준다는 점에서 그 의미가 매우 깊은 관두자연공원이 타이베이의 오염물질까지 정화하고 있는 것이다.

References

▷ 논문(학위, 학술지)

• 강황선, 2003, "정부중재형 거버넌스 체제의 운영전략에 관한 연구: 이해관계자들의 범위와 역할, 그리고 거버넌스 역량의 결정요인을 중심으로", 한국사회와 행정연구 14(3): 201-227.

• 구본학, 2013, "자연에서 배우는 생태복원_8회; 대만 관두자연공원 '시민 손으로 이루고, 자연 힘으로 지키는'", 조경뉴스.

• 설구호, 2013, "수변형 생태공원의 사후 평가에 관한 연구 - 오송제 생태계보전협력금 반환사업을 대상으로 -", 한양대학교 공학대학원 석사학위논문.

• 王鎮中, 2012, 水牛到關渡自然公園 執行溼地超級任務, Taiwan Evironmental Information Center.

• Chang, B.v., C.l. Liu, S.y. Yuan, C.y. Cheng, and W.h. Ding, 2008, "Biodegradation of Nonylphenol in Mangrove Sediment", International Biodeterioration & Biodegradation 61.4: 325-30. Web.

• Chen Shih-Hung, Overview Guandu Nature Park's Restoration.

• Field, C.d., 1999, "Rehabilitation of Mangrove Ecosystems: An Overview", Marine Pollution Bulletin 37.8-12: 383-92. Web.

• Hioki, Yoshiyuki, 2005, "Nature restoration and rehabilitation project information", Landscape and Ecological Engineering, 1(1), 93-100.

• Lee, Tsai-Ming and Hui-Chung Yeh, 2009, "Applying Remote Sensing Techniques to Monitor Shifting Wetland Vegetation: A Case Study of Danshui River Estuary Mangrove Communities, Taiwan", Ecological Engineering 35.4: 487-96. Web.

• Lewis, Roy R., 2005, "Ecological Engineering for Successful Management and Restoration of Mangrove Forests", Ecological Engineering 24.4: 403-18. Web.

• nelson chen, 2008, "The implementation analysis of environmental education program in the guandu nature park", 2008 Society of Wetland Scientists Aia Chapter's Asian Wetland Convention and Workshop, 329.

• Seswoya. R., "Zainal. M.Y., "Subsurface - flow constructed wetland: Proposed design area for high strength effluent domestic wastewater".

• Shih, Shang-Shu, Hwey-Lian Hsieh, Po-Hung Chen, Chang-Po Chen and Hsing-Juh Lin, 2015,

"Tradeoffs between Reducing Flood Risks and Storing Carbon Stocks in Mangroves", Ocean & Coastal Management 105: 116–26. Web.

• Subsurface Flow Constructed Wetlands For WasteWater Treatment A Technology Assessment; United States Environmental Protection Agency Office Of Water EPA 832-R-93-008 (4204) July 1993.

• Wang Yufen, "Danshui River Waterfront Development", Department of Urban Development, Taipei City Government.

• Wetland Kaleidoscope of Taiwan, Wetland Project Annual 2009: Performance of Environmental Investigation and Ecological Restoration for Taiwan's Wetlands of Importance, Urban and Rural Development Branch, Construction and Planning Agency, Ministry of Interior, June 2012.

▷ **보고서**

• 람사르협약 사무국, 2014, 습지센터 기획 및 설계, 관리운영에 관한 모범사례 핸드북, 스위스 글랜: 람사르협약 사무국, http://ramsar.org

▷ **홈페이지**

• http://gd-park.org.tw/

• http://akvopedia.org/wiki/

▷ **사진 출처**

• 관두자연공원 공식 홈페이지 http://gd-park.org.tw/en/front

• 구본학, 2013, "시민의 손으로 이루고, 자연 힘으로 지키는", 조경뉴스.

• 생태보전국 선영, "시민이 만들어가는 땅, 타이베이 관두자연습지", 환경운동연합.

• 환경보전협회, 홍콩 타이완 선진 환경교육현장 시찰, 2010.

• "Overview Guandu Nautre Park's Restoration", Chen Shih-Hung.

• http://www.lafent.com/inews/news_view_print.html?news_id=109984의 사진을 재구성.

Chapter 03

GEO-INSIGHT ON HUMANITAS

1 타이베이의 정치와 역사공간

2 타이베이의 사회문화와 공간

1

타이베이의 정치와 역사공간

김진석 · 진예린 · 오성현

경관 속의 정치와 역사에 대하여

“경관은 공동체를 정의하는 규범, 가치, 의미를 재현시키기 위한 지속적인 투쟁을 물질화하는 작업이다. 따라서 경관을 읽는다는 것은 지배적인 행위 주체가 어떻게 자신을 세상에 새겨 넣는가를 밝히는 작업이다. 또한 그렇게 새겨진 것이 어떻게 폄훼되는가를 밝히는 작업이다.”1)

표준국어대사전에서는 경관을 “아름다운 경치” 또는 “인간의 활동이 작용하여 만들어 낸 지역의 통일된 특성”으로 정의한다. 이에 따르면 경관이란 사람들이 살아가는 공간 그 자체의 모습과 성질을 뜻한다. 따라서 경관에는 사람들의 삶의 모습과 역사, 그리고 그들 사이의 권력관계가 그대로 반영되어 있다. 이는 역으로 경관의 해석을 통하여 그 공간을 살아온 사람들이 무엇을, 왜 남겼는지에 대해 비판적으로 되돌아볼 수도 있음을 뜻한다.

여러 사회집단이 역사적인 맥락하에서 공간을 점유하여 이용하고 변형시키는 과정에서, 경관 속에는 다양한 장소성이 생겨난다. 역사적 맥락 속에서 장소성의 변화를 이해할

1) Rose M., 2002, “Landscape and labyrinths”, Geoforum, 33, 455–467.

때, 공간의 장소성이라는 형이상학적인 관념은 더욱 생생하게 인식될 수 있을 것이다. 특정한 공간에 드러나는 역사는 역사 속 주체들이 행하는 사건들을 모아서 차례대로 나열한 것만이 아니다. 오히려 사회문화적인 가치판단과 권력집단 간의 힘겨루기를 통해 나온 가공된 결과물이 공간의 모습과 역사성을 구성한다.

E.H. 카가 말했듯, 역사는 "과거와 현재의 끊임없는 대화"이다. 과거의 역사 주체가 벌인 한 사건에 대한 여러 주체의 반응과 대처를 지금 사회의 철학이나 가치, 규범에 비추어 해석하고 그 가치를 비판적으로 평가하는 것이 바로 역사다. 과거를 바라보는 사람들의 관점이 다양하기 때문에 기억하고 싶은 가치도 각자 다르다. 그리고 그 가치들은 경관 속에 반영되어 우리 앞에 나타난다.

타이완의 타이베이는 다양한 가치를 지닌 사회집단이 복잡하고 다사다난한 과정을 통해 형성되고 서로 충돌하며 공존해 왔던 역사를 지닌 도시다. 미흡한 외부인의 시선이었음에도 불구하고 우리는 이번 답사를 통하여 타이완 인들이 겪은 근현대사와 그들의 정체성 변화를 고려한 맥락하에서, 다양한 주체들이 만들어서 공간 속에 새겨 넣은 장소정체성을 읽어 내고자 하였다.

· 타이완의 역사

답사지의 경관을 보기에 앞서, 타이완의 역사를 간단하게 알아보자. 타이완의 역사경관은 지배집단의 변화에 따라 변화해 왔다. 본래 소수민족들이 살고 있던 타이완 섬에 처음 자리를 잡은 외부인은 네덜란드 인이었다고 한다. 이후 명나라 말기에 청나라에 밀려 중국 대륙에서 건너온 정성공(鄭成功)이 타이완으로 들어와 네덜란드 인을 몰아내고 터전을 잡아 타이완 섬을 반청복명(反淸復明)의 기지로 삼고자 하였다. 그러나 결국 청나라에 의해 토벌되고 타이완 섬은 청의 영향력 아래 놓였다.[2] 18세기 이후, 타이완은 청나라의 지배하에서 한족들이 건너가 정착하기 시작하면서 점차 이민 개척 사회에서 정착 거주 사

그림 3.1.1 | 2.28 평화공원에 위치한 정성공(鄭成功)의 흉상

회로 바뀌어 갔으며, 한족 이민자들은 타이완 사회에 점차 동화되어 타이완 인이라는 정체성을 가지게 되었다. 이 시기부터 타이완에 거주해 온 한족들을 현대 타이완에서는 '본성인(本省人)'이라 부른다.3)

19세기에 타이베이는 무역항으로 번성하였으나 청일전쟁의 결과로 체결된 시모노세키 조약에 의해 청은 일본에 타이완 섬을 할양하였고, 이후 타이완 본성인들은 50여 년간 일본의 신민(臣民)으로 전락하였다.

1945년 8월, 일제의 무조건 항복으로 타이완은 일본의 지배에서 해방되어 중국 대륙 중화민국의 영토로 돌아갔다. 일본이 타이완에서 물러나자 중국 대륙에서 다시 한족들이 건너와 거주하기 시작했는데, 해방 이후 건너온 본토 출신의 한족을 현대 타이완에서는 '외성인'이라 칭한다. 이 시기에 타이완은 중화민국에 소속된 하나의 성이었으나, 1949년 국

2) 주완요, 2003, "타이완-아름다운 섬 슬픈 역사", 신구출판사, 76.

3) 위의 책, 109-110.

공 내전에서 패배한 국민당의 장제스 정권이 타이완으로 완전히 이전해 오면서 사실상 대륙의 중화인민공화국과 구분되는 하나의 국가가 된다. 이를 국민당 정부가 타이완으로 옮겨 왔다는 뜻으로 국부천대(國府遷臺)라고 한다. 장제스 정권이 이주해 온 이후 기존 거주민인 본성인들과 새롭게 이주해 온 외성인들 사이의 갈등, 이로 인한 사회 혼란과 장기간의 군사 독재, 그리고 마침내 민주화를 이루어 내는 등 다사다난한 현대사를 겪고서 오늘날에 이르고 있다. 한편 중국과의 양안 관계 및 이로 인한 국제적 고립이라는 상황은 타이완을 구성하는 사회집단들의 정체성 및 정치적 입장에 큰 영향을 주었다. 이러한 역사적 배경과 그로 인한 사회·정치적 상황은 타이베이라는 지역의 고유한 장소성이 만들어진 주요 원인이 되었다. 각각의 시기 동안 만들어진 지역들의 경관과 장소성은 지금도 여전히 유지되고 있다.

· 타이완의 사회집단과 그들의 역사 인식

타이완 사회를 바라보기 전에 가장 먼저 고려해야 하는 것은 타이완에는 국가관, 역사관이 크게 다른 사회집단이 공존하고 있다는 사실이다. 타이완의 인구는 한족과 원주민으로 나뉘며, 한족은 다시 앞서 언급한 역사적 배경하에서 형성된 본성인과 외성인으로 구분된다. 소수민족인 타이완의 원주민은 전체 인구의 2%가량으로 사회에 대한 영향력이 미미하다. 전체 인구의 나머지 98%를 차지하는 한족은 다시 전체 인구의 84%가량을 점유하는 객가인(客家人, Hakka) 및 본성인, 그리고 14%가량을 점유하는 외성인으로 나뉜다.4) 이 본성인과 외성인은 같은 한족 계열의 인구 집단이지만, 이 두 집단의 국가관을 하나로 뭉뚱그려서 표현하기에는 이들이 너무도 다른 역사적 배경과 정치적 입장을 지니고 있다.

---

4) 미국 중앙정보국, 2014-11-12, THE WORLD FACTBOOK(2014) https://www.cia.gov/library/publications/the-world-factbook/geos/tw.html

타이완이 일제로부터 해방되고 난 후 대륙에서 건너온 한족인 외성인은 전체 사회에서는 소수이지만, 국민당 정부의 일원 등으로 구성되어 사회의 지도층 역할을 하였다. 그들은 타이완 인으로서의 정체성보다 분단국가인 중화민국 국민으로서의 정체성이 강하고, 현재까지도 대륙 수복 및 타이완 독립 반대를 주장하는 주요 계층이다. 한편 본성인들은 전체 사회에서 다수를 차지하면서도 오랫동안 피지배 민족의 상태에 놓여 있었다. 이들은 중화민국 국민으로서의 정체성보다 타이완 인으로서의 정체성이 더욱 강하기 때문에, 대륙의 중국과 통일을 해야 한다거나 대륙을 수복해야 한다는 주장에 전혀 수긍하지 않고, 오히려 중국과는 완전히 별개인 타이완으로서 독립을 해야 한다는 입장을 취하고 있는 이들이 많다.

이들 본성인의 역사 인식에 대해 알아보기 전에 먼저 짚고 넘어가야 하는 것이 바로 일본에 대한 시각이다. 외성인들은 중일전쟁을 겪고 타이완에 건너왔기 때문에 일본에 대한 감정이 대륙의 중국이나 한국처럼 좋지 않다. 하지만 본성인들은 일제 치하에서 수십 년간 지배를 받았음에도 불구하고, 외성인과 달리 '친일적'인 인식을 가지고 있다. 허영섭(2011)에 따르면, 본성인들은 타이완 섬에 정착한 이래로 중국 본토에 대한 귀속 의식 자체가 높지 않았다고 한다. 그래서 한족의 후손들을 중심으로 일본에 대한 저항운동이 일어나기는 하였으나, 원주민과 타이완에 동화된 많은 본성인은 청나라에 이은 새로운 지배자에게 큰 저항 없이 순응하는 모습을 보였다고 한다.[5]

그러나 우리가 방문한 2.28 기념관에서는 타이완이 일본의 손아귀에 들어간 시점부터의 역사를 소개하고 그와 관련된 자료들을 전시하고 있었는데, 이 자료들에 따르면 일제 치하에서의 타이완 본성인들은 일제에 저항하여 독립을 선언하다가 일본군에 의해 진압되기도 하고, 일본 정부에게 자치권을 요구하거나 실력 양성에 노력하기도 했다. 이후 일

5) 허영섭, 2011, "대만, 어디에 있는가", 채륜, 291.

본이 군국주의의 길을 걸으면서 태평양전쟁에 징용되어 힘든 세월을 겪는 등, 여러 가지 측면에서 한국의 일제강점기와 크게 다르지 않은 모습을 보여 주었다.

이러한 2.28 기념관의 전시물이 가지고 있는 내러티브를 통해 우리는 일제강점기에 대한 타이완 본성인의 인식을 확인할 수 있었다. 일반적으로 일본의 타이완 통치는 한국에서 행해진 것과 비교하였을 때 보다 온건한 것이었다고 알려져 있다. 그러나 2.28 기념관에서 당시 타이완 본성인들은 분명 자신들을 '억압받는 식민지 신민'으로 인식했다는 것을 확인할 수 있었다. 사실 타이완 인들이 자신들은 조선인들에 비해 온건한 식민 통치를 받고 있음에 만족하고 그로 인하여 친일을 한다는 것은 납득하기 어려운 주장이다. 오히려 일본에 대한 지금의 타이완 인, 특히 본성인들의 시각은 일본이 타이완에서 행한 통치보다는 그들이 역사 속에서 직접 체험한 현재의 중화민국 시대와 일제강점기, 그리고 그 이전 시대 간의 비교를 통해 형성되었다고 보는 것이 더욱 타당할 것이다.

그렇다면 타이완 본성인들에게 해방 이전과 이후의 경험은 어떻게 다가왔을까? 이는 피지배 민족이었던 본성인들이, 현재의 또 다른 사회집단이자 일제로부터의 해방 이후 타이완의 권력집단으로서 본토에서 건너온 외성인들을 바라보는 관점과도 직결되는 문제이다. 자신들을 본성인이라고 소개한 국립 타이완 대학교 학생들에게 그 해답의 실마리를 들을 수 있었다.

우리는 장제스를 기념하는 중정기념당을 둘러본 뒤에 그 근처에서 국립 타이완 대학교의 학생들을 만났는데, 그들은 장제스를 기념하는 공간이라는 상징성에 대해 강한 거부감을 보였다. 본성인 출신인 이 학생들은 자신들에게 장제스는 국부가 아닌 독재자에 불과하다고 하였다. 특히 그중 한 학생이 장제스를 '독재자(dictator)'이자 '침략자(invader)'인 존재라고 표현해 매우 흥미로웠다. 비록 한 개인의 관점이기는 하나, 이 관점을 따른다면 본성인들에게 장제스로 대표되는 외성인 세력은 같은 민족이라기보다는 오히려 일제를 잇는 또 다른 침략자이자 자신들을 지배한 외부 세력에 불과한 것이다. 결론적으로 일본

["친일국가" 타이완 : 한국인이 바라보는 타이완]

앞서 살펴보았듯, 한국과 타이완의 현대사에서는 비슷한 점을 많이 확인할 수 있다. 두 나라는 모두 일제의 식민 지배를 겪은 뒤 제2차 세계대전의 종결과 함께 독립하였고, 이념 갈등으로 인한 내전과 분단, 그후 장기간의 군부 독재를 겪은 뒤 민주화를 이루어 내고 정권 교체를 해냈다. 하지만 타이완이 '친일국가'라는 인식, 그리고 최근 타이완 사회에서 혐한 감정이 퍼져 간다는 소식이 알려지며 한국인들의 타이완 인에 대한 인식은 그다지 좋지 못하다.

냉전 시대에 '자유중국'이라는 명칭으로 불리기도 했을 정도로 한국과 밀접하였던 타이완이지만, 1992년 단교 이후 한국인들에게 타이완이라는 국가의 존재감은 상대적으로 적어졌다. 그러던 와중에 2010년 광저우 아시안게임에서 오해로 인한 타이완의 반한 사태가 벌어지면서 부정적으로 이슈화가 되었다. 그 이후 2011년 일본의 동일본 대지진 당시 그 전해의 한국에 대한 태도와는 정반대로 많은 타이완 인들이 필요 이상의 적극적인 태도를 보이며 성금 모금에 참여한다는 소식이 알려지자, 이들의 친일적인 태도에 많은 한국인이 불만을 가졌다. 과거 자신들을 식민 지배했던 통치자이자 한국과 똑같이 중국과의 수교를 위해 단교를 한 일본에 대해서는 친일적인 태도를 보이면서 한국은 혐오하는 것은 모순적인 태도*라는 것이다.

그러나 이는 타이완의 역사와 외교적 상황을 고려하지 않은 단편적인 판단이다. 앞서 살펴보았듯 타이완 인, 특히 본성인들은 일본이라는 지배자가 떠난 이후에도 외성인이라는 또 다른 외부 세력에 의해 차별과 억압을 받았다는 점을 고려해야 한다. 즉, 타이완은 한국과 비슷하지만 다른 역사적 배경을 가지고 있는 것이다. 김용옥은 오늘날 타이완 인구의 85%를 차지하는 '본성인'들은 천수이볜이 총통에 올라 민주진보당이 여당이 되기까지 40여 년간 정국의 주도권을 쥐지 못했다고 지적하였다. 그들에게 있어서 일본은 과거 청나라, 그리고 중화민국 정부 및 외성인들과 마찬가지로 자신들을 지배했던 지배 세력 중 하나에 불과했다는 것이다. 김용옥은 이로 인하여 비록 지배 세력인 국민당 정부는 반일을 국시로 내세웠지만 국민 대다수의 공감을 얻지 못하였을 것이며, 이후 외성인들이 주도적으로 '혐한' 감정을 부추겨서 내부를 안정시키려고 한다고 주장한다. 이러한 요소들로 인해 오늘날 타이완 대중들은 과거 자신들의 지배자였던 일본을 혐오하는 감정을 상대적으로 누그러뜨릴 수 있었던 것이다.

또한 현재 타이완은 중국의 '하나의 중국' 정책으로 인해 외교적으로 고립되어 있는 국가라는 점을 고려해야 한다. 타이완이 과거 자신들을 식민 지배하였던 일본에까지 우호적인 모습을 보이는 것은 고립을 해소하고자 하는 외교적 노력이 반영되어 있음을 고려해야 한다.

* 남원상, "대만의 과열된 日지진성금 모으기, 왜?", 동아일보(2011.04.26).

통치로부터 해방된 이후 2.28 사건과 그후 이어진 국민당의 억압적인 통치는 오히려 본성인들이 스스로의 개별성을 확인하게 하는 결과를 낳았다.

첫 번째 정치역사공간 : 2.28 평화기념공원

· 답사지 개요

국립타이완대병원역 바로 옆에 위치한 2.28 평화기념공원은 접근이 편리한 도심 한복판에 위치하고 있었다. 공원의 북쪽 방향에는 타이완에 처음 들어온 한족인 정성공의 동상을 포함한 연못 정원과 국립 타이완 박물관 등이 위치하고 있었고, 공원 한가운데에는 2.28 사건을 떠올리며 평화를 기원하는 기념비가 자리하고 있었다. 한편에는 2.28 사건 기념관(2.28 Memorial Hall)이 위치하여 타이완의 근현대사와 2.28 사건의 개요, 그리고 관련 자료를 전시하고 있었다. 이 기념관은 과거 일제가 세운 라디오 방송국이었던 곳으로, 2.28 사건의 주 무대이기도 하다.

그림 3.1.2 | 2.28 평화기념공원 한가운데에 위치한 2.28 평화기념비

• 2.28 사건

2.28 사건은 1947년 2월 28일, 타이완 섬을 지배하고 있던 중화민국 정부의 억압적인 통치에 맞서 주민들, 특히 본성인들이 지배 세력인 외성인에 맞서 항쟁을 벌인 역사적인 사건이다. 이 사건의 배경에는 다양한 정치사가 연루되어 있다. 과거 청일전쟁에서 승리한 일본은 1895년 청나라와 시모노세키조약을 체결했고, 이 조약의 내용에 따라 타이완의 주권은 일본으로 넘어갔다. 이후 타이완은 제2차 세계대전이 일본의 패전으로 마무리될 때까지 50년간 일제 식민 지배를 받게 된다. 종전 이후 1945년 10월, 중화민국은 타이완 섬을 자국 영토로 회복했다. 일본의 식민 통치에 시달리던 타이완 주민들은 새로운 정부에 기대를 가지게 되었다. 그러나 당시 대륙 본토에서 중화민국을 통치하고 있던 국민당 정부의 주요 관료들은 국공 내전으로 인해 작은 섬이었던 타이완 정치에 관여할 겨를이 없었다. 국민당은 천이(陳儀)를 행정장관 겸 경비총사령으로 임명하고 이곳을 국민혁명군의 군사 점령 지역처럼 관리하도록 하였다.6)

안타깝게도 국민당의 군사 통치는 타이완 주민들이 바랐던 새로운 사회를 가져다주지 못했다. 권력을 잡은 행정장관 천이는 주민들을 심하게 억압하고 착취했으며, 사실상 일제 식민 지배의 모습과 다를 것 없는 통치를 시행하였다. 국민당 정부의 억압으로 타이완인들은 경제 영역에서도 엄격한 규제를 받아야 했다. 국민당 정부는 담배, 설탕, 차, 종이 등의 재화를 민간 기업에서 판매하는 것을 금지하고 진매제를 실시하였는데, 이는 결과적으로 극심한 인플레이션과 공급 부족을 야기했으며 주민들 사이에 암시장이 형성되는 결과를 낳았다.

이렇듯 계속되는 국민당 정부, 달리 표현하면 본토에서 건너온 외성인들의 수탈과 정치적인 탄압은 본성인들로 하여금 국민당 정부에 반감과 불신을 가지게 만들었다. 한편 천

6) 박진우 외, 2011, "함께 읽는 동아시아 근현대사 2", 창비, 178–180.

그림 3.1.3 | 일제로부터의 해방을 기념하고 새로운 시대를 기대한 타이완의 모습을 테마로 꾸민 2.28 기념관의 전시 부스

이를 비롯한 외성인들은 관리직과 요직을 독차지하는 등 타이완 정치의 실권을 쥐었고, 이러한 관계 속에서 짧은 시간 동안 외성인과 본성인 사이의 갈등의 골이 커져 갔다. 당시 타이완 인구의 80%가량을 차지하면서도 권력을 장악한 외성인들로부터 불이익을 감수해야 했던 본성인들은 자신들이야말로 타이완의 주인이라 생각하였으며, 반면 외성인들은 자신들이 정복자인 듯이 행세하고 다녔다. 이는 결국 2.28 사건의 불씨가 되었다. 즉, 해방 이후 외성인과 본성인의 물밑 갈등이 표면으로 나타난 사건이 바로 2.28 사건인 것이다.

사건의 발단은 1947년 2월 27일 밤, 정부의 전매 독점품인 담배를 노점에서 팔던 노파가 담배주류공사에 적발되었던 일이다. 담배주류공사에서 파견된 단속반원들은 거리에서 노파를 윽박지르며 협박과 구타를 하는 등 가혹한 단속을 벌였고, 이를 본 시민들은 경찰과 단속반원들의 행위에 항의하고 나섰다. 갈등이 격화되던 와중 경찰이 군중을 향해 발포를 감행했고 경찰의 총알에 한 학생이 목숨을 잃었다. 이 사건은 그동안 쌓여 온 민중의 분노가 분출되는 계기로 작용했고 사태는 심화되었다.

군중들은 학생의 사망에 대해 정부 차원의 사과를 요구했다. 그러나 천이의 국민당 정부는 군중의 요구에 응하기는커녕 타이베이 시에 계엄령을 선포하였다. 이에 시민들은 경찰서를 습격해 경찰들과 싸움을 벌였고, 도시 곳곳에서는 파업과 폭동이 일어났으며, 정부는 무자비한 학살로 강경 진압에 나섰다. 그러나 시위대는 여기에 그치지 않고 현재 2.28 기념관으로 쓰이고 있는 당시의 라디오 방송국을 점거하고, 모든 타이완 인들이 일어나서 부당한 정권에 대응할 것을 촉구하는 방송을 내보냈다.

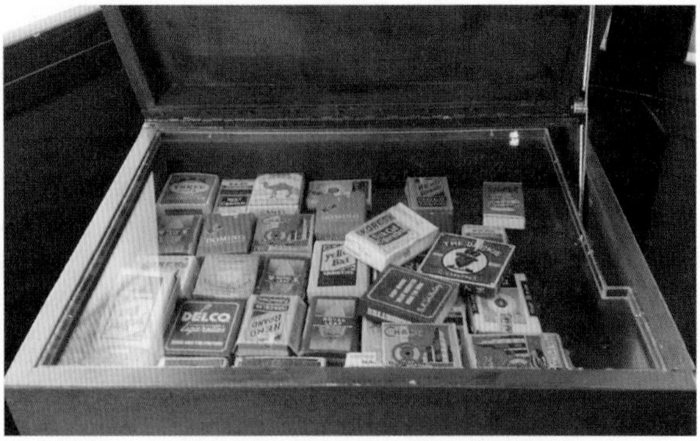

그림 3.1.4 | 2.28 기념관에 전시되어 있는 담배

시민들이 구성한 '2.28 처리위원회'의 노력으로 정치 개혁이 이루어질 뻔했으나, 이 사태에 당황한 중화민국 정부는 중국 본토의 군대를 파견하여 섬 전체에 계엄령을 선포하고 시위대를 가혹하게 진압하였다. 이러한 무차별적 학살은 섬 전체로 확대되었으며, 결국 시위를 주도했던 주요 인물들은 체포되고 그중 다수가 처형당하면서 타이완을 뜨겁게 달군 2.28 사건은 종결되었다.

사건 종결 이후 국공 내전에서 패배한 국민당이 수도를 타이베이로 옮기자 타이완 정치의 실권은 완전히 외성인에게 넘어갔다. 장제스의 국민당 세력은 2.28 사건에 가담했던 사람들을 역적으로 간주했으며, 2.28 사건을 계기로 선포된 계엄령은 장징궈 총통에 의해 해제되는 1987년까지 40여 년간 유지되었다. 2.28 사건은 1997년 정부에서 공식 사과하고 사건의 재조사를 실시할 때까지 50여 년간 타이완 사회의 금기가 된다. 오랜 세월 동안 2.28 사건에 대해 언급하는 것조차 금기시되었던 상황에서 사건의 진상 규명은 당연히 이루어질 수 없었다. 사건 이후 오랜 시간이 흐른 만큼 정확한 수는 알 수 없으나 2.28 사건

그림 3.1.5 | 사건 당시의 가혹한 진압을 묘사한 판화(2.28 기념관)

당시 사망자 수는 약 3만 명으로 집계된다.7)

2.28 사건의 진상 규명이 본격적으로 이루어지기 시작한 것은 타이완 근대 정치사에서 첫 타이완 본성인 출신 총통인 리덩후이가 정권을 잡으면서 민주주의를 위한 정치 개혁을 시도했던 무렵이다. 1995년, 2.28 사건에 대해 리덩후이 정부는 공식 사과문을 발표했으며 1997년에는 마침내 중화민국이 공식적으로 사죄했다. 이러한 흐름 속에서 현재의 2.28 평화기념공원이 세워지고 2월 28일은 타이완 국경일로 지정되었다.

7) "DPP questions former Premier Hau's 228 victim figures", The China Post(Taipei)(2012.02.29).

2.28 평화기념공원의 문화정치

• 2.28 평화기념공원의 이름 변화

타이베이 시내 한복판에 위치한 2.28 평화기념공원은 본래 1900년대 일제 식민 지배가 이루어지던 시기에 처음 조성되었다. 당시 일본이 지은 공원의 이름은 '다이호쿠(臺北) 공원'이었다. 이후 일제 식민 지배가 제2차 세계대전의 패전으로 막을 내리고 중화민국의 국민당 정권이 타이완을 지배하면서 이 공원의 이름은 바뀌게 된다. 이름과 동시에 국민당의 정치 이념에 맞도록 공원의 크고 작은 다양한 경관적 요소들 또한 교체되었다. 국민당 정부는 일제 식민 지배의 흔적을 없애고자 공원에 쑨원 동상을 새롭게 세우기도 했으며, 공원의 이름도 '타이베이 신공원(Taipei New Park)'으로 바꾸었다. 이 공원이 현재의 2.28 평화기념공원이라는 이름을 갖게 된 것은 1997년의 일이다.[8] 그러나 바뀐 것은 이름만이 아니었다.

• 2.28 평화기념공원의 공간 재구성

일제에 의해 처음 공원이 조성될 당시 2.28 평화기념공원은 타이완 최초의 유럽 양식을 따른 공원이었으며 공원 내부에는 식민지 정부 청사가 들어섰다. 1930년대에 일본은 공원 내에 방송국을 설치하였다. 이 방송국은 대중매체를 통해 사실상 타이완 시민들을 이념적으로 선동하기 위해 설치되었고, 식민 정부의 오른팔 역할을 톡톡히 수행하였다.

그러나 1945년 국민당 정권이 들어서면서 공원으로서의 기본적인 기능은 그대로 유지하였으나 그 성격은 국민당이라는 새로운 권력의 입맛에 맞게 변화하였다. 앞서 언급하였듯이 공원의 이름은 '타이베이 신공원'으로 바뀌었고 공원 내에는 쑨원 동상이 새로이 세

---

8) Adam Hatch, Secrets of 228 Park | Part 3: Coming Full Circle, (Taipei Trends, 2014.2.18.) taipeitrends.com.tw (검색일자: 2014년 11월 11일 기준)

그림 3.1.6 | 2.28 기념관 본관(과거 일제 식민 지배 시대에 지어진 방송국 건물)

워졌으며, 특히 이전 시기에 사용되던 라디오 방송국은 국민당 정권과 군대의 행보를 알리는 역할을 맡게 되었다. 이후 오랫동안 국민당의 권력을 상징하는 공간이었던 타이베이 신공원은 다시 극적인 변화를 맞게 된다. 이는 리덩후이가 총통으로 취임했을 때였다.

오랜 계엄령이 종료된 이후 타이완에도 민주주의의 물결이 일었다. 이러한 시대적 바람을 타고 리덩후이 총통은 최초의 본성인 출신 총통으로서 권력을 차지하고 있던 외성인들에게 가려진 타이완 본성인들의 역사를 들춰내기 시작했다. 새로운 정부는 장제스와 국민당의 잔혹한 통치를 밝혀내어 그간 은폐되었던 2.28 사건을 다시 파헤치고 이를 공론화하는 데 힘을 기울였다.[9]

그러나 이 과정이 마냥 쉬운 일은 아니었다. 특히 기념비 건립과 관련하여 의견 차이가 존재했다. 2.28 사건 국가기념비 건립 계획이 발표되던 시기는 행정원 연구소조에 의해 연

9) 김민환, 2012, "동아시아 평화기념공원 형성과정 비교연구: 오키나와, 타이베이, 제주의 사례를 중심으로", 서울대학교 사회학과 대학원, 230-231.

구 보고서가 공식적으로 발표되고 난 직후인 1992년 봄이었다. 이 계획이 처음 발표되었을 때에 이에 직접적으로 반대하는 의견은 거의 없었다고 한다. 그러나 이 기념비가 어떠한 성격을 가져야 하는가의 문제에 대해서는 미묘한 입장 차이가 존재했다. 입장 차이가 생긴 가장 큰 이유는 기념비가 어떤 목적성을 가지느냐에 따라서 민중들을 분노케 했던 2.28 사건의 책임이 누구에게 가중되는지 달라질 수 있기 때문이다.

결국 리덩후이의 국민당 정부는 이 기념비가 희생자를 추모하는 것임을 분명히 할 것을 확정 지었다. 리덩후이 총통은 2.28 사건을 정치의 장에서 처음 공론화한 인물이지만, 그 역시 국민당 소속이었으므로 2.28 사건에 대한 논의를 재시작하는 것은 사건의 책임이 국민당에 있다는 것을 강조해 정권의 안정에 도움이 되지 않을 것이라는 것을 의식했기 때문이다.10)

결과적으로 긴 논의를 거쳐 2월 28일은 국경일로 제정되었고, 공원은 '2.28 평화기념공원'이라는 새로운 이름을 갖게 되었다. 새로운 이름과 함께 공원 내 방송국이 있던 자리에는 2.28 기념관이 생겼고, 공원 한가운데에는 2.28 사건 기념비가 세워졌다. 국경일로 지정된 2월 28일에는 지금도 매년 2.28 사건을 기리는 국가 행사가 공원에서 치러지고 있다.11)

약 한 세기에 걸친 시간이 흐르는 동안 '2.28 평화기념공원'의 물리적 위치는 변화하지 않았으나, 공원의 성격은 타이완의 근대 정치사를 따라 다각적으로 변화해 왔다. 일본 제국, 일본이 떠난 이후 들어온 외성인 세력, 그리고 이후 민주화가 이루어지는 과정에서 지배 권력이 교체되면서 공원의 이름은 세 차례나 바뀌었고 그때마다 새로운 건축물이 들어섰다. 2.28 평화기념공원의 변화가 정치와 맞물리는 까닭은 새롭게 권력을 잡은 정치 주

10) 김민환, 앞의 글, 233.

11) Trustees of the 228 Memorial Foundation, Translation of the Inscription on the 228 Massacre Monument, 1998, taiwandocuments.org (검색일자: 2014년 11월 11일)

체들이 공간에 대한 사회적 이미지를 재구성하고자 한 시도들이 있었기 때문이다. 그리고 '공간의 문화정치학(cultural politics of space)'[12]의 관점에서 이러한 시도가 정치적으로 중요하게 다뤄졌다는 것은 '2.28 평화기념공원'이 단순히 물리적으로 존재하는 공간을 넘어서 '주체와 권력'의 측면에서 성, 인종, 민족, 세대 등을 포함하는 다양한 공간 주체들 간의 갈등 및 권력관계와 그들의 정체성을 함축하고 있는 공공 공간[13]의 성격을 띠고 있다는 것을 보여 준다.

두 번째 정치역사공간 : 중정기념당

• 답사지 개요

중정기념당은 중화민국의 초대 총통인 장제스를 기념하기 위해 만들어진 건물로, 2.28 평화기념공원에서 한 블록 정도 떨어진 곳에 위치하여 타이베이의 주요 랜드마크 역할을 담당하고 있다. 2.28 평화기념공원에 가까운 방향인 서북쪽에 '자유광장(自由廣場)'이라는 글귀가 적혀 있는 아치형의 정문이 있고, 그 안쪽으로 넓게 펼쳐진 광장 한복판에 거대한 중정기념당이 서 있다. 기념당 본 건물 앞 높은 계단을 오르면 거대한 장제스 동상이 있고 그 동상의 주변에는 헌병이 시간 단위로 교대하면서 장제스를 지키고 있는데, 이 헌병의 교대식은 관광객들의 주요 볼거리이기도 하다.

아치형 정문의 자유광장이라는 글귀, 광장과 거대한 건물, 절도 있는 헌병 교대식, 그리

12) 공간의 문화정치학은 공간의 지배, 통제 과정이 매우 정치적인 갈등과 투쟁의 과정임을 시사하며, 공간을 이해하기 위해서는 이를 둘러싼 권력관계를 파악해야 한다고 주장한다. 공간의 지배, 통제 과정은 그것이 저항 주체이든 포섭 주체이든 간에 새로운 주체를 끊임없이 형성하는 하나의 문화 과정이라고 주장한다(돈 미첼, 2011, 문화정치 문화전쟁: 비판적 문화지리학, 류제헌 외 옮김, 살림 참고).

13) 이무용, 2005, 공간의 문화정치학, 논형, 34.

그림 3.1.7 | 중정기념당의 모습

고 공원의 위치와 건물 방향까지 중정기념당의 모든 경관적 요소는 이 공간의 장소성을 그대로 구성하고 있으며, 이를 관람객들의 뇌리에 각인시켜 주고 있다.

• 중정기념당을 보는 시선

(1) 권력과 경관

장제스는 타이완의 국부로 존경받는 동시에 독재자, 더 나아가 침략자로 비난받는 양가적인 평가를 받는 인물이다. 이렇게 장제스의 공과에 대한 평가가 갈리는 이유는 타이완의 근현대사와 밀접한 관계를 가지고 있다. 중정기념당은 건립 이후 여러 사회집단들이 지속적으로 혹은 일시적으로 경관의 변화를 만들어 왔다. 당시 지배 권력은 중정기념당을 건설함으로써 그들의 정치적 가치와 신념을 물리적 경관에 대입하고자 했다. 그러나 당시의 이데올로기에 대한 사회적 인식은 역사를 거쳐 때로는 유지되기도 했고 시대의 흐름에 맞춰 변화하기도 했다. 이에 따라 물리적 경관에 씌어진 이데올로기 역시 다양한 사회 주체들이 지니고 있는 가치들 간의 경합으로 수정과 변모를 경험할 수밖에 없었을 것이다.

이번 답사에서는 경관 변화에 담긴 의미에 주목했다. 권력이 경관에 개입할 때 나타나는 현상을 정치·역사적인 맥락 속에서 이해하는 것이 이번 답사의 과제였다.

(2) 중정기념당의 경관과 첫인상

자유광장이라고 새겨져 있는 정문의 오른쪽에는 대충문(大忠門)이 있고 반대쪽에는 대효문(大孝門)이 있다. 정문을 지나면 좌우로 국가음악당과 국가희극당이 마주 보고 있다. 대충문 아치 사이로 자유광장의 끝에 있는 중정기념당의 모습을 볼 수 있었다. 평평한 광장 끝에 홀로 솟은 중정기념당은 마치 궁궐과도 같은 압도적이고 권위적인 모습이었다. 광장을 지나 가까이 가니 흰 벽돌로 쌓아 올린 높은 벽에 남색 지붕을 얹은 중정기념당이 거대한 몸집을 뽐내며 서 있었다. 아열대기후의 생물학적 풍화 덕분에 때가 많이 묻은 타이완 시내의 건물들과 달리 유난히 하얀 건물이 독보적이라는 인상을 주었다.

중정기념당 안의 장제스 동상을 보기 위해서는 89계단을 올라야 한다. 장제스가 서거할 당시 나이가 89세였기 때문에 그를 기념하는 의미로 89개의 계단을 만든 것이라고 한다. 계단을 오르고 나면 높이가 6.3m에 달하는 거대한 동상이 자리하고 있다. 목을 뒤로 꺾어야만 겨우 얼굴을 볼 수 있을 정도로 거대한 동상이었다. 헌병 두 명이 이 동상을 지키고 있으며 한 시간마다 헌병 교대식이 이루어진다.

오전에 2.28 기념관을 방문하여 국민당의 탄압을 받았던 타이완 본성인들의 역사를 보아서 그런지 중정기념당이나 자유광장에서도 경찰이 순찰을 돌며 행여나 있을 돌발 행위를 감시하는 차가운 분위기일 것이라고 지레짐작했지만, 예상과는 달리 그다지 삼엄한 분위기는 아니었다. 오히려 여느 중화권의 공원과 같이 태극권을 수련하는 시민도 볼 수 있

그림 3.1.8 | 중정기념당 정문 우측의 국가희극당(↑)
그림 3.1.9 | 중정기념당 내 장제스 동상과 헌병(↓)

고 나들이객도 오가는 일상 속 도심공원의 전형적인 분위기에 가까웠다. 시민들 외에도 많은 관광객이 중정기념당을 배경으로 기념사진을 찍고 기념관 앞 잔디밭 난간에 앉아 휴식을 취하기도 했다. 금연, 금식, 돌출 행동 금지와 같이 몇몇 돌발 행동을 규제하는 표지판이 곳곳에 부착되어, 이곳이 그들의 국부를 기리는 장소라는 것을 드러낼 뿐이었다.

(3) 타이완 대학교 학생들이 생각하는 장제스와 중정기념당

답사 당일에는 국립 타이완 대학교 학생들이 가이드를 자청해 주어서 여러 조가 이들의 도움을 받으면서 함께 답사할 수 있었다. 하지만 아쉽게도 우리 조는 가이드를 따로 배정받지 못해서 조원들끼리 2.28 기념관과 중정기념당에 가기로 했다.

무사히 조별 답사를 마치고 오후 6시에 다른 조와 같이 움직이던 타이완 대학교 학생들을 중정기념당 앞에서 만날 수 있었다. 간단하게 그들과 인사를 하고 나서 한 학생에게 장제스와 중정기념당에 관해 이것저것 물어보았다. 그런데 학생들의 표정이 점점 어두워지면서 자신들이 서 있는 바로 그 공간인 중정기념당을 못마땅해했다. 그 학생의 대답에서 타이완의 역사를 공부하려고 왜 중정기념당 같은 곳을 답사하러 왔냐는 부정적 뉘앙스를 읽어 낼 수 있었다.

다른 학생은 장제스에 대해 '독재자이자 침략자'라고 표현하기도 했다. 본성인 가정에서 나고 자라 본성인들의 정치적 시각을 가지고 있는 이 학생들에 의하면, 장제스는 중국 대륙에서 전쟁에 패배하자 국민당 고위층과 보물을 이끌고 타이완으로 패주했으며, 국민당의 타이완 통치는 일본의 근대화를 통해 나름대로 잘 살고 있던 타이완 인들을 탄압하고 이용한 역사라는 이야기였다. 친중국 성격인 마잉주 총통이 아니었다면 중정기념당은 남아 있지도 않았을 것이라고 타이완 대학교 학생들은 강력하게 주장하였다. 우리는 장제스가 중국과 타이완의 근현대사에서 상당히 중요한 비중을 차지한 인물이고, 따라서 이 기념관도 타이베이의 중요한 랜드마크라고 생각해서 방문한 것이었는데, 이에 대한 타이완

대학교 학생들의 반응은 놀랍기도 하고 신선하기도 했다.

물론 타이완 대학교 학생들의 이야기가 다소 편향된 의견일 수도 있다. 타이완 인들의 민족적 정체성은 다양하게 분화되어 있기 때문에 이러한 장제스에 대한 부정적 인식이 타이완 인들이 보편적으로 가지고 있는 사회 인식이라고 하기엔 무리가 있다. 그러나 기념당 안에서 타이베이 도심을 내려다보고 있는 장제스의 권위가 타이완 안에서 절대적인 가치를 지닌 것은 아니라는 사실만큼은 확인할 수 있었다. 중정기념당을 통해 정권 주도 세력이 타이완 사회에 심고자 했던 것은 명확한 방향이 전제된 이데올로기였을지 모르지만, 이는 건립 이래로 여러 계층과 집단으로부터 시대적 맥락에 따라 위협 또는 지지를 받아온 공간인 것이다.

(4) 공간에 남긴 기록

현재의 중정기념당은 처음 지어질 당시의 모습과는 크고 작은 부분들에서 사뭇 다르다. 수많은 주체들이 이 공간이 가지고 있는 성격에 개입했고 이를 변화시켰다. 그리고 그 과정은 지금도 계속되고 있다.

중정기념당의 성격은 최초 건립자인 장제스에 의해 부여되었다. 장제스는 타이완의 경제 발전을 이끌었고 중화민국이라는 정통성을 가지고 수많은 나라와 성공적인 외교관계를 맺는 데 성공한 인물이다. 하지만 20세기 중후반을 지나면서 중국과는 비교할 수 없을 정도로 국력의 차이가 나게 되었다. 중국의 국제사회 진출과 개방정책으로 인해 타이완은 외교관계가 단절되고 국제사회의 외톨이로 남았다. 타이완 본성인은 민주화를 외쳤으며 장제스의 독재정치는 이들의 주요 공격 대상이었다. 이런 상황 속에서 중화민국 정부는 중정기념당을 건설하였다. 이 공간은 대륙 수복이라는 중화민국의 꿈과 이념을 대표한다. 국민당 정부는 자신들이 타이완을 점령하고 통치한 것에 정당성을 부여하려는 시도의 일환으로 중정기념당 건립을 추진했던 것이다.

중정기념당의 경관은 보는 이에게 강한 메시지를 남긴다. 이 메시지는 타이완의 정체성과 밀접하게 맞닿은 부분이다. 따라서 중정기념당의 경관을 변화시키는 것은 다양한 정체성과 신념 체계를 가지고 있는 타이완 인들에게는 매번 큰 논란거리였다. 경관을 어떻게 변화시킬 것인가를 놓고 다양한 이념적 이해관계가 충돌할 수밖에 없었다. 그렇기에 이 경관의 변화를 시대적 흐름에 따라 해석하다 보면 타이완 사회의 지배적인 정치·사회적 가치의 변화를 함께 읽어 낼 수 있다. 로즈(Rose, 2002)가 언급하였듯이 중정기념당의 역사는 관념의 물질화, 즉 강한 정치색을 띠고 있는 무형의 이데올로기를 경관이라는 물리적인 공간에 부여함으로써 이데올로기를 마치 눈에 보이는 유형의 것으로 만들고자 하는 과정의 투쟁으로 정의할 수 있다.

중정기념당의 장소성은 그곳에 세워진 장제스 동상의 방향과 몇몇 전시물을 통해 여실히 드러난다. 장제스 동상의 방향은 서북을 향하고 있어 중국 본토를 바라보고 있으며, 1층 전시실에는 장제스가 진먼 섬(金門島)에서 본토를 바라보는 대형 그림이 전시되어 있다. 이 그림은 전시실의 거대한 벽면을 차지하고 있는데 모순적이게도 그 웅장함에 비해 그림의 예술적 가치가 높아 보이지는 않았다. 아름답다는 인상을 받기도 어려웠고, 오히려 칙칙한 색채를 입힌 그림에서 무엇을 발견해야 할지 감을 잡기가 어려웠다. 이는 흔히 미술관에서 볼 수 있는 크고 화려한 액자에 담긴 그림과는 분명히 다른 것이었다.

단일 국가라는 공간 인식을 역사적으로 단 한 번도 가진 적이 없는 타이완 인들을 상대로, 그 땅에 새롭게 집권한 국민당 정권이 자신들의 권력에 정당성을 세우기 위해서는 이러한 장소가 꼭 필요했던 것은 아닐까. 여러 갈래로 분화된 타이완 인들이 단일 국가의 구성원으로서의 민족 정체성을 공유할 수 있도록 하는 기반을 장제스라는 국가수반에서 찾았을 것이라고 추측해 볼 수 있다. 나아가 중국 본토에 대한 열망을 국가적 목표로 삼아 타이완 인들을 하나로 결집하고 이를 거대한 그림으로 전시함으로써 중정기념당이라는 공간 자체를 정권의 프로파간다 도구로 사용했던 것일 수도 있다. 중정기념당은 중화민국의

그림 3.1.10 | 최전선 진먼 섬에서 본토를 바라보는 장제스(오른쪽)와 아들 장징궈(왼쪽)(중정기념당 1층)

대륙에 대한 꿈을 기록하는 일종의 증거 자료로서 역할을 하고 있는 것이다.

명목상 지금도 중화민국은 중화인민공화국이라는 존재를 인정하지 않고 있으며, 여전히 본토 수복을 기치로 삼고 있다. 대한민국이 헌법상 북한의 존재를 인정하지 않고 반국가 단체로 취급하는 것과 비슷하다. 지금도 중화민국은 공식적으로 베이징을 베이핑이라 부른다. 과거 중화민국 시기의 명칭이다. 하지만 시민들은 베이핑이라는 명칭을 잘 쓰지 않는다. 이처럼 대륙 수복이라는 국민당 정부의 비현실적인 시향과 타이완 민중들의 인식 사이에는 다소 괴리가 있다.

중정기념당을 답사하고 난 후, 국민당 정부가 기념관에 중국 본토에 대한 열망을 심은 함의는 과연 무엇이었을지 고민하게 되었다. 그 열망 속에 담긴 것은 대륙에 대한 미련이나 희망 같은 것이었을까, 혹은 이루어지지 않을 열망이라는 것을 알고 있음에도 불구하고 그것이 언젠가는 이루어 내야 할 국가적 숙원인 것처럼 대했던 것일까. 어쩌면 중정기념당은 국가 전체의 지향을 대표하는 장소가 아니라, 비현실적인 지향점을 국가의 중심

가치로 둠으로써 국민당 또는 외성인이라는 지배 세력의 입지를 공고히 하려는 공간으로서의 의미로 세워진 것이 아닐까 하는 생각이 들었다. 이 가정대로라면, 점차 와해되어 가는 국민당이 그들의 권력을 유지하고 지지 세력을 통합 및 선전하려는 의도에서 중정기념당을 만든 것이 아닐까.

(5) 장제스의 대중지정과 국민의 자유광장

중정기념당의 정문 가운데 현판에는 '자유광장'이라는 글씨가 새겨져 있다. 국민당 정부가 타이완을 통치하던 당시에는 여기에 '대중지정(大中至正)'이라는 문구가 새겨져 있었다고 한다. 이는 장제스의 또 다른 이름인 장중정(張中正)을 암시함과 동시에 중화민국의 사상, 즉 '중용을 지키는 것이 옳은 것이다'라는 철학을 담고 있다. 유교 문화권에서 현판은 공간을 구성하는 여러 요소 중에서도 큰 상징성을 지닌다. 현판에는 그 공간 전체가 가지는 정체성이 집약적으로 드러나기 때문이다. 당시 타이완의 최고 권력자였던 장제스는 자신의 권위를 건축물에 입힘과 동시에 자신의 정치적 이상을 드러내고자 이를 거대한 정문의 중앙 현판에 글씨로 새긴 것이다.

반면 장제스의 국민당이 중화민국을 집권한 지 무려 72년이 지난 후 정권 교체에 성공한 민주진보당은 2000년에 정권을 잡고 난 후 타이완에서 장제스의 흔적을 지우는 데 앞장섰다. 민주진보당의 천수이볜 총통이 당선된 이후 중정기념당의 이름을 타이완민주기념관으로 바꾸었고, 기존에 정문에 새겼던 대중지정이란 글귀도 현재의 자유광장으로 바꾸어 그들의 정치적 가치를 경관에 반영시키고자 했다. 중정기념당이 본래 이름을 되찾은 것은 국민당 재집권 이후인 2008년에 들어서이다.

자유광장의 장소적 이미지는 대규모 민주화 시위가 있었던 대륙의 톈안먼(天安門) 광장의 것과 오버랩 된다. 마침 우리가 답사한 날 저녁, 중정기념당 정문 앞에서는 홍콩에서 진행 중인 민주화 혁명(우산 혁명, Umbrella Revolution)을 지지하고 같이 연대하고자 하는 시위가 진행되고 있었다. 홍콩의 민주화 세력에 공감하는 시위대는 광장을 자유롭게 점유해 검정색 옷과 노란색 리본으로 드레스코드를 만들어서 자신들만의 통일된 경관을 형성하고 있었다. 우리는 시위대가 홍콩의 노래를 부르기도 하고 휴대전화 불빛을 흔들며 자신들의 정치적 입장을 비폭력적인 수단으로 표현하고 있는 것을 보았다. 이와 동시에 이 시위대들과 정치적 입장을 공유하는 타이완 핵발전소에 반대하는 시위대까지 동참해 자유광장에서 여러 세력이 함께 모여 목소리를 내는 모습을 볼 수 있었다.

『문화 장소 흔적』의 저자 존 앤더슨은 장소성을 "최초의 계획된 장소가 나타내는 의미에서 고정되는 것이 아니라 이후 여러 주체들의 장소에 대한 장소에서의 활동이 그 장소에 남긴 수많은 흔적의 지속적인 구성물"이라고 정의했다. 중정기념당의 경우 역시 장소성을 강화하거나 제거, 변화할 수 있는 지배 집단이 국민당으로 대표되는 보수 세력에서 민진당으로 대표되는 진보 세력으로 변화함에 따라, 이전의 지배 권력이 건설하고 유지해 온 공간 질서가 새로운 권력에 의해 재편성된 것으로 해석할 수 있다. 보수 세력과 진보 세

그림 3.1.11 | 중정기념당 정문

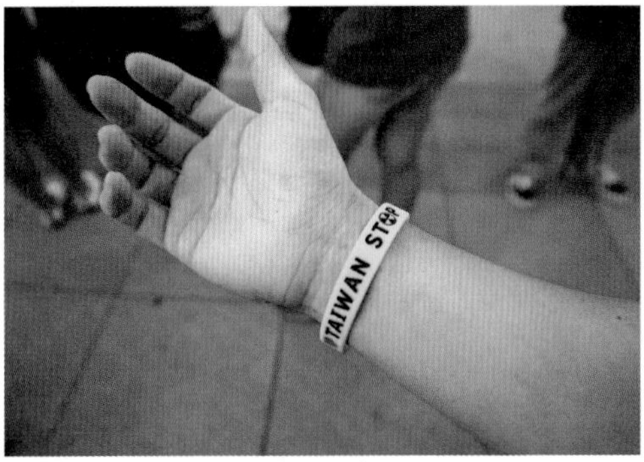

그림 3.1.12 | 핵발전 반대 시위 현장에서 시위대가 차고 있던 팔찌

력 간의 정치적 투쟁이 단순히 제도권 정치 안에서의 시대적 투쟁으로 그치는 것이 아니라, 제도 밖에 존재하는 사회의 구성물로서의 공간에서도 그들의 힘겨루기가 이어지기 때문이다.

민진당이 남긴 흔적은 이후 다시 정권을 되찾은 국민당에 의해 위협받았다. 국민당은 중정기념당이라는 이름을 부활시켰다. 그러나 '자유광장'이라는 현판은 그대로 두었다. 중정기념당은 부활하고 자유광장 현판은 남은 중정기념당의 경관 절충적 변화 양상은 장제스라는 통치자에 대한 사회적 평가와 맥을 같이한다. 현대 타이완 사회에서 장제스에 대한 평가는 이원적으로 존재한다. 정치적으로는 억압적인 1인 독재정치를 시행한 정권의 지도자라는 비판을 받지만, 동시에 타이완의 경제성장을 이뤄 낸 인물로 묘사되기도 한다. 그렇기 때문에 오랜 세월 중정기념당을 두고 이념의 줄다리기를 이어 온 끝에 만들어진 경관은, 어떤 세력도 이 싸움에서 승리를 차지했다고 말하기엔 다소 밋밋하지만, 타이완 사회 내에서 나름의 타협을 이뤄 낸 결과로 볼 수 있다.

경관의 장소성과 이념의 경합

사회적 경관의 장소성은 공간을 점유하는 사회집단 간의 상호작용이 축적되면서 구성된다. 우리는 2.28 평화기념공원과 중정기념당을 답사하면서 정치공간에서 나타나는 이념 경합의 결과로서 경관의 장소성이 어떤 양상을 통해 변화하는지 파악할 수 있었다. 우리는 두 공간에서 모두 시대적 흐름에 따라 정권을 잡은 정치 주체가 변화하자 그들이 가진 이념에 따라 공간의 장소성이 같은 맥락으로 변화하는 것을 발견했다.

먼저, 2.28 평화기념공원의 경우, 처음 이를 조성한 것은 당시 타이완을 식민 통치하고 있던 일본이었다. 일제는 이 공원의 이름을 '다이호쿠 공원'이라고 지었으며, 여기에는 식민지 정부 청사와 식민지 정부의 프로파간다 도구로 사용되었던 방송국–지금은 이 건물이 2.28 기념관으로 사용되고 있다–이 들어섰다. 그러나 일본이 타이완에서 물러나고 난 이후 정권을 잡은 국민당 정부는 일제 식민지 시대의 유물로서의 공원에 대한 이미지를 변화시키기 위해 공원의 이름을 '타이베이 신공원'으로 바꾸었고, 자신들의 정치 이념을 입히기 위해 쑨원 동상을 세웠다. 한편, 계엄령이 해제된 후 타이완의 민주주의 흐름을 타고 취임한 첫 본성인 출신의 총통 리덩후이는 타이완 본성인들의 억압받아 온 역사를 들춰내기 시작했고, 이 과정에서 2.28 사건이 처음으로 공론화되었다. 리덩후이 총통이 건립하고자 했던 2.28 사건 기념비를 놓고 사회적으로 큰 논쟁이 일었던 배경에는 기념비에 어떠한 정치색을 입히느냐에 따라서 2.28 사건에 대한 책임이 어떤 사회집단에게 가중되는지 결정되는 민감한 이슈가 있었다. 최종적으로 지금 2.28 평화기념공원이라는 공간은 2.28 사건을 추모하고 이를 반성한다는 사회적 함의를 강하게 담고 있는 공간으로 자리 잡았다.

중정기념당 역시 이념적 공간의 성격이 강하다. 집권 세력의 정치 성향에 따라서 국민당을 이끌었던 장제스에 대한 평가가 극명하게 달랐기 때문에, 그를 기리는 공간으로 세워진 중정기념당의 경관을 두고 다양한 논쟁이 오갔던 것이다. 우리는 거대한 장제스의 동상과 중국 본토에 대한 열망을 담은 기록화 등을 보면서 국민당 정권이 중정기념당을 건립한 정치적 함의에 대해 고민해 보았다. 우리가 실제로 답사에서 본 것은 중정기념당이 권위적인 공간적 이미지에서 벗어나 도심공원으로서 시민들의 생활의 일부로 자리 잡은 모습이었으며, 이는 극명하게 갈리는 이념적 스펙트럼 사이에서 적절한 사회적 합의를 이뤄 낸 것으로 풀이해 보았다.

그림 3.1.13 | 2.28 기념관 본관 옆에 있는 추사랑(追思廊, 추모하는 회랑)

이렇듯 우리는 2.28 평화기념공원과 중정기념당에서, 물리적 위치는 변화하지 않았으나 정치공간적 장소성은 타이완 정치사, 특히 권력의 흐름에 따라 여러 방향으로 재편되어 왔다는 것을 확인할 수 있었다. 정치경관의 변화는 정권의 이념을 강화하고 선전하려는 시도와 동반되었으며, 따라서 이러한 과정을 거쳐 부여된 공간의 장소성에는 공간 주체들 간의 갈등과 권력관계가 함축되어 있다고 해석할 수 있었다. 이는 비단 타이완만의 특수한 사례가 아니고, 타이완과 비슷하게 굴곡진 역사와 이를 바탕으로 형성된 서로 다른 성향의 사회집단이 공존하며 충돌하고 있는 한국의 경관 해석에서도 중요하게 고려되어야 할 접근 방식일 것이다.

References

▷ 논문

- 김민환, 2012, "동아시아 평화기념공원 형성과정 비교연구: 오키나와, 타이베이, 제주의 사례를 중심으로", 서울대학교 사회과학 대학원, 230-231.
- Chiung, W. V. T., 2001, "Language and ethnic identity in Taiwan", 7th Annual North American Taiwan Studies Conference, 1-7.
- Rose, M., 2002, "Landscape and labyrinths", Geoforum, 33, 455-467.
- Tzeng, Albert, 2009, "Taipei in a Day-Historical and Sociological Perspectives".

▷ 단행본

- 돈 미첼, 2011, 문화정치 문화전쟁: 비판적 문화지리학, 류제헌 외 옮김, 살림.
- 박진우 외, 2011, 함께 읽는 동아시아 근현대사 2, 창비.
- 이무용, 2005, 공간의 문화정치학, 논형.
- 존 앤더슨, 2013, 문화 장소 흔적: 문화지리로 세상 읽기, 이영민 옮김, 한울.
- 주완요, 2003, 타이완-아름다운 섬 슬픈 역사, 신구출판사.
- 허영섭, 2011, 대만, 어디에 있는가, 채륜.

▷ 언론 보도 및 홈페이지

- 동아일보, 2011.04.26, "타이완의 과열된 日지진성금 모으기, 왜?".
- 머니투데이, 2011.08.17, "무까끼하이' 일본어 같아 심의 불가 판정?".
- 미국 중앙정보국 홈페이지 https://www.cia.gov/
- 아시아경제, 2012.05.06, "타이완인들, 일본 좋아하고 한국 싫어하는 사연은?".
- The China Post(Taipei), 2012.02.29, "DPP questions former Premier Hau's 228 victim figures".

2

타이베이의 사회문화와 공간

손지학 · 양재석 · 방승현

타이베이의 사회문화의 공간으로는 어떤 곳들이 있을까? 타이베이에는 수많은 장소가 있는데, 제한된 시간으로 어디를 가야 타이베이의 사회문화를 가장 잘 설명하는 공간을 볼 수 있을까? 타이베이에서 제일 유명한 시먼딩(西門町)을 가면 타이베이의 사회문화를 알 수 있는 것일까? 아니면 중정기념당을 가면 알 수 있을까? 만약 장소를 선정하더라도, 타이베이의 사회문화의 공간을 이해한다는 것은 어떻게 하는 것일까? 다시 말해 타이베이의 사회문화의 공간을 연구한다는 것은 도대체 어떻게 하는 것일까?

이와 같은 질문에 대한 답을 찾기 전에 먼저 답을 구해야 하는 질문이 있다. 타이베이 한 도시가 아니라 도시 전반의 사회문화의 공간을 연구한다는 것은 어떻게 하는 것일까?

그렇기 때문에 이번 장에서는 타이베이의 사회문화의 공간에 대해서 이야기하기 전에, 도시의 사회문화와 공간에 대한 전반적인 논의를 먼저 다룰 것이다. 많은 학자들이 오랫동안 도시의 사회문화적 공간에 대해서 관심을 가져 왔다. 그리고 학자들은 근대 도시의 사회문화적 공간과 현대 도시의 사회문화적 공간의 두 가지로 나누어 각 시대별의 특징에 대해서 연구를 진행하였다. 그중에서도 특히 현대 도시의 사회문화적 공간에 대한 접근 방법으로는, 크게 도시의 사회적인 특성에 집중한 접근 방법과 문화적인 특성에 집중한

접근 방법이 있다.[1])

현대 도시의 사회문화적 공간에 대한 두 가지 접근 방법을 바탕으로, 타이베이의 사회문화적인 공간 두 곳에 대해서 이야기하고자 한다. 사회적인 특성에 집중하는 접근 방법을 통해서는 타이베이 게이 문화의 상징적인 장소인 2.28 평화기념공원에 대해서 이야기할 것이고, 문화적인 특성에 집중하는 접근 방법으로는 타이베이의 대표적인 예술촌인 보장암 예술촌(寶藏巖 藝術村)에 대해서 논할 것이다.

도시의 사회문화와 공간에 대한 이해[2])

도시는 도시에 거주하고 있는 수많은 사람들이 생활하면서 만드는 사회적·문화적 공간으로 구성되고 채워진다. 그러한 사회적·문화적 공간은 불변하는 것이 아니라, 시간의 흐름에 따라 끊임없이 창조되고 파괴되고 재구성되기를 반복하며 변화한다. 그러므로 사회문화의 공간은 시대에 따라 특징이 바뀌기 마련이어서, 도시를 사회문화적으로 설명하는 관점과 방법도 시대에 따라 바뀌게 된다.

도시가 구성하는 사회문화적 공간이 주목을 받기 시작한 것은 근대 도시가 발전하기 시작한 산업혁명 이후부터였다. 산업혁명 이전의 사회에도 상호 교류에 의해 발전된 도시들이 존재하였지만, 그 사회는 여전히 농촌에 기반을 두고 있었기 때문이다. 산업혁명 이후에야 도시가 사회 전체의 생산과 재생산을 주도하게 되었고, 이러한 현상은 공업 활동을 중심으로 한 자본주의의 축적 과정에 그 바탕을 두고 있었다. 따라서 자연스럽게 근대 도시의 사회문화적 공간은 산업화 과정과 대규모로 축적된 사회적 부, 또 그로 인해 새로 생

1) 김인 외, 2006, 도시해석, 푸른길, 192, 197.

2) 이 절은 기본적으로 위의 책 186-202쪽을 기반으로 서술됨.

겪난 근대적 문제들(예를 들어 자원 고갈, 환경문제 등)로 인해 창조되고 구성되었다.

근대 이후의 도시(현대 도시 또는 '포스트모던 도시'로도 불리는 도시)는 근대 시대에 겪었던 사회 환경과는 전혀 다른 환경을 맞이하게 되었다. 유연적인 생산 체계를 특징으로 갖는 탈산업화 혹은 탈공업화 현상은 도시에 경제적으로 새로운 모습의 공간을 창출하였다. 산업은 점차 최신 기술과 정보를 중요시하는 업종으로 전개되었고, 시민들은 다품종 소량 생산된 상품을 향유하게 되었다. 일원화된 가치가 강조되었던 근대와는 달리 다원화된 도시의 모습이 강조되었다. 그리고 도시의 모습들도 일률적인 모습을 갖기보다 점차 다른 도시들과는 다르게, 특이하게 변화하기 시작하였다. 앞서 이야기한 모든 새로운 변화들은 현대 도시의 사회문화적 공간을 근대와는 전혀 다르게 재구성하는 계기로 작동하였다.

• 현대 도시의 사회문화적 공간에 대한 이해 방법

현대 도시와 근대 도시의 특성은 매우 상이하기 때문에, 현대 도시의 공간을 설명하는 관점과 방법도 근대 도시 연구 방법과 상이하다. 근대 도시에 관한 연구는 주로 도시의 형성 과정과 기반, 자본주의가 도시에 어떻게 영향을 끼치고 그로 인해 공간이 어떻게 조직되는지 그 과정에 집중되었다. 반면, 현대 도시에 대한 연구는 현대 시기에 발견되기 시작한 유연적인 산업 활동, 상품의 소비 활동에 주목하였고, 또 도시 전체의 형성 과정보다는 좀 더 일상적인 주제에 집중하였다.

예를 들어, 20세기 근대 도시를 연구한 연구자들은 도시가 형성되는 과정과 결과에는 하나의 질서가 있다고 생각하였다. 버제스(Ernest W. Burgess)란 학자는 도시가 형성된 구조가 동심원 모형이라고 생각하고, 북미 도시의 도시 내부 구조와 도시의 성장 과정을 그 모형으로 설명하고자 하였다(그림 3.2.1).[3] 하지만 현대의 연구자들은 도시를 설명할 수 있는 하나의 질서가 있다는 생각은 구시대적이며 현대의 도시들을 설명하기에는 매우

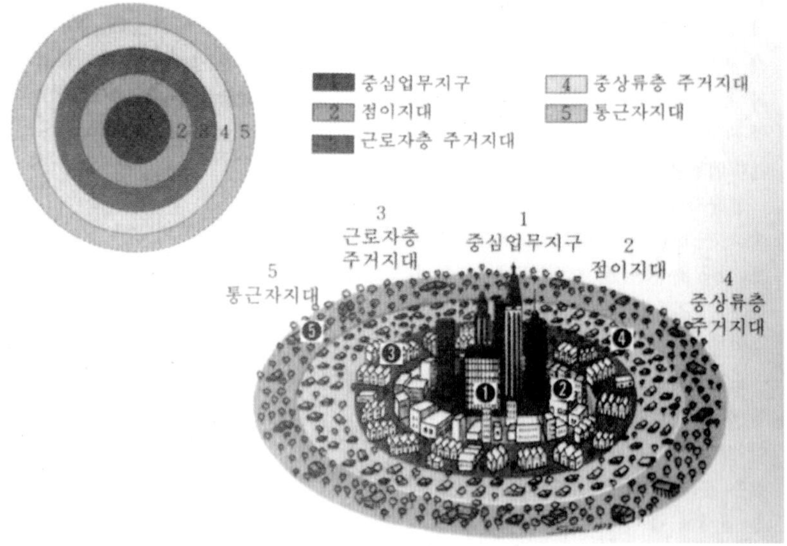

그림 3.2.1 | 동심원 모델 (출처 : 권용우 외, 2009)

부적합하다고 생각하였다. 왜냐하면 현대의 도시는 어떻게 보면 매우 무질서하고 이전 도시와는 전혀 다른 과정들에 의해 형성되고 있기 때문이다. 이런 점들 때문에 근대 도시 연구가 질서를 말할 수 있는 위계, 중심, 체계, 집중 등을 설명하는 데 집중한 것에 비해, 현대 도시 연구는 하나의 현상보다 차별화되고 여러 개의 현상, 분산된 현상, 다시 말해 개체 하나하나를 설명하는 데 집중하는 것에 특징이 있다.

현대 도시의 사회문화적 공간에 대한 연구도 같은 방향으로 변화되었다. 근대에는 도시에 살고 있는 사람들이 서로 비슷하고 동질적인 삶을 영유하였다. 근대 시민들은 동일한 시스템에서 움직이기를 강요받았고, 대량생산된 상품을 주로 사용하였다. 반면 현대 도시에서는 시민들이 매우 차별화된 생활양식을 갖게 되었다. 다양한 문화가 상호 교류되고

3) 권용우 외, 2009, 도시의 이해, 박영사, 175–176.

그림 3.2.2 | 다양한 집단으로 구성된 도시

다양한 출신의 집단들이 도시의 일부분을 점유함에 따라, 현대 도시의 공간들은 서로 같은 한 도시에 있음에도 불구하고 도시 곳곳마다 분절되어 변화하고 있다. 그렇기 때문에 현대 도시의 사회문화적 공간을 연구하는 학자들은 도시 공간의 다양화 그리고 분절화에 주목하고 있다.

현대 도시의 사회문화적 공간에 대한 연구 방법은 크게 사회적인 관점과 문화적인 관점으로 나누어 살펴볼 수 있다. 먼저, 현대 도시의 사회적인 공간에 관한 연구는 주로 도시 내에서 발생하는 여러 계층에 관하여 이루어졌다. 어느 연구자는 여러 집단 중에서도 '사회적으로 배제(social exclusion)'된 계층의 사람들의 삶에 대해서 관심을 가졌다. 어느 연구자는 왜 이렇게 계층이 분화되고 사회적으로 양극화가 점점 더 심화되는지에 대해 관심을 가졌다. 또 다른 연구자는 이렇게 양극화되고 분절된 도시의 계층들을 어떻게 통합시킬 수 있을까 논의하였다.

다른 한편으로, 현대 도시의 문화적인 공간에 관한 연구는 현대 도시에서 나타나는 '다양성'이라는 문화현상에 집중하여 이루어졌다. 어느 연구자는 도시의 문화적인 차이와 다양성을 '경관 연구'를 통해 해석하고 이해하고자 노력하였다. 또 다른 연구자는 도시가 다양한 문화 공간을 활용하여 새로운 문화를 창출하고 경쟁력을 확보하는 전략인 '문화 공간의 창출 전략'에 대해서 연구하였다.

지금까지 이야기한 현대 도시의 다양성과 분절성을 바탕으로 하여, 현대 동아시아의 주요 도시들 중 하나인 타이베이를 사회문화와 공간의 관점에서 바라볼 수 있을 것이다. 앞서 알아본 바와 같이, 현대 도시의 사회적인 공간을 바라보는 방법으로는 '사회적인 양극화', '사회적으로 배제된 계층', '분절된 계층들을 통합하는 방안' 등이 있고, 문화적인 공간을 바라보는 방법으로는 '경관 연구'와 '문화 공간의 창출 전략' 등이 있다. 이번 답사에서는 타이베이의 수많은 사회문화적 공간 중에서, 사회적인 공간으로는 '사회적으로 배제'된 게이 집단의 공간인 '2.28 평화기념공원'을, 문화적인 공간으로는 새로운 문화 공간을 창출하는 '보장암 예술촌'을 알아보았다.

아시아 게이 문화의 새로운 수도 : 2.28 평화기념공원

• 사회적 배제와 성소수자, 그리고 타이베이

(1) 빈곤과 사회적 배제

산업혁명 직후 이전과는 비교할 수 없을 정도의 고도성장을 경험한 인류는, 빈곤은 개인의 노력 부족에서 비롯되었기 때문에 개인이 최소한의 노력만 하면 쉽게 가난에서 벗어날 수 있을 것이라고 생각하였다. 하지만 시간이 지나도 빈곤의 문제는 해결되지 않고 오히려 양극화가 심해짐에 따라, 저소득층의 사람들이 지속적으로 노동을 해도 쉽사리 빈곤

계층에서 벗어날 수 없다는 현상을 발견하였다.

이에 따라 최근에는 빈곤문제를 더 이상 개인의 노력 문제가 아니라 사회구조적인 문제로 보아야 한다는 의견이 제기되어 이전과는 다른 접근이 이루어지고 있다. 전통적인 관점에서 빈곤은 '자원이 부족한 상태'를 의미하였다. 하지만 사회구조적인 관점은 빈곤을 '자원에 접근할 수 있는 기회가 배제된 상태'로 새롭게 해석하고 있다. 후자의 관점에서는 빈곤을 경제적인 부족 상태로만이 아니라 문화적·정치적·사회적·심리적으로 기회가 배제된 상태로 논하기 때문에, 좀 더 복합적인 관점에서 빈곤을 바라보는 것이라고 평가할 수 있다. 최근에는 빈곤을 '주류 사회로부터 단절된 상태'로 정의하는 '사회적 배제'의 논의가 보편화되고 있다.[4]

(2) 사회적 배제와 성소수자

최근 '사회적 배제'의 논의가 보편화됨에 따라 동성애에 관한 논의도 최근 들어 활발히 이루어질 수 있었다. '사회적 배제'가 중요한 개념으로 다루어지기 이전, 즉 전통적인 의미의 빈곤의 관점에서는 동성애문제가 사회구조적 연구의 대상으로 다루어질 수 없었다. 과거에 동성애는 치료의 대상이고 개인적인 문제로만 인식되었기 때문이다.

하지만 '사회적 배제'의 관점은 성소수자 커뮤니티가 도시 내에서 주류 사회로부터 사회적·규범적으로 단절된다는 점과, 주류 사회로 진입할 수 있는 기회가 배제되었다는 점에 주목하였다. 특히 사회문화적인 공간을 연구하는 학자들은 성소수자들만이 사용할 수 있는 장소 혹은 배제되는 장소 등에 대해서 큰 관심을 가졌다.

4) 김인 외, 앞의 책, 193-195.

(3) 타이베이와 성소수자의 공간

여타의 도시들과 마찬가지로 타이베이는 오랜 시간 동안 게이를 비롯한 성소수자들에게 매우 억압적인 도시였다. 권위주의 정치체제의 억압적 통치가 이루어지던 1980년대까지 타이베이에서 동성연애는 규범적으로 배제의 대상이었기 때문에 성소수자의 공간은 매우 제한적이고 음성적으로 존재할 수밖에 없었다. 이러한 억압적인 시기에 성소수자들의 문화적 피난처가 되어 온 곳들 중 가장 대표적인 장소가 타이완 중정 구의 2.28 평화공원이다.[5]

그런데 1980년대 후반 민주화와 개방으로 인해 타이베이가 사회적·경제적으로 변화함에 따라 성소수자들에 대해 관용적인 분위기가 조성되기 시작하였다. 타이베이에서는 2003년부터 '타이완 프라이드 축제'라는 아시아 최대 규모의 게이 퍼레이드가 매년 열리고, 타이완 국회는 2015년 동성 결혼 합법화를 적극적으로 검토하고 있다.[6]

이처럼 타이베이는 아시아에서 가장 성소수자의 인권이 존중받는 도시 중 하나로 발전하였고, 아시아 게이 문화의 새로운 수도라는 독특한 장소정체성을 만들어 가고 있다. 이에 따라 타이베이의 성소수자 공간은 1980년대처럼 음성적이고 제한적이지 않고, 주류 사회의 공간으로 확대되고 있는 추세이다.[7]

5) Tzeng, Albert, 2009, "Taipei in a Day: Historical-Sociological Perspectives", ISA CNA Conference of Taipei, 11.

6) Global Times, "Taiwan prepares same-sex partnership law", http://www.globaltimes.cn/content/932859.shtml (2015.11.03. 확인)

7) http://www.nytimes.com/2014/10/30/world/asia/taiwan-shines-as-beacon-for-gays-in-asia.html?smid=fb-share&_r=2 (2015.11.03. 확인)

• 사회적 배제와 성소수자, 그리고 2.28 평화기념공원

(1) 2.28 평화기념공원의 개요

2.28 평화기념공원은 1947년에 일어난 2.28 사건을 기리기 위해 조성된 공원이다. 2.28 사건은 중국 대륙에서 오래전에 이주해 온 '본성인' 출신들과 1940년대 전후 장제스의 국민당 정권과 함께 이주해 온 '외성인' 출신들 사이의 갈등에서 비롯된 사건이다. 당시 본성인은 타이완 인구의 85% 정도를, 외성인은 13%를 차지하고 있었다.[8)]

2.28 사건은 1947년 2월 27일 경찰이 시민들에게 발포하여 한 명이 사망하는 사건으로부터 시작되었다. 그다음 날인 2월 28일, 시민 한 명이 사망했다는 소식을 들은 시민들이 국민당 본부 앞에서 시위를 하기 시작하였다. 타이완 경비총사령관은 시민들의 시위를 무마하기 위해 타이베이에 계엄령을 선포하고 대대적인 진압을 실시하였다. 10여 일 정도 지속된 진압은 유혈적인 학살로 이어져 약 3만 명의 본성인이 사망 혹은 실종되었다고 한다.

2.28 사건은 1980년대 말부터 진상 규명이 시작되었고, 1997년에 타이완 정부가 공식적으로 사죄하였다. 같은 해 타이베이 중정기념당 주변에 2.28 사건을 기념하는 2.28 평화기념공원이 개장되었다.[9)]

살펴본 바와 같이 2.28 평화기념공원은 1947년에 일어난 2.28 사건을 명목적으로 기념하기 위해 만들어졌지만, 그렇게 만들어진 공원이 아시아 게이 문화의 대표적인 공간으로 발전한 것은 매우 흥미로운 사실이다. 타이베이 2.28 평화기념공원은 2003년부터 시작한 아시아 최대 규모의 게이 퍼레이드인 '타이완 프라이드 축제'의 출발점으로 정해질 만큼,[10)] 타이베이 게이 문화의 상징적인 공간으로 활용되고 있다. 어떻게 타이베이 2.28 평

---

8) 타이베이 시 공원 및 도로 등 관리처 홈페이지 http://www.pkl.gov.taipei (2015.11.03. 확인)

9) Martin, Fran, 2003, Situating Sexualities, Hong Kong University Press, 73-78.

10) http://www.nytimes.com/2014/10/30/world/asia/taiwan-shines-as-beacon-for-gays-in-asia.html?smid=fb-

그림 3.2.3 | 2.28 평화기념공원 전경 (출처 : https://ko.wikipedia.org/wiki/%EC%96%BC%EC%96%BC%EB%B0%94_%ED%8F%89%ED%99%94_%EA%B8%B0%EB%85%90%EA%B3%B5%EC%9B%90)

화기념공원이 게이 문화의 피난처로 사용되었는지를 알기 위해서는, 공원이 형성되기까지의 오랜 과정과 역사에 대해서 알아볼 필요가 있다.

(2) 정치적 중심지로서의 타이베이 중정 구 그리고 게이 문화의 피난처로서의 신공원

포르투갈에 의해 '포르모사'라고 처음 불리었던 타이완은 그후로도 계속해서 에스파냐, 청, 일본, 국민당 등 매우 성격이 다른 외부 세력의 통치하에 놓였다. 타이베이가 도시로 형성되기까지의 역사는 이렇게 지배 권력의 교체의 의해 크게 4가지 국면으로 나누어 볼 수 있다.[11] 즉, 19세기부터 청나라에서 이민해 온 정착민에 의한 초기 도시 형성, 일

share&_r=2, (2015.11.03. 확인)

11) Tzeng, Albert, 앞의 글, 1.

본의 식민 지배하의 근대화(1895~1945), 국민당의 강압적 독재정치하 다소간의 정체기(~1987), 그리고 1980년대 후반부터의 정치적 민주화와 더불어 나타난 급속한 사회 경제적 변화이다.[12]

18세기 초 처음 청으로부터 정착이 시작된 이후 이민자가 급속하게 늘어남에 따라, 원주민과 이민자 간뿐만 아니라 시기를 달리하여 정착하는 이민자 간에도 세력 다툼으로 인한 갈등이 발생하게 되었다. 초기 정착민들은 대개 본토와 교류가 편리한 해안가 등지에 자리를 잡았는데, 이에 따라 이들과의 관계에서 세력의 균형을 이룰 수 있는 타이완 북부의 전략적·경제적 중요성이 인식되었고, 1880년 대 초반 타이완의 북부를 의미하는 이름의 도시 타이베이가 청조에 의해서 형성되었다.[13]

1884년 도시가 완성될 당시에는 성벽으로 둘러쳐져 통치를 위한 기관과 종교적 중심지가 들어섰는데, 이 지역이 현재의 타이베이의 중정 구에 해당하며, 지금까지도 이 지역이 줄곧 정치적 중심지로 기능하는 시초가 되었다. 1895년부터 일본의 식민 지배가 이루어지기 이전까지는 이 도시 내부의 Grand Matsu Temple이라는 전통적인 사원이 도시 대문 밖의 여러 세력의 정치적 대화를 위한 중심지 역할을 하였지만, 그 외에는 도시 내부가 거의 비어 있는 공간이었다.[14]

그림 3.2.4 | 타이베이 2.28 평화기념공원

따라서 타이베이는 일본 식민 지배 세력이 본격적으로 통치기구를 위치시키고 식민지의 모범으로서 서구 양식을 따른 다양한 건

12) Tzeng, Albert, 앞의 글, 2-8.
13) 위의 글, 2-3.
14) 위의 글, 2-3.

축물을 건설하는 등 근대화 실험이 활발히 이루어지는 공간으로 선택되었고, 인구가 계속 하여 늘어남에 따라 도시의 외연을 넓혀 가면서 타이완의 정치적 중심지로서 입지를 강화해 나갔다. 일본 통치 세력의 여가를 위해 식민 통치기구 근처에 지어진 것이 1908년 최초의 근대적 서양식 공원인 '신공원'15)이었다.16)

이 공원은 도시의 중심지구에 거주하는 일본인으로 이용이 크게 제한되었지만, 도시의 중심에 위치하여 접근성이 좋고 잠재적인 고객들에게 인지될 수 있도록 충분히 노출된 장소였기에 '게이 랜드마크'로서 기능하기에 적절했다. 따라서 정확한 시기는 알 수 없으나, 1940년대 중반 이후부터 신공원은 어두워진 시간 동안 한시적으로 형성되는 성적 소수자들의 '만남의 장소'로서 지속적인 장소성을 형성하기 시작했다.17)

(3) 국민당의 집권과 게이 문화적 피난처로서의 신공원

제2차 세계대전에서 패전한 일본의 지배가 끝난 후 새로이 통치 세력으로 등장한 것은 중국 본토에서 공산당에게 쫓겨 도망쳐 온 장제스의 국민당 세력이었다. 국민당을 따라서 군인과 그들의 가족을 포함하여 대규모 이민자가 갑작스레 타이완으로 이주해 왔음에도 국민당은 중국을 수복하기 위한 목표를 버리지 않았고, 이에 따라 타이완은 아주 오랫동안 일시적인 체류지로서 여겨지고 이에 따라 도시는 정체 상태에 들어갔다.18)

그리하여 일본 통치 시기에 만들어진 건축물과 시설들을 그대로 국민당 통치기구를 위해 이용하게 되었고, 타이베이와 도시 내 중심지구의 정치적 중심성 역시 그대로 유지되었다.19) 타이베이의 외성인과 본성인의 작은 갈등에서 비롯되어 타이완 전역으로 퍼져

15) '신공원'은 당시에 이미 존재하던 '원산공원'과의 구별을 위해서 붙여진 이름이다. '2.28 평화기념공원'으로 개명된 것은 1996년에 들어와서이다.

16) Tzeng, Albert, 앞의 글, 3–4.

17) Martin, Fran, 앞의 책, 48–53.

18) Tzeng, Albert, 위의 글, 5–7.

나가 정권에 의한 무자비한 시민 학살을 낳은 2.28 사건은 장제스로 하여금 무력에 기반을 둔 통치를 해야 한다는 의식을 불러일으켰고, 이는 1987년 해제될 때까지 약 40년 동안 계엄령이 지속되는 계기가 되었다.[20)]

중국 본토 수복의 꿈을 가진 장제스에 의해 이루어진 무력 일당 독재는 가부장적 문화 풍토를 만들었고, 이는 지극히 이성애 중심적이었다. 따라서 이 시기에는 성소수자가 용인될 수 없었다. 게다가 신공원은 총통의 궁 및 각종 통치기구들과 수 분 내의 거리에 위치한 수도의 공적 공간으로서, 국가의 정체성을 재현하는 지정학적 상징성을 갖기에 대중의 출입이 제한되었으며, 더욱이 비규범적인 일탈 행위인 성소수자는 단속의 대상이었다.[21)]

그림 3.2.5 | 2.28 평화기념공원에서 산책하는 사람들

그럼에도 불구하고 신공원의 성적 소수자들을 위한 문화의 피난처로서의 장소성은 강화되어, 1960년대부터 신공원 주변의 카페, 다방, 옷가게, 음식점 등의 근린시설이 공원과 밀접하게 관련을 가지며 게이 네트워크 형성과 만남의 장으로서의 상생에 영향을 미치기 시작한다. 공원 내의 연못, 특정한 다리, 자리, 소로, 나무 등등이 여러 가지

19) Tzeng, Albert, 앞의 글, 5–7.

20) 타이완은 국민당에게 중국 본토 수복이 이루어지기 전까지 임시적으로 체류하는 곳이었기에, 일본 식민 지배 당시 시설물들이 이름만 바뀌어 유사한 목적으로 국민당 정권하에서도 이용된다. 총독 관저가 총통의 궁으로, 신공원의 라디오 방송국이 타이완 방송 회사로 이용된 사례 등등이 있다(Martin, Fran, 앞의 책, 50–51).

21) Martin, Fran, 위의 책, 53, 61–62, 68–69.

속어로 명명되어 게이들의 만남에 이용되는 표지 기능을 하였다.22)

(4) 게이 문화의 공간적 확산과 공간 이용의 계층적 분화

– 성적 소수자에 대한 법적 보호와 게이 문화 공간의 확산

장제스 사후 계엄령은 수년간 지속되었지만, 그의 아들 장징궈의 통치는 다소 덜 강압적이어서 민주주의 세력이 기반을 다질 수 있는 여지가 만들어졌다. 1987년에 계엄령이 해제되고 사회 각계각층에서 직접선거를 비롯한 각종 민주화 요구가 거세게 터져 나왔으며, 이러한 바탕에서 성적 소수자의 인권에 대한 목소리도 매우 커졌다. 또한 비록 억압적이었으나 장제스의 국민당 정권 시기에 타이완은 경제 부문에서 고도의 성장을 이루었고, 이러한 경제력을 바탕으로 타이베이 구석구석을 연결하는 각종 교통망을 건설하였다.23)

외연적으로 확장된 타이베이는 1980년대 교통망의 건설과 급증한 자본을 바탕으로 한 도시 개발을 통해서 탈집중화된 다핵적 도시 구조를 띠게 된다. 즉, 이전에는 정치적 중심지로서의 중정 구만이 중심성을 가졌다면, 이후로는 유흥과 소비의 공간으로 여겨지는 시먼(西門)이 있는 완화 구와 타이베이 101타워가 위치한 중심업무지구인 신의(信義) 지구, NTY 등등의 대학이 위치한 문화와 교육의 다안(大安) 지구 등등으로 도시 공간의 기능적 분화가 발생하였다.

게다가 성적 소수자를 보호하는 법안이 제정되고 시민들의 성소수자에 대한 관용적 분위기가 형성됨에 따라 더 이상 이성애-가부장제가 지배적이지 않게 되었다. 게이 문화도 더 이상 어두운 밤의 공원과 같이 비가시적인 곳에 한정될 필요가 없게 되었다. 도시에 여러 번화가가 생겼고 교통의 발달로 접근성이 증대된 결과, 사람들이 많이 모이는 곳이면 어디든 버젓이 게이들을 위한 공적 공간이 들어서게 되었다. 게이들은 이제 문화적 피난

22) Martin, Fran, 앞의 책, 51–53.

23) 위의 책, 74–77.

처가 아니라 스스로의 취향에 맞게 자유로이 문화를 향유할 공간을 찾는 것으로 양상이 변화하였다. 해외에서도 관광을 올 정도로 타이완 타이베이는 이제 성적 소수자들에게는 천국이 되었고, 이러한 추세는 게이들을 위한 공적 공간의 확산과 강화를 더욱 강화하게 되었다.24)

– 게이 공간의 계층적 분화

그런데 이러한 게이 문화의 향유 공간이 자본주의적 도시 공간의 사회적·경제적 논리와 결합됨에 따라 게이 공간에 다소간의 계층적 분화가 이루어지게 되었다. 게이를 위해 형성된 상업 공간은 누구에게나 개방되어 있지만, 개개인의 문화적·경제적 자본의 격차가 실제로는 게이들의 이용 공간의 분화를 야기하였다.

고급 문화와 많은 비용이 드는 공간은 비교적 문화적·경제적 지위가 낮은 이들에게는 사회적 거리를 형성하게 된다. 2.28 평화기념공원은 여전히 성적 소수자들의 만남의 장소로서 기능을 하고 있지만, 이러한 게이 공간의 계층적 분화의 결과 오늘날에는 경제력과 사회적 지위가 낮은 계층이 주로 모이는 공간이 되었다.

– 온라인 커뮤니티의 발달로 공원의 기능 약화

이렇게 2.28 평화기념공원의 게이 랜드마크로서의 중요성이 약화된 데에는 앞서 언급한 도시의 다핵구조화와 게이 공간의 확산이 원인으로 제시될 수 있지만, 그와 더불어 인터넷을 통한 온라인 커뮤니티의 발달이 중요한 역할을 했다고 할 수 있다. 날씨 등의 물리적인 상황에 구애받지 않아도 되며, 익명성이 더욱 잘 보장되기에 더욱 많은 사람들이 편리하게 정보를 교환할 수 있는 장이 가상공간에 확보되었기 때문이다.25)

24) 국립 타이완 대학교 학생 인터뷰 내용에 근거함.

25) 그러한 인터넷 공간의 예로는 "http://www.gaytaipei4u.com" 등이 있다.

온라인에 형성된 네트워크를 통해 정보를 얻은 이들은 더 이상 2.28 평화기념공원에 가지 않아도 다른 다양한 게이 공간에 모일 수 있는 방법을 알게 된 것이다. 이는 시먼딩 등 게이 공간이 밀집되어 있는 다른 장소를 강화하여 필연적으로 2.28 평화기념공원의 상대적 중요성을 약화시키게 되었다.

(5) 게이 문화의 성소로서의 2.28 평화기념공원

원래는 '신공원'이라 불렸던 이 공적 공간은 민주화 이후 2.28 사건을 추모하는 장소로서 개명되고 관련 기념물과 기념관이 건설되면서 공적으로 장소성이 재형성되었다. 또한 유동 인구가 많은 다른 게이 밀집 지역이 강화됨에 따라 게이 공간으로서의 기존 장소성은 상대적으로 약화되었다. 이에 따라 오랜 역사를 통해 존재해 왔던 게이 문화의 피난처로서의 장소성은 흔적으로 남았고, 10여 년을 이어 오는 타이완의 유명한 게이 퍼레이드가 2003년 이 공원을 그 첫 출발지로 했던 것처럼 이제는 게이 문화의 성소로서 상징되는 공간이 되었다.

시먼, 다안 등의 번화가에서 상업자본의 논리와 결합된 게이 공간은 계속해서 다양한 좋은 서비스를 제공하고 있어 게이 공간으로서의 장소성을 강화해 가고 있으며, 정보 교환의 장으로서 오프라인의 중요성은 새로운 커뮤니케이션 수단인 인터넷의 등장으로 빠른 속도로 감소해 가고 있다. 따라서 2.28 평화기념공원은 게이들의 만남의 장소로의 실질적인 기능은 계속 쇠퇴하고, 점점 상징성만 남아 일종의 게이 커뮤니티의 성소로만 인식될 것이라고 생각된다.

우리가 2.28 평화기념공원에 들렀을 때에는 아쉽게도 게이 문화를 발견할 수 있는 기회를 얻지 못했다. 게이라고 확인할 수 없는 타이완 사람들이 공원에서 산책하고 있었을 뿐이다.
2.28 평화기념공원을 안내해 준 가이드는 밤에 왔더라면 게이 커플들을 볼 수 있었을 것이라고 했다. 답사 일정 때문에 그러지 못한 것이 아쉽다.
2.28 평화기념공원은 성소수자들이 실질적으로 활용하는 공간이기보다 상징적인 공간으로 변화하고 있다고 참고문헌에서 읽었는데, 그 변화를 답사에서 직접 느낄 수 있는 기회였다고 생각한다.
공원 내의 연못, 다리, 나무, 도로 등이 과거 게이들이 만날 장소를 정할 때 사용되었다고 한다. 혹시 공원 내 나무나 다리 중에 게이 문화와 관련된 낙서가 있지는 않을까 해서 찾아보았지만, 이것 역시 아쉽게도 보이지 않았다.

도시 문화 공간의 창출 : 보장암 예술촌

앞에서 이야기한 대로 문화적 관점에서 타이베이의 사회문화적 공간에 접근하는 방법으로 우리가 관심을 가진 분야는 크게 '경관'과 '문화 공간의 창출' 현상이다. 그중에서도 '문화 공간의 창출' 현상은 현대의 도시들이 스스로를 다른 도시와 차별화하기 위해 사용하는 전략으로, 나만이 갖고 있는 문화 이미지를 생산하려는 시도를 의미한다.[26]

'문화 공간의 창출' 현상의 대표적인 사례로는 타이완 타이베이의 남쪽에 위치한 보장암 예술촌을 꼽을 수 있을 것이다. 보장암(寶藏巖)은 타이베이 시 중부 지역에 단수이 강을 따라 위치해 있는 곳이다. 언덕에 가까운 산지에 낡고 아담한 집들이 옹기종기 모여 있고, 구불구불한 골목과 계단이 집과 집 사이를 잇는다. 자연 지형에 인간이 적응하여 형성된 촌락의 모습이 드러난다. 최근에 '보장암 국제 예술촌'을 조성하여 예술가를 위한 작업실을 개방하면서, 특수한 문화 관광지로서 타이완 인들과 외국인 관광객들에게 인기를 얻고 있다.

그렇다면 현대 도시들은 왜 이러한 전략을 취하는 것일까? 그리고 타이베이의 보장암 예술촌은 어떤 방식을 통하여 문화 공간을 창출하고 있을까?

• 도시 내의 문화 공간 창출

현대 사회의 큰 특징 중의 하나는, 경제의 세계화가 급속하게 진행되면서 세계가 무한 경쟁 체제로 돌입하였다는 것이다. 예를 들어, 예전에는 사업을 할 때 한 국가 내에서 같은 국적의 기업들과 경쟁을 펼쳤다면, 이제는 전 세계의 기업들과 경쟁을 하는 시대가 되었다. 다시 말해, 경쟁의 스케일이 커진 것이다. 도시들 간의 경쟁 또한 같은 방향으로 스케

26) 김인 외, 앞의 책, 198-199.

일이 커지고 있다. 글로벌 시대의 정보기술의 발전에 따라 도시들은 서로의 생존을 위해 세계 곳곳의 도시들과 끊임없는 경쟁을 펼치고 있다. 서울은 몇 십 년 전까지만 해도 대한민국의 도시들과의 경쟁에서 우위를 가지면 되었지만, 이제는 뉴욕, 도쿄, 베이징, 타이베이 등등의 도시들과의 싸움에서 경쟁력을 가져야만 한다.

또 다른 현대 사회의 특징은, 근대 경제를 담당했던 제조업의 중요성이 약화되고 '문화산업'의 중요성이 점차 대두되고 있다는 점이다. 한 도시로 여행 오는 관광객들의 수는 한 도시의 경쟁력을 판단하는 기준들 중 하나가 되었다. 또 K-Pop 문화가 동아시아 국가에서 유행하는 것이 완제품을 수출하는 것보다 더 큰 파급력을 가질 수 있다. 이렇듯 현대 사회가 후기 산업 시대, 정보화 시대로 들어감에 따라 도시의 새로운 성장 동력으로 문화 산업이 각광을 받고 있다.

각 국가나 도시들은 도시의 경쟁력 강화와 활성화를 위해, 기발하면서 다양하고 독창적인 문화 창출 전략들을 내놓고 있다. 지금 이 순간에도 어느 한 도시는 자신만이 갖고 있는 고유한 무기를 개발하여 다른 도시들과는 다른 문화를 창출하고자 노력하고 있다. 여기에서는 역사와 문화를 수단으로 삼아, 특히 기존 도시나 장소의 부정적 이미지를 극복하고 새로운 이미지를 창출하는 것이 중요한 목표다. 이를 통해 도시 경제의 활성화를 도모하고 지역 주민의 사회적 통합을 이루려는 것이다.27)

이러한 도시 개발 전략은 미국의 '도시선전주의(city boosterism)'에서 출발했다. 도시선전주의는 예술을 도시 판촉의 수단으로 활용하는 것으로, 이후 미국뿐만 아니라 유럽 등 각지의 도시들에서 도시 개발 전략으로 활용되고 있다. 도시를 하나의 상품으로 인식하여 도시의 장점을 부각시킨 도시의 이미지를 선전함으로써 기업과 자본, 투자와 관광객, 이주자 및 기타 방문객 등을 도시 내로 유인하고자 도시를 포장하고 선전하는 것이다.

27) 김인 외, 앞의 책, 199.

특히 부동산의 자산 가치를 높이는 데 중점을 둔다. 이런 과정에서 도시를 실체와 달리 과대 포장한다는 윤리적 비판이 제기되기도 한다.[28)]

이 도시선전주의에서 시작된 '문화 공간 창출', 다른 말로 하면 '도시 마케팅' 개념은, 내 장소가 남의 장소와 다른 점을 통해 매력을 어필한다는 점에서 일종의 차별화 전략이다. 따라서 개별 도시들 고유의 사회적·경제적 맥락에 따라 그 양상이 각기 다르다. 공통적인 특징으로는 앞서 설명했듯, 장소를 하나의 상품으로 인식하고 기존 장소의 부정적인 이미지를 탈피하며 기업가와 관광객은 물론 현지 주민들에게 매력적으로 인식되도록 상품 가치를 상승시켜 지역 경제를 활성화하려는 점이 있다. 이 작업 과정에는 여러 공공 단체와 민간 주체가 개입하며, 서로 아주 긴밀히 협력하는 관계로 이루어져 있다.

한국의 여러 도시가 해마다 각종 문화 축제와 스포츠 행사를 개최하는 것은 이 '문화 공간의 창출' 작업의 일환이다. 화천 산천어 축제, 함평 나비 축제, 보령 머드 축제 등 여러 도시가 자신만의 것을 축제로 승화시켜 도시의 브랜드를 강화하고 있다. 물론 축제와 행사만이 도시 마케팅의 방법은 아니다. 도시는 문화의 거리, 문화예술지구 등을 조성하기도 하고, 사이버 공간상의 다양한 수단을 동원하기도 한다.

· 타이베이의 문화 공간 창출 노력

이러한 도시 마케팅의 트렌드에 맞추어 타이베이에서도 관련된 움직임이 일어났다. 그 선두에는 타이베이 시장이었던 마잉주(馬英九)의 노력과, 이를 정책적으로 뒷받침하며 실무를 지휘한 룽잉타이(龍應台) 타이베이 시 문화국장의 기여가 있었다고 평가된다. 소설가 출신의 룽잉타이는 1999년 11월에 타이베이 시 최초로 개설된 3년 임기의 '문화국' 국장에 취임했다. 그녀는 취임 직후 '문화 타이베이'를 향한 네트워크 구축을 추진했다. '문

28) 김인 외, 앞의 책, 199.

화 타이베이 좌담회 시리즈'를 개최하여 타이완 내 문화예술계 인사들은 물론, 관련 학계와 시민사회, 관료들, 국외의 관련 전문가들과 소통했다. 또한 '문화 타이베이' 플랜을 확정하기 위한 의견 교환 및 여론 수렴 작업을 진행하여, 문화예술가 및 시민의 주체적인 참여와 활동을 유도했다.

이러한 담론의 형성과 확산 과정은 문화예술 분야에 있어서 휴먼웨어와 소프트웨어의 개발과 구축에 절대적인 역할을 담당했다. 이어서 룽잉타이 문화국장은 하드웨어의 조성에 착수했다. 특히 허물고 부수는 '토건식' 문화 공간 창출이 아니라, 기존 건물이나 지역을 개조하여 창조적인 문화 공간으로 재탄생하도록 유도했다. 대표적인 사례가 URS로, 타이완 내 다양한 근현대의 역사적 유적들을 철거하거나 새롭게 활용을 하기보다는, 그대로 보존하면서 예술적 가공이나 증강을 통해 관광자원으로서의 가치를 높였다.

이렇게 창출된 문화 공간들에는 타이베이 아트빌리지, 화산(華山) 창의문화공원, 고령가 소극장, 보장암 예술촌 등이 있다. 타이베이 아트빌리지는 원래 시청 건물로 쓰이던 것을 예술가들의 국제적 교류의 공간으로 변모시킨 것이다. 레지던스 공간으로 개조하여 주거형 스튜디오와 전시 공간이 갖추어져 있다. 문화예술가들이 직접 제안한 프로그램을 주축으로 오픈 스튜디오, 전시 및 공연 등 다양한 이벤트, 워크숍, 입주 작가들의 창작 활동 지원, 타이베이의 문화 일정과 같은 문화예술 전반의 정보 제공, 시민 참여 유도 및 전문적인 가이드 지원을 위한 프로그램 등을 진행하고 있다. 특히 문화예술에 관한 전반적인 네트워크가 잘 조성되어 있고, 예술가들이 창작 활동을 하는 데 필요한 다양한 장르의 장비도 잘 갖춰져 있다. 이를 잘 활용하기 위한 시설 운영과 전문가와의 협력 체계가 정책 차원에서 이뤄지고 있는 점도 유의할 만하다.

화산 창의문화공원은 오래된 전통주 주조 공장을 예술가 활동과 지역 주민 예술 복지를 위한 공간으로 개조한 것이다. 전문 예술인을 대상으로 한 프로그램과 일반 대중을 대상으로 한 프로그램이 병행된다.

고령가 소극장은 원래 일제강점기에 건축된 경찰서 건물을 소극장으로 개조한 것이다. 사무 공간, 전시 공간에 극장이 설치되어 있다. 실험극 위주의 연극이나 퍼포먼스 등이 활발하게 공연되고 있으며, 근처 지역의 문화 공간이자 문화예술 정보 제공처로서 주민들의 많은 사랑을 받고 있다.

보장암은 1950년대부터 형성된 빈민촌이다. 일본이 패망하고 공산당에 패한 국민당이 타이완으로 이전한 후 타이베이를 중심으로 대도시가 형성되었고, 산업과 자본, 권력이 타이베이로 집중됨에 따라 형성된 이 지역을 문화적으로 재개발하는 작업이 타이베이 시 정부와 민간단체를 중심으로 진행되었다. GAPP(Global Artivists Participation Project)로 명명된 민간조직은 '문화행동가(Artivist: Art + activist의 결합어)'라는 신조어를 탄생시키면서 보장암 재개발 프로젝트를 진행했다. 이들은 도시의 문화적 재구축 운동을 전개하며 기존의 낡은 건물들을 전면적으로 허물어 버리는 대신, 지역의 독자적 역사와 문화에 주목하여 리모델링 작업에 착수했다. 특히 거주민들과 함께하는 작업을 출범 초기에 진행했다. 지역의 역사에 대한 고찰, 이에 관한 사진 전시회 개최, 지역민이 직접 참여하는 연극 공연의 조직, 다양한 퍼포먼스의 진행, 생태공원과 생태집의 조성, 공동 농장의 조성, 예술가들의 거주 공간 조성, 주민의 공동 공간과 촬영 작업실 조성, 지속 가능한 창조적 공간 조성을 위한 국제경험교류공작센터의 개설 등이 그것이다. 거주민들의 적극적 참여를 유도하는 작업에 문화예술이 적극 활용되었고, 이를 통해 다시 문화예술 공간이 창출되는 선순환 구조의 재개발 작업이 이루어졌다는 점에서 국제적으로도 많은 주목을 받았다.

• 발터 벤야민의 인문학적 도시

세상의 문화 공간을 해석하는 방법에는 여러 가지 이론이 있다. 그중에서 보장암 예술촌과 같이 과거의 역사 흔적들을 재해석하고 그 위에서 새로운 문화적 이미지를 창출하는 문화 공간을 해석하기에는 독일의 철학자 발터 벤야민(Walter Benjamin)의 '인문학적 도시' 이론이 적합하다.

벤야민은 대중 예술을 연구하고 '아우라(Aura)'라는 개념을 주장한 학자다. 그가 주장한 아우라란, 일회적으로 현존하는 어느 미술 작품이나 사물 등에 대해서 인간이 자신의 주체를 잊을 만큼 침잠하는 상태를 의미한다. 그래서 아우라란 '설령 그것을 불러일으키는 것이 아무리 가까이 있다 할지라도 멀리 있는 것의 현상'이라고 벤야민은 평가했다. 그것은 인간이 자신으로부터 벗어나서 사물로 들어가기 때문이고, 다시 말하면 아우라에서 사물은 우리를 자기 것으로 만들기 때문이다. 그래서 아우라의 상태에서 인간은 바람직하게 사물을 현전할 수 없다고 벤야민은 생각했다.29)

이를 통해 볼 때, 도시의 흔적들을 소거하고 새로운 것들로 채우는 도시 재개발 또한 아우라를 양산하는 것과 같다. 이런 종류의 도시 재개발은 흔적들을 제거한다는 점에서, 인간의 삶에 대한 배려 없이 단지 겉보기에 아름답게 만들려는 작업이기 때문이다. 도시 재개발은 원래 존재하던 흔적들을 강제적으로 망각시키고 그 빈자리에 아우라를 강제적으로 주입시킨다.30) 그러므로 강제적으로 침잠된 도시민들에게 주체란 가능할 수가 없다.

이와 같은 문제를 해결하기 위한 대안은 '흔적'에 있다. 흔적은 다른 도시 부흥과는 달리 인간이 직접 만들었다는 점에서, 우리가 사물을 소유하는 방식이고 벤야민이 말한 것에 따르면 '사물이 우리의 삶 속으로 침투'하게 하는 방식이다.31)

인간이 사물에 의해 침잠되지 않고 사물에 대해 판단할 수 있다는 점에서, 인간은 아우라가 주입되지 않고 흔적이 남아 있는 도시에서 주체적으로 사고할 수 있다. 그리고 더 나아가 인간은 도시에서 흔적을 찾으면서 그 흔적으로부터 체험할 수 있다.32) 다시 말하면

---

29) 발터 벤야민, 2006, 아케이드 프로젝트, 조형준 옮김, 새물결, 536.

30) 심혜련, 2008, "도시 공간과 흔적 그리고 산책자", 시대와 철학 19(3), 106.

31) 발터 벤야민, 앞의 책, 536.

32) 김소라 · 이병민, 2014, "산업유산 활용 사례를 통해 본 인문학적 도시 재생 방향 모색", 문화역사지리 26(1), 71.

인간은 일상적으로 그리고 무의지적으로 경험하는 익숙한 것으로부터 벗어나, 예술과 문화 프로그램과 같은 것으로부터 비일상적이고도 의지적인 체험을 할 수 있다.33)

이를 바탕으로 인문학적인 도시의 모델을 상정할 수 있다. 인문학적 도시는 아우라가 아닌 흔적을 바탕으로 인간이 주체적으로 사물을 받아들이고 체험함을 통하여, 추상적으로만 존재하던 공간에 장소성을 부여하는 것을 의미한다.34) 그렇다면 보장암 예술촌은 인문학적 도시의 관점에서 어떻게 해석될 수 있을까? 다음에서는 보장암 예술촌을 크게 흔적, 주체, 체험으로 나누어 설명한다.

· 보장암 예술촌의 흔적

보장암은 공산당에게 패한 후 중국 대륙에서 타이완으로 건너온 국민당 군인들이 산 주위에 건설한 촌락이었다. 당시 군인들은 정부의 아무런 지원도 없고 건설기계나 전문기술도 없이 직접 손으로 촌락을 만들었기 때문에, 보장암 촌락의 건축물 구조와 생김새는 건축학적으로 조악한 형태를 띠고 있었다. 화장실도 없을 만큼 매우 좁게 설계된 건물들과 주변 하천에서 직접 가져온 돌들로 만든 독특한 집들은 현재까지도 남아 있다. 거기에 산지의 경사 지형이 더해지며 더욱 좁은 마을 양상을 보인다. 어느 집의 지붕이 다른 집의 마당이 되기도 하고, 사람 두세 명이 겨우 통과할 정도의 골목도 있다. 군인들이 만든 이 마을은 곧 빈민들의 공간이 되었다. 타이완이 산업화와 도시화를 거치며 타이베이에 새로 유입된 사람들 중 도시 내에 제대로 된 주거 공간을 확보하지 못한 사람들이 이곳 보장암에 정착하였다.

그런데 보장암 주변이 1990년대 타이완 정부에 의해 그린벨트로 지정됨에 따라 기존의 공간 양상에 변화가 일어났다. 많은 집이 사라지고 거주민들은 강제적으로 이주되는 등의

33) 홍준기 외, 2007, 발터 벤야민 모더니티와 도시, 라움, 536.

34) 김소라 · 이병민, 앞의 글.

그림 3.2.6 | 보장암 예술촌 전경

일이 발생하면서, 한국의 달동네와 유사한 도시 내 슬럼으로서 보장암의 장소성은 크게 약화되었다. 그렇게 인간들의 생활 공간으로서는 침체되어 가던 보장암은, 2000년대에 새롭게 예술촌으로 지정된 후 촌락 곳곳에 공공 미술을 설치하여 도시 문화의 중심지로 다시 각광받고 있다. 주변에서 가져온 돌과 시멘트로 만들어져 단순했던 벽면에는 벽화가 그려졌다. 4인 이상 가구에게는 좁았던 집들이 독립된 개인의 공간을 찾는 예술인들에게는 적당한 크기의 거처가 되었다. 타이베이 시 정부는 타이완 인 예술가들뿐만 아니라 외국의 예술가들에게도 보장암의 공간을 임대해 주었고, 각국의 예술인들이 모여 각자의 작업을 하며 서로 교류하는 예술인촌이 형성되었다. 이렇게 예술인촌으로 탈바꿈한 보장암은 타이완의 젊은 연인들을 중심으로 소소하고도 운치 있는 관광지로 인기를 끌고 있다. 특히 마을 형성 당시의 자연적·경제적 한계로 인한 좁은 공간들이 오히려 관광객들에게는 아기자기함으로 어필하여 그곳에서 예쁜 벽화들을 배경으로 사진을 남기는 관광이 이루어지고 있다.

이렇게 현재에 이르게 된 보장암 예술촌은, 짧지 않은 그곳의 역사 중에서 발견할 수 있는 세 가지 흔적들을 활용하여 인문학적 도시 재생을 실시한 사례라고 볼 수 있다. 첫째는 군인들이 수작업으로 건설한 촌락의 흔적이다. 쉽게 구할 수 있는 재료인 시멘트와 주변 하천의 돌들로 지어진 건물들은 단조로운 회색빛을 띤다. 좁은 공간에 다닥다닥 지은 탓에 건물들의 실내도 대체로 좁다. 보장암 예술촌은 이러한 건물들을 새로 짓지 않고 그대로 유지하며 예술가의 스튜디오로 활용했다. 그렇게 함으로써 도시 산책자들이 걸으면서 군인들과 그 이후의 이주자들이 형성한 보장암 초창기의 역사를 떠올리고 체험할 수 있도록 하고 있다.

둘째는 정부에 의해서 강제적으로 철거되어 남은 폐허의 흔적이다. 보장암 예술촌은 1990년대에 부서진 건물들의 터를 의도적으로 그대로 유지하고 있다. 이것은 그린벨트로 지정된 뒤 예술촌으로 다시 지정되기 전까지 거주민들이 정부를 상대로 강렬히 저항했던 흔적이다. 보장암 예술촌은 이 흔적을 마저 철거하지 않고 그대로 남겨둠으로써 관람자들에게 꾸민 모습이 아닌 진솔한 공간으로 다가간다.

마지막으로는 공공 미술의 흔적이다. 보장암 예술촌에 상주하고 있는 미술가들에 의해 예술촌 곳곳에 공공 미술이 설치되었다. 골목골목의 벽들에 이런저런 벽화가 그려져 있고, 간단하게 채색 정도로 꾸민 곳도 많다. 어느 정도 크기가 되는 몇몇 건물에는 거주 예술인들의 작품을 모아 전시 및 판매도 한다. 관광객들이 자주 찾는 이것들은 경제적 효과를 야기하며, 도시 문화의 흔적을 활용하여 도시 부흥을 하기 위한 것으로 평가될 수 있다.

이렇게 보장암 예술촌에는 몇 십 년간 군인들에 의해 건설된 흔적과 정부의 방침에 의해서 파괴된 흔적, 그리고 예술촌으로 지정되고 난 후의 문화의 흔적이 공존하고 있다. 수많은 관람객은 이 흔적들을 통하여 과거의 역사를 현재에도 발견하는 체험을 할 수 있다.

• 보장암 예술촌의 주체

문화 영역에서의 도시 개발 전략에는 문화를 체험하는 주체가 중시된다. 도시 개발은 새로운 경제적 이익을 얻기 위함이고, 이 이익은 관광객들의 문화 체험을 위한 소비에서 파생되기 때문이다. 벤야민의 인문학적 도시 관점에서도 사람들이 주체로서 대상 도시와 맺는 관계가 강조된다. 이런 점에서 보장암 예술촌은 이곳을 대하는 주체들의 관점에서도 파악해 볼 만하다.

보장암은 예술촌이 되기 이전까지는 단순한 마을이었기 때문에, 체험을 하는 주체가 생길 수는 없었다. 하지만 보장암 촌락의 흔적을 활용한 예술촌으로서 도시 부흥이 시작되면서, 체험을 하는 여러 주체가 생길 수 있는 배경이 형성되었다.

먼저 보장암 예술촌의 형성에 관여한 행위자들을 살펴보자. 보장암 예술촌은 타이베이 시 문화 담당 부처에서 계획을 수립하고, 보장암 예술촌 시행청(THAV's Operation Center)의 주도하에 공사를 진행하는 등, 도시 부흥 초기에는 하향식(top-down)으로 사업이 이루어졌다. 기초 공사가 완성된 현재는 타이베이 시 문화부 산하 Artist-in-Residence Taipei(AIR)에서 관리를 맡아 보장암 예술촌 홈페이지 운영, 프로그램 관리, 예술가 관리, 홍보 등의 주요 업무를 하고 있다.

이와 같이 개장까지 정부 차원에서의 도시 부흥이 진행되었고, 개장 이후에도 시설물 관리 차원에서 정부의 역할은 여전히 중요하다. 그러나 보장암 예술촌에서 이용객들이 체험할 수 있는 프로그램을 제작하는 실질적인 주체는 현재도 보장암 예술촌에 주거하고 있는 두 그룹의 거주자들이다. 첫 번째 주체는 타이베이 시의 퇴거 요청을 거부하고 잔류하여 촌락이 생겨난 때부터 현재까지도 살고 있는 22가구의 주민들이고, 두 번째 주체는 보장암 촌락이 리모델링된 후에 경제적인 이점 때문에 새로 들어온 예술가들이다. 보장암 예술촌에는 현재 타이완 인 예술가와 외국인 예술가를 포함하여 총 32명의 예술가가 주거하고 있으며, 타이완 인의 경우 최대 6개월, 외국인의 경우 2개월의 기간 동안 스튜디오를 무상으로 사용할 수 있다.

주거한 기간의 차원에서 큰 시간적인 격차를 보이는 두 그룹은 이용자들에게 제공할 프로그램 또한 차이를 보일 것이라고 생각되기 쉽지만, 노령화된 잔류 주민들과 새로 들어온 젊은 예술가들은 서로 교류하면서 지역사회가 건전한 지역성을 성취할 수 있도록 노력하고 있다. 그 결과 예술가들이 잔류 주민들의 경험을 듣고 지역사회를 예술화한 작품들이 존재하게 되었고, 이것이 타이베이의 다른 예술촌과 구분되는 보장암 예술촌의 특징이 되었다.

• 보장암 예술촌 체험

AIR은 보장암 예술촌과 타이베이 국제 예술촌을 동시에 관리하면서 예술촌 내의 행사와 예술 프로그램을 운영하고 있다. 두 예술촌은 타이완의 예술가들과 외국의 예술가들이 제작한 미술 작품을 전시하는 행사를 체험할 수 있다는 점에서 공통점이 있다. 그리고 두 예술촌 모두 관람자들이 숙박할 수 있는 호스텔이 마련되어 있어, 예술촌에서 생활하는 체험 또한 제공하고 있다. 하지만 타이베이 국제 예술촌과 비교되는 보장암 예술촌만이 가지고 있는 체험은 크게 두 가지로 나눌 수 있다.

첫째는 지역 역사를 강조한 예술문화 체험이다. 체험 프로그램의 경우 타이베이 국제 예술촌은 각 예술가들의 고유의 개성을 담은 작품을 강조하는 반면, 보장암 예술촌은 지역 역사를 내포하고 있는 예술품을 강조하는 경향이 있다. 타이베이 국제 예술촌의 전시는 개별 예술가들의 개성과 특징을 보여 주는 방향으로 구성된다. 반면 보장암 예술촌에서는 전시의 기획이나 작품 설명에 있어 보장암 역사와의 관계에 신경을 쓰고 있다. 2014년 11월에 기획된 프로그램인 'The Seed of my Hometown'과 보장암 예술촌에서 상시적으로 상영하고 있는 보장암의 역사 다큐멘터리가 그러한 사례로, 이 프로그램과 다큐멘터리는 보장암의 역사를 관람자들이 체험할 수 있도록 하고 있다.

둘째는 개방된 예술촌에 의한 체험이다. 하나의 건물에 예술촌을 만든 타이베이 국제 예술촌은 1년에 두 번 명시된 날짜에만 미술가들의 스튜디오가 있는 2층과 3층 건물들을 견학할 수 있고, 그 외의 날에는 관람자들이 체험하는 것이 제한된다. 하지만 촌락에 형성된 보장암 예술촌의 경우, 관람자들이 직접 예술가들과 스튜디오 앞에서 소통할 수 있을 뿐 아니라 공방에서 미술 작품을 살 수도 있는 공간이 제공되어 있다. 실제로 우리는 당시 보장암에 거주하고 있던 일본인 예술가를 만날 수 있었다. 일행 중에 일본어가 유창한 친구가 있어서 꽤 심도 있는 대화도 나눌 수 있었다. 타이완 내 다른 예술촌들과의 비교에 관한 정보는 이 만남을 통해 얻은 것이다. 그 일본인 예술가는 대화뿐만 아니라 자신의 공방에도 데려가 주었다. 보장암 예술촌에서는 예술가들에게 다가가는 것도 크게 어렵지 않다. 지나가는 젊은 사람들 중에 사진기를 들고 있지 않은 사람이 바로 예술가라고 보면 된다.

나가며

지금까지 타이베이의 현대적 사회문화적인 특성을 중심으로, 게이 문화의 상징적인 장소인 2.28 평화기념공원과 대표적인 예술촌인 보장암 예술촌에 대해서 살펴보았다. 2.28 평화기념공원은 사회적으로 배제되고 있던 성소수자 계층들이 문화적 피난처로 사용했던 장소라는 것을 알아보았고, 보장암 예술촌은 도시가 스스로에게 새로운 정체성을 부여하기 위해 문화 공간을 창출하는 사례 중 하나라는 것을 알아보았다.

이번 답사를 통하여 2.28 평화기념공원에서는 타이베이가 도시를 구성하고 있는 소수 계층들에게 매우 개방적인 도시라는 것을 알게 되었다. 또 보장암 예술촌에서는 타이베이가 과거를 잊지 않고 오히려 개발함으로써 새로운 도시 문화를 구축하고자 노력하는 도시 서울의 피맛골은 이미 일부가 철거되었다. 몇 십 년간 활용되어 왔던 아현 고가도로는 2014년 3월에 완전히 철거되었다. 태릉 선수촌은 2017년 철거가 예정되어 있다. 도시민들은 자신의 역사가 스며 있는 흔적들이 이미 사라지고 있음을 경험하고 있다. 인간의 과거는 사라지고 그것의 향수를 느낄 수 있는 공간은 제한되고 있다.
대한민국이라는 사회에서는 오랫동안 흔적을 없애는 도시 재개발의 패러다임이 주를 이루었다. 새마을운동을 필두로, 기존의 관습과 모습을 빠르게 새것으로 바꾸는 것에만 몰두했다. 그러나 이후 속도에만 치중했던 1970~1980년대의 개발 전략에 대한 비판이 대두되며, 흔적을 없애는 것이 최선은 아니라는 반발이 오랜 경험 끝에 제기되기 시작하였다.
그리하여 국내에서도 과거의 흔적을 보존하면서 새로운 문화 공간을 창출하려는 노력을 하고 있는 듯하다. 얼마 전에 서울역 고가도로를 철거하지 않고 유지하면서 도시 재생을 하는 것으로 결정된 것은, 최근 들어 '인문학적 문화 공간 창출'이 대한민국에서도 가치를 얻고 있는 중임을 시사하는 것이라는 생각이 든다.

라는 것을 느꼈다. 답사 도중에 도움을 준 국립 타이완 대학교 학생들과 보장암 예술촌의 상주 예술가들 덕분에, 한국에서는 경험하지 못할 새로운 경험을 할 수 있었다.

세계는 점점 가까워지고 있다고 한다. 타이완의 버블티 문화를 한국에서 맛볼 수 있고, 한국의 K-Pop 문화를 타이완에서 즐길 수도 있다. 세계 곳곳의 도시에서 발견되는 사회문화가 세계 곳곳으로 빨리 전파되고 있음을 매우 절실히 느낄 수 있다. 그렇기 때문에 현대의 여러 도시들의 사회문화를 맛보고 알아본다는 것은, 다양성을 특징으로 갖는 현대 사회에서 매우 중요한 작업임을 실감한다. 이번 타이완 답사는 '사회문화와 공간'에 대해서 한 단계 알아봄으로써 변동하는 현대 사회문화에 대해 조금이나마 이해할 수 있게 되었다는 점에서 매우 큰 의의가 있다. 앞으로도 이와 같이 다른 국가의 사회문화를 접할 수 있는 좋은 기회가 있기를 바란다.

Reference

▷ 논문

- 김민환, 2012, "동아시아의 평화기념공원 형성과정 비교연구", 서울대학교 박사학위논문.
- 김소라·이병민, 2014, "산업유산 활용 사례를 통해 본 인문학적 도시 재생 방향 모색: 뉴욕 하이라인과 서울 선유도 공원을 중심으로", 문화역사지리 26(1), 67-79.
- 김영옥, 2010, "안정투쟁 공간/장소로서의 결혼이주여성 다문화공동체", 한국여성철학 14, 31-64.
- 민범식·이왕건, 2012, "문화자산을 활용한 타이베이의 도시 재생 사례와 시사점", 국토정책 Brief, 386.
- 백선혜, 2004, "장소 마케팅에서 장소성의 인위적 형성", 서울대학교 박사학위논문.
- 심혜련, 2008, "도시 공간과 흔적 그리고 산책자", 시대와 철학 19(3), 103-134.
- 이서진, 2007, "게이 남성의 장소형성: 종로구 낙원동을 사례로", 지리학논총 49, 23-44.
- 한소영·김용국·조경진, 2011, "효창공원의 장소재현 과정 및 장소정체성의 사회적 재구성", Journal of Korean Institute of Traditional Landscape Architecture 9, 165-177.
- Tzeng, Albert, 2009, "Taipei in a Day: Historical-Sociological Perspectives", ISA CNA Conference of Taipei, 2-22.

▷ 단행본

- 권용우 외, 2009, 도시의 이해, 박영사.
- 그램 질로크, 2005, 발터 벤야민과 메트로폴리스, 노명우 옮김, 효형출판(Graeme Gilloch, 1997, Myth and metropolis: Walter Benjamin and the city, Polity Press, London).
- 김인 외, 2006, 도시해석, 푸른길.
- 돈 미첼, 2011, 문화정치 문화전쟁, 류제헌 외 옮김, 살림(Don Mitchell, 2011, Cultural Geography: A Critical Introduction 1st Edition, Blackwell, Oxford).
- 발터 벤야민, 2006, 아케이드 프로젝트, 조형준 옮김, 새물결(Walter Benjamin, 1991, The Arcades Project, Harvard University Press).
- 존 앤더슨, 2013, 문화 장소 흔적, 이영민 외 옮김, 한울(Jon Anderson, 2010, Understanding Cultural Geography: Places and Traces, Routledge, New York).
- 홍준기 외, 2007, 발터 벤야민 모더니티와 도시, 라움.

• Martin, Fran, 2003, Situating Sexualities, Hong Kong University Press, Hong Kong.

▷ Internet Web 자료

• 臺北市政府工務局公園路燈工程管理處(타이베이 시 공원 및 도로 등 관리처) 홈페이지 http://www.pkl.gov.taipei
• 臺北旅遊網(타이베이 관광) 홈페이지 http://www.taipeitravel.net
• 臺北藝術進駐官方網站(보장암 예술촌) 홈페이지 http://www.artistvillage.org
• Gay Taipei Guide(타이베이 게이 가이드) 홈페이지 http://www.gaytaipei4u.com
• Global Times, "Taiwan prepares same-sex partnership law", http://www.globaltimes.cn/content/932859.shtml
• Taipei City Government(타이베이 시 정부) 홈페이지 http://english.taipei.gov.tw
• Taipei Times, "A hive of activity at Treasure Hill", http://www.taipeitimes.com/News/feat/archives/2005/12/09/2003283705
• ______, "Treasure Hill Reopens as an Artist Village", http://www.taipeitimes.com/News/taiwan/archives/2010/10/02/2003484360
• Taipei Trends, "Secret of 228 Park: Part 3. Coming Full Circle", http://www.taipeitrends.com.tw/secrets-of-228-park-part-3-coming-full-circle
• The New York Times, "For Asia's Gays, Taiwan Stand Out as Beacon", http://www.nytimes.com/2014/10/30/world/asia/taiwan-shines-as-beacon-for-gays-in-asia.html?smid=fb-share&_r=2
• https://www.kcti.re.kr/web_main.dmw?method=view&contentSeq=3999

Chapter 04

GEO-INSIGHT ON URBAN POLICY

1

타이베이의 주거환경

김승연 · 심정아 · 유기영

들어가며

국립국어원에서는 '집'의 정의를 다음과 같이 내리고 있다. "사람이나 동물이 추위, 더위, 비바람 따위를 막고 그 속에 들어 살기 위하여 지은 건물." 아마 인간이 처음 집으로 삼은 것은 자연적으로 형성된 동굴이나 구덩이, 거대한 나무의 틈새였을 것이다. 인간이 모듬 생활을 하고 움막을 지어 집을 자력으로 짓기 시작한 순간부터 아주 초보적인 형태의 주거 생활이 시작되었다. 집은 처음부터 인간의 생존을 돕기 위해 인간의 손에 의해 만들어졌고, 이는 수백 수천 년의 시간이 흐르면서 환경별로, 문화별로 제각각 수많은 새로운 주택 형태를 만들어 냈다. 또한 인간의 생활에 필수적인 주택은 그 중요성만큼이나 다양하고 이해관계가 첨예하게 엇갈리는 이슈들을 사회적으로 발생시키기도 했다.

이 글에서는 한국의 수도인 서울과 타이완의 수도인 타이베이의 '집'에 대해서 주로 비교의 방법을 통하여 각각의 주택 형태와 주택에 관련한 다양한 사회적 이슈들에 대해 간략하게 소개하고자 한다. 직접 답사를 다녀오고 기록한 내용이니만큼 우리의 주관적인 시각이 다수 반영되어 있을 것이고, 일면만 보고 섣불리 판단한 내용이 없지 않을 것이다. 이에 추후 자료 조사를 통하여 이러한 왜곡들을 최대한 보정하려고 하였다.

타이베이의 전반적인 주택 형태

처음 타이베이에 도착해서 공항에서 도심으로 향하다 보면 도로 양측으로 뻗어 있는 건물들을 보게 된다. 건물들의 외관은 서울에서 보는 것과 비슷하면서도 다르다. 앞서 설명한 대로 주택은 기본적으로 추위와 더위, 비바람을 막는 목적으로 건설된 만큼, 튼튼한 외벽이 있고 건물 윗부분에는 지붕이 있으며 현대 건축에서 사용되는 자재들이 공통적으로 사용되었다는 점은 서울의 주택과 동일하지만, 그렇더라도 눈에 띄는 몇몇 특징이 있다.

먼저, 타이베이의 주택은 건물 밖으로 돌출된 발코니가 달려 있는 경우가 많다. 한국식 발코니에 익숙한 우리의 눈에는 매끈하지 않은 건물이 신기해 보였다. 이렇듯 돌출된 발코니가 있는 이유는 타이베이가 아열대기후인 것과 관련이 있다. 발코니가 없으면 작열하는 태양열이 그대로 실내로 들어와 실내 온도를 높이지만, 발코니를 설치하면 이를 막을 수 있고 실내와 바깥을 연결해 주어 통풍이 잘되게 한다. 이는 발코니가 또 하나의 건물 외피가 되어 차양 장치와 환기 장치의 역할을 하는 이중 외피 시스템 효과를 내기 때문이다. 지금은 주거 양식이 아파트로 바뀌어 잘 볼 수 없지만, 이와 비슷한 역할을 한 한국의 주택 양식으로는 대청마루를 들 수 있다. 대청마루는 방과 방 사이에 공기를 통하게 하고 바람이 집을 통과하게 만들어 무더운 여름을 시원하게 보낼 수 있게 하는 역할을 했다. 이렇듯 온도를 조절해 주는 발코니는 에너지 절감의 효과도 있어, 길고 무더운 여름이 나타나는 아열대성 해양기후를 가진 타이완의 주택에 적합하다. 실제로 타이베이에서 우리가 본 대부분의 주택에는 발코니가 달려 있었다.

또 다른 기후 요인에 의한 특징은 타이베이의 건물들은 전반적으로 외관이 까맣게 물들어 있는 경우가 많다는 점이다. 현지 가이드의 설명에 따르면 건물 외관이 잦은 태풍과 강우, 습한 바람으로 인해 더러워진 것이라고 한다. 그래서 지어진 지 그리 오래되지 않았음에도 굉장히 낡은 건물처럼 보였다.

그림 4.1.1 | 타이베이의 독특한 발코니들

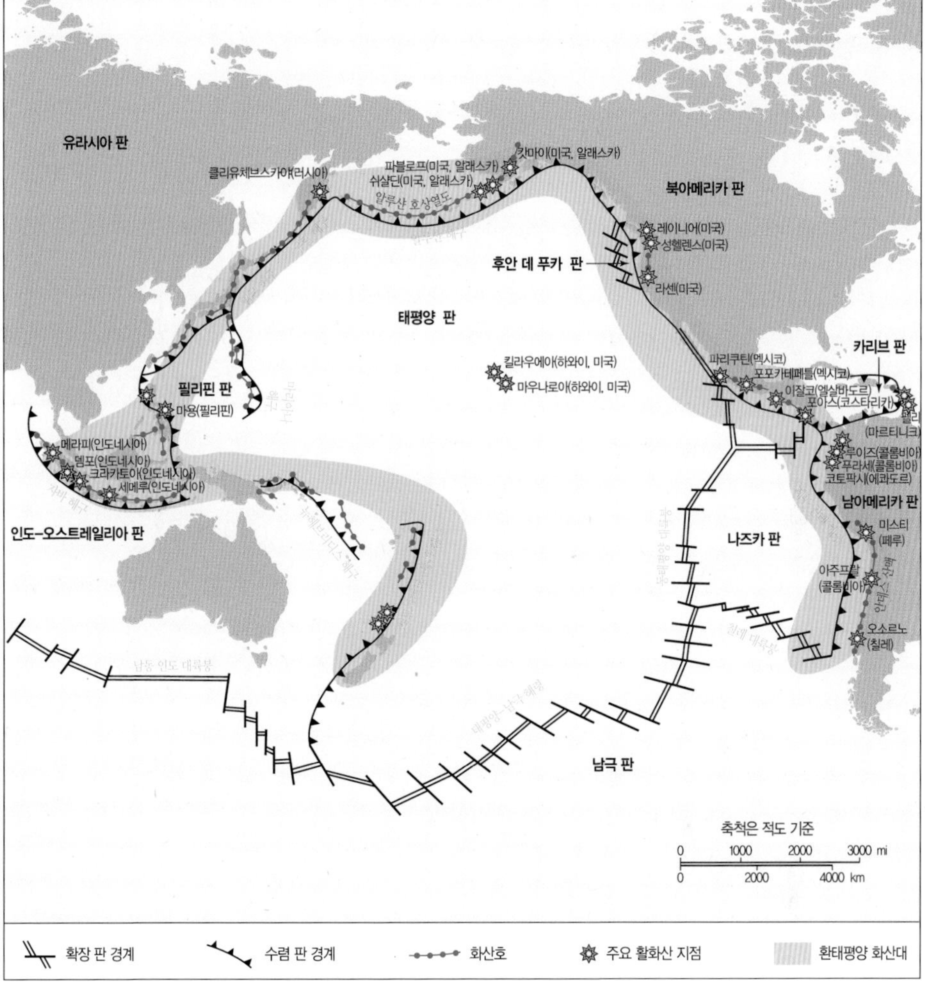

그림 4.1.2 | 환태평양 조산대. 타이완도 이곳에 포함된다 (출처 : 브리태니카 백과사전)

타이베이의 도심으로 가면 서울과 또 다른 점을 발견할 수 있는데, 한국의 도시에 비해 고층 건물이 매우 드물다는 것이다. 이는 타이완이 환태평양 지진대에 속한다는 사실과 연관 지어서 생각해 볼 수 있다. 환태평양 지진대란 태평양을 둘러싼 고리처럼 생긴 지대를 가리키는데, 이는 판구조론의 '판'들이 충돌하는 지점으로서 그 충격으로 인한 지진이 발생한다. 환태평양 지진대는 세계에 존재하는 지진대들 중에서도 가장 지진 활동이 활발한 편에 속한다. 일본도 환태평양 지진대에 속하여 지진이 발생하는 대표적인 국가이다. 지진이 잦은 지역의 건물은 내진 설계가 철저해야 하고, 고층 건물일수록 규제가 까다로워진다. 이에 따라 자연스레 건물의 평균적인 높이가 낮아진다. 타이베이에서는 발생하지 않았지만, 1999년 9월 21일 발생한 리히터 진도 7.3의 타이완 지지(集集) 대지진은 2,000명이 넘는 사망자를 냈으며 부상자는 1만 명이 넘었다. 리히터 진도로 7.0부터는 산사태가 나고 땅이 갈라진다. 지지 대지진은 교량의 붕괴, 댐과 제방의 균열, 1만 동 이상의 건물이 무너지는 결과를 초래했다. 한국은 판 경계선에 있는 타이완이나 일본과 달리 유라시아판 위에 있어 지진에 의한 피해가 거의 없으며, 따라서 건축물의 내진 설계를 규정한 법도 미흡한 것이 사실이다. 그러나 판 내부 지진의 발생 가능성도 있으며, 일부 학자들도 한국이 지진의 안전지대가 아님을 역설하고 있는 만큼 미래를 대비하는 자세가 필요하다.

주거 공간에 대한 인식 차이도 주택 양식에 영향을 미쳤다. 지진의 영향도 있겠지만, 타이완 사람들은 한국 사람들에 비해 단독주택을 선호한다. 그래서인지 타이베이에서는 아파트 단지를 찾아보기가 어려웠다. 관광지를 피해 일부러 거주 지역을 찾아다녀도 아파트보다는 단독주택이 눈에 띄었다. 이와 관련하여 한국의 한 시장조사 전문기관이 실시한 설문조사 결과에 따르면 한국, 중국, 일본, 타이완 중 한국을 제외한 세 나라는 단독주택을 아파트보다 선호한다는 결과가 나왔다. 같은 유교 문화권에 속하는 나라끼리는 주택 소비에서도 유사한 성향을 보일 것이라고 추측하였으나, 한국이 유일하게 아파트에 대한 선호도가 단독주택보다 높았다. 그 원인으로는 한국에서 아파트를 투자 대상으로 인식하는 경향이 다른 나라에 비해 강하다는 점을 들 수 있을 것이다. 2008년 미국발 금융 위기가 닥치기 전까지 아파트는 무위험 고수익을 보장하는 수단이었고, 이에 따라 사람들은 주거용 목적뿐만 아니라 투자용 목적으로도 아파트를 구입하였다. 이는 한국의 자산 보유 형태를 비정상적으로 부동산에 치중하게 만드는 결과를 낳았다. 반면 타이완의 경우는 단독주택이 투자 대상으로 적합하다고 응답한 사람의 비율이 아파트가 투자 대상으로 적합하다고 응답한 사람의 비율보다 더 높았다. 이는 타이완이 한국보다는 아파트가 투기적 목적으로 사용되는 경향이 낮다는 것을 보여 준다.

마지막으로, 주거 용도의 건물에 옥외 광고(벽보, 현수막)를 부착하는 것이 독특했다. 그림 4.1.3은 완화 구 북부의 옥외 광고물이 설치되어 있는 한 아파트 건물이다. 한국에서는 옥외 광고를 할 때 주로 상업용 건물의 외부에 광고물을 부착하며, 미분양 아파트와 같은 경우를 제외하고는 주거 용도의 건물에 광고물을 설치하는 경우는 드물다. 도시 미관을 저해한다는 이유에서 불법 옥외 광고물 규정을 통해 규제하고 있기 때문이다. 반면 타이완에서는 주거용 건물에 부착된 옥외 광고물을 쉽게 볼 수 있는데, 이는 그에 대한 규제가 미비하기 때문일 것이다.

그림 4.1.3 | 완화 구의 옥외 광고물이 부착된 아파트

서울과 타이베이의 주택 재개발 역사

국토교통부에서 정의한 주택 재개발 사업이란, "기존에 개발된 지역이 시간적·공간적

변화에 따라 그 기능을 상실하고 불량화되었을 때 도시의 불량 지구 개선, 안전하고 위생적인 환경의 마련, 도시 기능의 부활 등을 기하고자 실시하는 사업"이다.

한국에서 주택 재개발 사업이 처음으로 법으로 명문화된 시기는 1965년 '도시계획법시행령'의 개정 내용에 재개발 조항이 포함되면서부터이다. 서울의 경우 한국전쟁을 겪으며 도시의 상당 부분이 파괴되었으며, 이후 급속한 경제 발전으로 인해 이촌향도 현상이 일어나면서 무허가 주택이 난립함에 따라 정비 사업의 필요성이 부각되었다. 이에 1960년대에 정부 주도로 대규모의 토지 구획 정리 사업이 실시되었다. 1973년에는 '주택개량촉진에 관한 임시조치법'이 제정되었고, 1976년에는 '도시 재개발법'이 '도시계획법'에서 분리되어 독립 법안으로 제정되었다. 노태우 정권에서는 자가 주택을 갖지 못한 계층의 사회적 불만을 잠재우기 위해 1988년 주택 200만 호 건설 계획을 발표하여 주택의 건설과 공급 확대를 꾀했다. 이때 실제로 공급된 주택의 수는 300만 호에 이르렀으며, 이는 당시의 전체 주택 공급량의 1/3에 해당했다. 또한 1995년에는 저소득 주민의 주거 안정을 위한 순환 재개발 제도를 도입하였다.

반면 타이베이는 전쟁 발발로 인한 파괴를 겪지 않았다. 따라서 도시를 재건해야 할 필요가 없었으며, 지금도 일제강점기의 토지 구획을 그대로 따르고 있다. 서울의 경우 정부 주도로 대규모의 주택 공급과 재개발이 이루어졌다면, 타이완은 정부에 의한 공공 주택 공급이 상대적으로 매우 적은 편이있고 그 대상도 주로 군인과 공무원으로 한정되었다. 하지만 중화권 대도시의 주택 수요 증폭과 타이베이의 대도시화로 인해 주택문제가 심화되었고, 이는 1980년대 '집 없는 민달팽이 운동'으로 이어졌다. 그러나 2011년까지도 타이완 정부에서는 그럴듯한 대안을 내놓지 못했다. 국민주택 사업을 전개하기는 하였으나 잔존한 일제의 토지 구역을 혁파하지 못하였으며, 토지의 소유자가 반대를 표하는 재개발은 무산되기 일쑤였다. 따라서 타이완에서 정부 주도의 주택 공급은 매우 적은 편이었고, 사회적 약자에게 공급되는 양은 더욱 적었다. 결국 국민주택 사업은 폐기되기에 이르렀다.

2014년에는 이러한 세태에 반발한 70여 개의 시민단체에 의해 '새둥지 운동'으로 불리는 주거환경 개선 운동이 일어나기도 하였다.

타이베이와 서울 주택 재개발의 제도적 차이

한국의 경우 초기의 주택 재개발은 정부 주도로 이루어졌다. 먼저 정부에서 대단위 규모의 재개발 지구를 지정하여 원주민을 강제적으로 이주시켰다. 이후 민간 기업이 택지를 조성하고, 그렇게 형성된 공간에 아파트 단지가 만들어지고 정부에서 기반 시설을 제공하였다. 이러한 과정에서 정부 부처, 주민, 민간 기업과의 이해관계를 조절하지 못해 갈등이 일어나기도 하였다.

가장 처음으로 이루어진 불량 주택 재개발은 1955년 시작된 정착지 조성 이주 사업이었다. 정부는 1972년까지 도심지의 빈 땅이나 공원을 무단 점유하고 있던 6만 가구 이상의 불량 주택을 철거하였고, 이때 철거민들에게는 시 외곽의 국공유지에 10평 내외의 대지를 배분하여 정착시켰다. 1968년에는 광주 대단지 이주 정책이 시작되었는데, 지금의 성남시에 300만 평의 이주 단지를 조성하여 55만 명의 철거민을 이주시키려는 계획이었다. 그러나 이주민들의 복지와 후생에 대한 적절한 대책을 세우지 못했다. 광주 대단지는 서울시에서 20km 이상 떨어져 있는 데다 서울시로 오가는 교통편이 없어서, 도심지에서 행상일과 노동을 하던 이주민들에게 큰 경제적 고난을 안겨 주었다. 또한 상하수도조차 제대로 되어 있지 않아, 이주민들에 의한 폭력 사태가 일어나는 등 사회적 갈등이 만연하였다. 이외에도 양성화, 현지 개량 정책 등을 통해 정부 주도의 대규모 재개발과 강제 이주가 실시되었다.

그러나 이후 서울시에서는 이러한 대규모의 재개발과 강제 이주 정책에 변화를 꾀해,

철거 재개발 방식과 개량 재개발 방식을 도입하였다. 철거 재개발 방식이란 임시로 원래 살던 사람들을 이주시키고 무허가 건물을 철거한 다음, 빈 공간에 공공 시설과 택지를 조성한 이후에 이주민들이 자력으로 주택을 건립하게 하는 방식이다. 하지만 이 방식은 제대로 추진되지 못하였다. 절대다수가 저소득층인 이주민들에게는 아무리 정부의 지원이 있다 해도 공사비가 큰 부담이었고, 주택 건설업자와 관할 행정청 간의 대립도 장애물로 작용하였다. 개량 재개발 방식이란 거주자가 스스로 불량 주택의 상태를 개선할 경우 합법화를 하고, 또 최소한의 공공 시설을 제공하는 방식이다.

1982년부터는 '도시 재개발법'에 의해 주택 개량 재개발 사업이 진행되었다. 당시 정부는 올림픽과 아시안 게임의 개최를 앞두고 있었고, 대한민국의 위상을 제고하기 위해 적극적으로 재개발 사업을 추진하였다. 이때 민관 합동의 합동 재개발 사업이 진행되었다. 이는 서울시와 주민, 그리고 건설업체가 힘을 합쳐서 주택 재개발 사업을 추진하는 방식으로, 종전보다 정부의 역할이 축소된 형태이다.

이에 1988년 200만 호 주택 건설 계획의 발표, 1989년 분당·일산·중동·평촌·산본 신도시 건설 계획 등 정부 주도의 대규모 택지 지구 개발 계획 발표가 이어졌다. 2003년에는 판교·광교·동탄 등 2기 신도시 건설 계획 발표가 있었다.

이렇듯 정부 주도의 대규모 정책으로 수행된 서울의 재개발 정책과는 달리, 타이베이는 정부가 주택 정책에 소극적으로 대처하였다. 타이베이에도 특정 지구를 지정하여 그곳에 택지를 조성하는 몇몇 사례가 있지만, 그 규모와 시행 과정에서 서울과는 차이를 보인다. 타이완의 경우 주택 재개발에서 원래 거주하고 있던 주민의 재산권이 우선시되었고, 정부, 주민, 민간 기업 등의 역할과 이익이 분할되며, 기부채납 등의 방식도 이용되지 않았다. 또한 토지 주인이 재개발을 반대할 경우 재개발은 더 이상 진행될 수 없었다.

게다가 타이베이에는 일본이 지배할 당시에 형성된 사각형의 토지 구획이 여전히 남아 있어서 대규모 개발에 걸림돌이 되었다. 이에 따라 대규모 택지 개발은 주로 공영지[1]를 중심으로 하여 진행되었으며, 그 외의 지역에는 개별적으로 재건축을 진행하였다. 이 과정에서 정부보다는 민간이 큰 축을 담당하였다. 기존의 도심부에 위치하였던 완화 구의 경우에는 대규모 택지 조성 방식보다는 개별적인 재건축 방식이 채택되었다.[2]

그러나 서울과 타이베이 모두 재개발의 결과로 큰 평수의 고가 주택이 만들어졌다는 점, 이에 반해 임대 주택과 같은 서민을 위한 사회 주택 시설에 대한 투자는 낮다는 공통된 특징이 있다.[3] 이에 대하여 다음 절에서 좀 더 자세히 보도록 한다.

서울과 타이베이의 주거문제

서울과 타이베이 모두 높은 집값에서 비롯되는 주거문제를 안고 있다. 이는 전 세계 대도시의 특징이기도 하다. 타이베이의 경우 서울보다 집값이 높은 편인데, 서울의 강남과 대비될 수 있는 신이 구의 경우 소형의 오래되고 시설이 좋지 않은 주택도 강남의 대형 아파트 가격과 비슷하다. 같은 수준의 아파트는 타이베이의 집값이 서울보다 훨씬 비싸다. 이를 소득 대비 집값 지수로 나타내면 타이베이의 경우는 15가 넘고 서울은 9.4에 이른다.

이런 현상의 원인 중 하나로는 차이나머니의 유입을 들 수 있다. 한국도 제주도의 대지를 외국인들이 구입할 수 있게 하면서 토지 가격이 이전의 수십 배로 상승하였는데, 타이완도 중국인의 부동산 투자를 허용하면서 부동산 가격이 급상승하였다. 이는 중화권의 대

1) 공영지의 대규모 개발의 예시로서 신이 구, 네이후 구와 같이 최근에 조성된 지역, 완화 구의 중정사구와 같이 군인, 공무원에게 공급했던 주택 단지 등이 있다.

2) 김수환 외, 2011, 도시는 역사다, 서해문집, 14-37.

3) 오사카 시립대학 도시연구플라자, 2011, 제1회 동아시아 inclusive 도시네트워크 구축을 위한 워크숍, 95-96.

도시 선호 경향으로부터 기원한다.

이 때문에 한국과 마찬가지로 타이베이의 서민층도 도시에서 주택을 구입하는 것은 불가능하다. 한국에는 아직까지 전세 개념이 남아 있지만, 타이베이에서는 월급의 60%를 집을 사는 데 빌린 대출금의 이자로 지출하는 경우도 많다. 이 때문에 하우스 푸어(house poor)에 해당하는 '옥노(屋奴)' 개념이나 집 없는 민달팽이와 같은 사회 용어들도 생겨났다.4) 반면 부유층의 경우에는 부동산을 투자의 개념으로 인식하고 있는 것 역시 한국과 유사한 특징이다.

타이베이의 대표적 구도심 완화 구

18세기 초 제국 중국의 통치 시기에 내륙의 경지가 부족해지자 대규모의 한족이 타이완으로 이주하였고, 이들은 농지 개간 사업을 하며 타이베이에 정착하였다. 이후 농업이 안정되며 타이베이 지역 제1 지구가 형성되었는데, 이곳이 바로 우리가 자율 답사 지역으로 선택한 완화(艋舺, Manka)이다. 완화 구는 타이베이에서 가장 먼저 개발된 주거지로서 다다오청, 청네이 지역과 함께 18~19세기에 시가지를 이루었던 곳이다.5) 이처럼 완화 구는 다른 지역에 비해 오랜 역사를 가진 만큼 유서 깊은 건물과 문화 유적을 다수 찾아볼 수 있는 곳이기도 하다.

완화 구는 타이베이의 초기 개발 구역이기 때문에 노후화된 주택을 쉽게 찾아볼 수 있고 그러한 노후 불량 주택의 재개발이 활발히 진행되고 있을 거라 생각되었다. 따라서 타이베이의 전형적인 주택 경관과 구도심 주택 재개발 양상을 관찰하기에 가장 적합하다고 여

4) 오사카 시립대학 도시연구플라자, 앞의 글.

5) 수수오빈,.2009, "시각화의 힘: 타이베이는 언제 어떻게 현대적인 도시가 되었는가", 10.

(⟵)그림 4.1.4 | 용산사역 일대 시장 · 그림 4.1.5 | 용산사역 일대 상가(⟶)

겨 완화 구를 답사지로 선정하였다.

실제 경관으로 본 완화 구의 재개발 양상

조별 자유 답사가 계획되어 있는 답사 셋째 날, 완화 구를 방문하였을 때 시간상 그리 넓은 지역을 답사하지는 못하였다. 아침 일찍 MRT를 타고 용산사(龍山寺)역에서 내려 2km 정도의 큰길과 골목길을 둘러보면서 주택의 모습과 재건축이 진행되는 현장을 관찰할 수 있었다. 대체로 주택은 매우 낡고 외관이 지저분했으며, 대부분의 건물이 5층 내외로 낮은 편이었다.

골목 군데군데에서는 그림 4.1.6과 같이 낡은 주택과 새로 지은 고급 주택이 공존하는 모습을 발견할 수 있었다. 새로 지은 고급 주택들은 15층 이상의 높은 건물이었는데, 가까이에서 살펴본 결과 주상 복합이나 고급 맨션이었다. 골목을 돌아다니다 보면 낡아 보이는 주택들이 있는 곳 바로 옆에 관리인이 고용되어 있는 고급 맨션이 들어서 있는 것을 종종 목격할 수 있었다. 이로부터 이곳의 주택들은 건축 시기별로 모여 있는 것이 아니라, 재건축이 개별적으로 행해지면서 신축 주택들이 다소 산발적으로 분포하고 있음을 알 수 있었다.

그림 4.1.6 | 낡은 주택과 새로 지은 고급 주택이 공존하고 있는 모습

한편 우리가 서울을 다니면서 본 주택 재개발은 대개 뉴타운 사업과 같이 일정 구획을 지정해서 그 안의 건물들을 모조리 철거하고 새로운 아파트 단지를 조성하는 것이었는데, 완화 구에서는 그러한 방식의 재건축 현장이나 주택 단지를 찾아볼 수 없었다. 즉, 완화 구에서는 대규모 택지 조성이 아닌 민간 위주의 개별적 재건축 방식이 이루어지고 있었다. 이처럼 완화 구에서의 재개발은 우리가 서울이나 수도권에서 흔히 볼 수 없는 방식으로 진행되고 있었다.

완화 구 중부의 주택 및 주거 지역 관찰

완화 구는 크게 북부, 중부, 남부로 나뉘는데, 시먼딩이 있는 북부는 쇼핑센터와 같은 상업 시설들이 집적해 있으며 젊은 세대나 관광객들 사이에서 인기 있는 곳이다. 실제로 답사 첫째 날 우리가 경험한 시먼딩은 활기가 넘치는 곳이었다. 거리에서는 특이한 동물을 데리고 나온 사람, 하프 연주 공연을 하는 사람 등 독특한 사람과 상황을 마주할 수 있었다. 시먼딩 거리를 걸으면서 타이베이의 젊은이들과 외국인 관광객들이 길거리에 뒤섞여 있는 모습, 다양한 음식점과 옷가게가 길을 따라 늘어서 있는 모습 등을 보니 서울의 명동이 떠오르기도 하였다.

우리는 대규모 상권보다는 주거 지역을 살펴보고 싶어서 완화 구 중남부 지역을 목적지로 삼고 용산사역 일대의 주거 지역을 돌아보았다. 많은 상업 시설이 위치해 있어 번화한 북부와는 달리, 완화 구 중남부는 비교적 정적인 분위기였으며 서민색이 짙었다. 주택들은 다른 지역에 비해 노후화된 상태로, 까맣게 때가 탄 건물 외관에서 주택이 견뎌 온 세월이 느껴졌다. 골목과 거리 역시 대체로 지저분하고 미관상 보기에 좋지 않았다. 그림 4.1.8은 완화 구의 한 골목에서 발견한 주택이라 말하기 힘들 정도로 열악한 집이다.

이렇게 노후화되어 보수가 필요한 주택들과는 달리 공공 기관이나 몇몇 상업 시설들은 외관이 번듯했으며, 비교적 지어진 지 얼마 안 되어 보였다. 그림 4.1.9는 완화 구의 한 시립 고등학교를 촬영한 것으로, 답사를 하며 본 학교나 경찰서와 같은 공공 기관들은 대체로 정부 주도로 최근 신설되거나 재건축된 것으로 보였다. 대형 마트나 카페, 음식점 등 몇몇 상업 시설 또한 낡은 주택과는 달리 깨끗하고 양호한 편이었다.

한편 주택 및 근방의 환경에 대한 관리가 미비한 것을 보면서 완화 구 중남부 거주민들의 전반적 생활수준이 그다지 좋지 않음을 짐작할 수 있었다. 완화 구는 과거 도심으로서 상대적으로 많은 사람과 산업을 견인하던 곳으로, 일용 노동을 원하는 유랑자나 생활이 어려운 걸인들이 완화에 모여 생활하였다고 한다. 그 때문에 한때 완화 구는 타이베이에서 노숙자가 가장 많은 곳으로 꼽혔으며, 현재도 용산사 인근 공원과 주변 상점가에서는 많은 노숙자들이 생활하고 있다고 한다.6) 이 노숙자들 중에는 과거 완화 구에서 성행하던 인쇄 산업이 산업 구조의 변화로 쇠퇴하면서 함께 몰락한 사람도 상당수 있다고 한다.

이처럼 완화 구에서는 저소득 인구, 심신 장애자, 독거 노인 등 사회적 약자층의 인구가 증가했으며, 그와 함께 거주 공간은 저가 여관, 저가 임대 주택이 주를 이루게 되었다고 한다. 그러나 앞에서도 언급하였듯, 임대 주택과 같은 사회 주택 시설에는 투자가 미비한 상황이며, 소득이 너무 낮아 저가 주택에도 머물지 못하고 지하도, 공원, 역 등을 배회하는 사람들이 많아 문제시되는 실정이다.

그림 4.1.7 | 시먼딩 역전 상업 시설(↑)
그림 4.1.8 | 완화 구 중부의 한 열악한 주택
그림 4.1.9 | 타이베이 시립 고등학교(Taipei Municipal Huajiang High School)(↓)

6) 오사카 시립대학 도시연구플라자, 앞의 글, 78.

나가며

지금까지 타이베이의 전반적인 주택 외관, 주택 재개발 역사 및 제도, 현재 나타나는 주거문제에 대해 서울과의 비교에 초점을 맞추어 살펴보았다. 타이베이의 주택 외관은 지역의 특수한 기후 및 지리적 특성부터 주거 공간에 대한 주민들의 인식 차이를 반영하고 있었다. 또 주택 재개발과 관련해서는 서울에 비해 정부가 소극적인 태도를 보였으며, 제도적으로도 대규모 택지 개발을 방해하는 요소가 많기 때문에 공영지에 한정하여 대규모 재개발이 이루어졌다.

타이베이에서 조금 더 범위를 좁혀 타이베이 초기 개발 지역인 완화 구를 중심으로 구도심의 주거환경과 재개발 양상에 대해 직관적인 분석을 해 보았다. 상업 시설이 밀집하여 번화한 완화 구 북부와 달리 중남부 지역은 낙후된 주택이 즐비했다. 낡은 주택 바로 옆에 신축 고급 주택이 들어선 경관은 완화 구의 개별적 재개발 양상을 보여 주고 있었다. 재개발이 진행되더라도 개별적으로 고급 주택이 들어설 뿐 저가 주택이나 사회 주택 시설에는 투자가 미비한 상태이며, 도시 곳곳에서 생활하는 다수의 노숙자 역시 문제시되고 있어 정부의 적절한 개입이 필요해 보였다.

References

▷ 논문(학위, 학술지)

- 수수오빈, 2009, "시각화의 힘: 타이베이는 언제 어떻게 현대적인 도시가 되었는가", 10.
- 원현성 · 오상목 · 오세규, 2009, "아파트 발코니 공간으로의 이중외피 적용이 냉방기 실내 공간 온도에 미치는 영향에 관한 연구", 대한건축학회연합논문집 11(4), 248.
- 윤혜정, 1996, "서울시 불량주택 재개발사업의 변천에 관한 연구", 서울학연구 7, 225-262.
- 이상도, 2009, "서울특별시 뉴타운사업의 문제점과 개선방안에 관한 연구: 영등포뉴타운을 중심으로", 동국대학교 경영대학원 , 4-39.
- 이원호 · 이리형 · 차승렬, 1999, "특별기고 - 921 대만 지지 대지진 - 시간차 없는 수평, 상하의 흔들림과 단층운동으로 인한 엄청난 파괴력 - (Investigation of Damage by the Taiwan Ji-Ji Earthquake of September, 1999)", 건축 43(10), 98-109.
- 정병식, 2012, "뉴타운사업의 추진실태와 발전방안에 관한 연구: 영등포구 사례를 중심으로", 서울시립대학교 도시과학대학원, 57-65.

▷ 단행본

- 김수환 외, 2011, 도시는 역사다, 서해문집, 14-37.
- 손장권, 2003, 신도시의 형성, 백산서당, 33-36.

▷ 보고서

- 오사카 시립대학 도시연구플라자, 2011, 제1회 동아시아 inclusive 도시네트워크 구축을 위한 워크숍.
- 포항시의회, 2012, 2012년 공무국외여행보고서.

▷ 언론 보도 및 홈페이지

- 브리태니카 백과사전, 2014.08.28, "Ring-of-Fire(seismic belt)" https://www.britannica.com/place/Ring-of-Fire
- 조소담 외, 미스핏츠, 2015.01.19, "'뿔난 타이완 청년들, 거리로 뛰쳐나왔네 15년 일해도 집 한 채 못사요" https://storyfunding.daum.net/episode/320#none

- 타이베이 도시 재개발처(URO) 홈페이지 http://english.uro.taipei.gov.tw
- Trend Monitor, 2011.11.07, "한·중·일·타이완 4개국중 우리나라 국민이 '아파트'에 대한 욕망 가장 커".

2

타이베이의 도시 교통

소재형 · 박성현 · 신영채 · 신재휘

타이베이의 교통 개관

타이완은 중국 대륙 남동쪽에 위치한 섬나라이다. 면적은 남한의 1/3 정도이며, 이는 영남과 호남지방을 합쳐 놓은 크기에도 미치지 못한다. 이렇게 작은 나라인데도 불구하고 타이완의 교통 시스템은 매우 다양하게 발달되어 있다.

대외적으로는 국제공항 시스템이 갖추어져 있고, 대내적으로는 특히 타이베이를 중심으로 전철과 버스, 오토바이와 자전거, 택시 등의 교통 시스템이 발달되어 있다. 이 교통 시스템들은 한국과 비슷한 면과 더불어 타이완 고유의 특징적인 모습을 가지고 있다.

타이완은 한국과 많은 점에서 비슷하다. 비슷한 시기에 겪은 독재 개발에 의한 산업 발전, 수출 지향적인 산업 구조, 그리고 육로로는 단절된 지리적 특성을 공유하고 있다. 이러한 하부 구조의 유사성은 교통 시스템 전반의 유사성으로 이어진다. 고도의 경제 발전의 선행을 필요로 하는 항공교통 시스템은 실질적으로 고립된 국가의 대외 교류에 필수적인 교통 시스템이다. 그렇기에 타이완의 항공교통은 한국과 비슷한 구조로 형성되었을 것이다. 또한 경제 발전 및 도시화는 도시 내의 편리한 대중교통 수요를 창출해 내는 물질적 기반이 된다. 한국과 타이완이 비슷한 수준의 1인당 GDP 증가를 비슷한 시기에 이루었다는 사실을 고려하면, 경제 발전과 도시화가 양국이 비슷한 시기에 유사한 도시철도 및 시내버스 교통 시스템을 구축할 수 있었던 원인이 되었을 것이라고 생각할 수 있다.

이렇듯 양국의 교통 시스템은 비슷한 점이 있는 반면 차이점도 있다. 한국의 교통 경관 형성에서 큰 비중을 차지하지 않는 오토바이와 자전거가 타이완에서는 시민들의 발이 되어 주고 있다. 이러한 교통수단들로 인하여 정차선에 오토바이가 모여 있는 도로, 건물 사이의 오토바이 주차장, 공용 자전거 거치대, 건물 1층의 자전거 상점, 자전거 주차장 등의 모습이 나타난다. 이러한 교통 경관은 한국과는 분명히 구별되는 타이완만의 교통 경관이다. 이 글에서는 항공, 철도, 도시철도, 오토바이의 네 가지 범주로 나누어서 타이베이의 교통 경관을 탐구하고자 한다. 더 나아가 타이완의 고유한 교통 경관이 나타나게 된 이유도 분석해 볼 것이다.

• 항공교통

항공교통의 관점에서 특징적인 사실은 국내선이 상당히 발달했다는 것이다. 타이완의 면적을 생각할 때 국내선 항공편이 발달했다는 사실은 상당히 놀랄 만한 일이다. 한 가지 주의해야 할 점은, 타이완에서는 중국과의 항공편을 '양안 노선'으로 부르고 있다는 사실이다. 이는 타이완과 중국 간의 특수한 양안 관계에서 비롯된 것으로, 물자 및 사람 간의 교류를 활성화하기 위한 조치의 일환으로 2009년부터 정기 항공편이 취급되었다.

타이베이 주위 및 시내에는 두 개의 공항이 있는데, 국제선 특화 공항인 타오위안 국제공항과 국내선 특화 공항인 쑹산 국제공항이다. 이름에서 알 수 있는 바와 같이 타오위안 국제공항은 타오위안 시에 입지하고 있고, 쑹산 국제공항은 타이베이 시내의 쑹산에 입지하고 있다. 표 4.2.1에서 알 수 있는 바와 같이, 항공편을 이용하여 타이베이에서 타 지방으로 이동하는 사람들의 수요가 존재한다. 이는 쑹산 국제공항에서 출발하는 국내선이 타이완의 낙도를 연결하고 있기 때문으로 보인다. 좌석 점유율이 60% 이상인 타이둥, 마궁,

〈표 4.2.1〉 타이베이 공항의 승객(2014)

항공 노선	항공편 수	좌석 수	승객 수	좌석 점유율 (%)	전체 국내선 승객 대비 비율(%)
타이베이 공항 총계	42,048	3,729,801	2,788,490	74.76	53.01
타이베이-가오슝	-	-	-	-	-
타이베이-화롄	3,520	253,440	126,670	49.98	2.41
타이베이-타이둥	4,589	375,886	270,085	71.85	5.13
타이베이-마궁	12,853	1,182,044	876,291	74.13	16.66
타이베이-진먼	15,067	1,543,763	1,243,385	80.54	23.64
타이베이-핑둥	0	0	0	-	-
타이베이-베이간	1,889	113,470	69,223	61.01	1.32
타이베이-난간	4,062	257,390	202,068	78.51	3.84
타이베이-헝춘	68	3,808	768	20.17	0.01

출처 : Department of Transportation, Taipei City Government, 2015, Passenger Volume of Domestic Air Routes in Taipei Airport, http://english.dot.gov.taipei/

진먼, 베이간, 난간은 모두 바다를 건너가거나, 타이베이에서 대단히 멀리 떨어진 타이완 섬 남동부에 있는 지역들이다. 그러므로 타이베이의 항공교통 발달은 동고서저형의 험준한 지형과 낙도라는 지리적 특성으로 인한 것으로 보인다.

• **철도**

타이완의 철도는 타이완 철로관리국(Taiwan Railway Administration, 이하 TRA)에서 일반철도를, 타이완 고속철도(Taiwan High Speed Rail, 이하 THSR)에서 고속철도를 운영하고 있다. TRA에서는 2013년 현재 총 1061.3km, 223개 역을 운영하고 있으며, 이 중 복선 구간이 683.9km, 단선 구간이 377.4km이며, 전철화 구간이 708.3km이다.[1] THSR

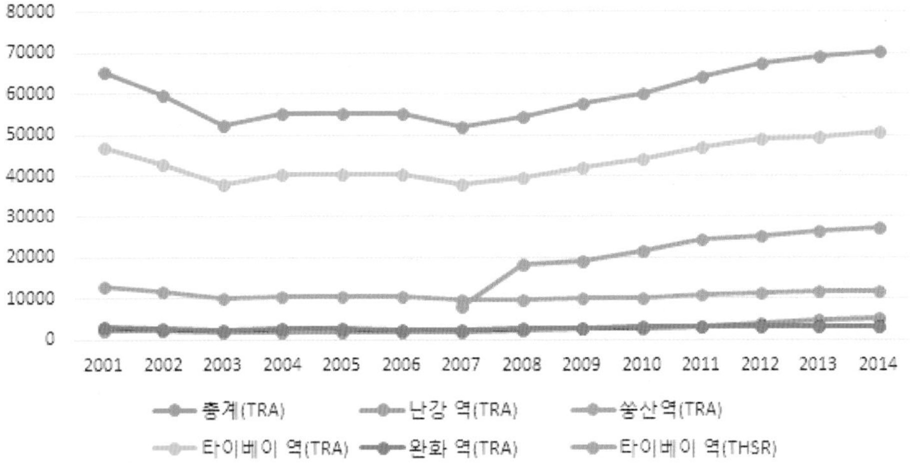

그림 4.2.1 | 타이베이 시내 철도역의 연도별 승객 현황(2001-2014) (출처 : Department of Transportation, Taipei City Government, 2015, Passenger Volume at Railway Station in Taipei City, http://english.dot.gov.taipei/)

에서는 2013년 현재 총 340km, 8개 역을 운영하고 있다.[2] 또한 2013년의 승객 수는 TRA가 227,287,000명, THSR이 47,487,000명이다.[3]

타이베이 시내의 철도역은 총 4개로, 난강 역, 쑹산 역, 완화 역, 타이베이 역이 영업 중이다. 이 중 가장 이용 승객 수가 많은 역은 타이베이 역으로, 2014년 현재 총 50,540,000명이 이용하였는데, 이는 타이베이 시내의 철도역 이용 승객 수의 71.7%에 해당한다. 타이베이 역은 또한 타이베이 시내의 역 중 고속철도가 정기적으로 운영하는 역으로, 고속철도 이용 승객 수는 2014년 현재 27,155,000명이다.[4]

1) 交通部臺灣鐵路管理局, 2013, 102年臺灣鐵路年鑑, 11.

2) Ministry of Transportation and Communications R.O.C., 2015, Mileage and Stations of Taiwan Railways Administration and High-Speed Rail.

3) Ministry of Transportation and Communications R.O.C., 2015, Passenger Traffic of Railway in Taiwan Area.

4) Department of Transportation, Taipei City Government, 2015, Passenger Volume at Railway Station in Taipei City, http://english.dot.gov.taipei/

• **지하철**

타이베이 대중교통의 핵심은 타이베이 첩운(Taipei Rapid Transit System, MRT로 불림)으로 불리는 도시철도 체계이다. 1996년의 무자 선(Muzha Line, 현 웬산 선) 개통을 시작으로 2014년 말 현재 총 노선 길이 134.6km, 14개 노선의 116개 역이 타이베이와 그 주변 도시권을 연결하고 있다.

〈표 4.2.2〉 타이베이 MRT 시설 현황(2014)

노선	총 노선 길이 (km)	총 역 개수	고가		지상		지하	
			노선 길이 (km)	역 개수	노선 길이 (km)	역 개수	노선 길이 (km)	역 개수
전체	134.6	116	33	34	9.7	5	91.9	77
단수이	23.8	22	10.5	11	9.5	5	3.8	6
신뎬	11.2	11	0.7	1	–	–	10.5	9
난강	11	11	–	–	0.2	–	10.8	11
반차오	7.1	5	–	–	–	–	7.1	5
투청	5.6	4	–	–	–	–	5.6	4
중허	5.4	4	–	–	–	–	5.4	4
무자	10.9	12	10.9	12	–	–	–	–
네이후	14.8	12	10.9	10	–	–	3.9	2
샤오난먼	1.6	1	–	–	–	–	1.6	1
신좡	19.4	17	–	–	–	–	19.4	16
루저우	6.4	5	–	–	–	–	6.4	5
난강 확장	2.5	2	–	–	–	–	2.5	2
신이	6.4	6	–	–	–	–	6.4	5
쑹산	8.5	8	–	–	–	–	8.5	7

출처 : Department of Transportation, Taipei City Government, 2015, The Taipei MRT Project, http://english.dot.gov.taipei/

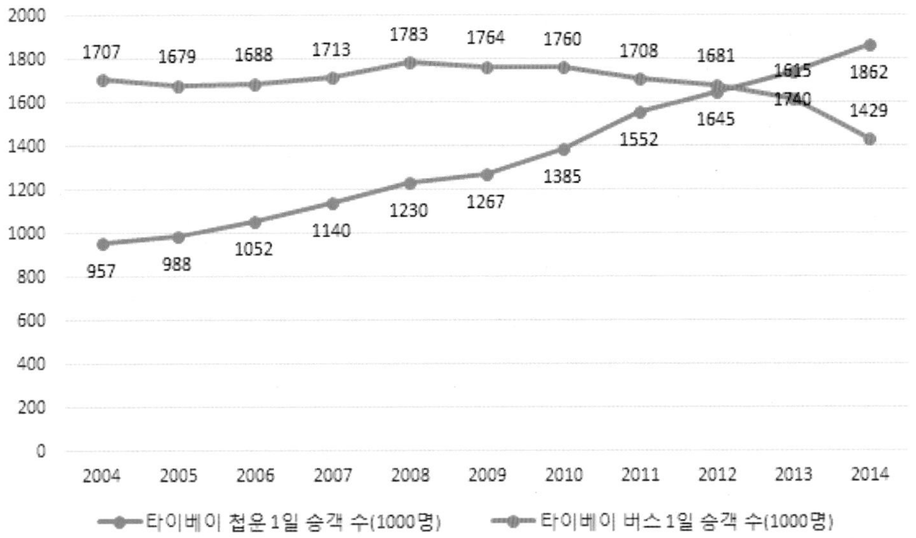

그림 4.2.2 | 타이베이 첩운과 버스의 1일 승객 수 비교(2004-2014) (출처 : Department of Transportation, Taipei City Government, 2015, Traffic Quality of Taipei City in Recent Ten Years, http://english.dot.gov.taipei/)

그림 4.2.2에서와 같이 타이베이 첩운의 1일 승객 수는 지속적으로 성장하고 있다. 타이베이 첩운의 성장세는 타이베이의 시내버스 1일 승객 수의 지속적 감소와 확연히 대비되는데, 타이베이 첩운이 대중교통 수요 처리에 큰 도움을 주고 있기 때문으로 보인다.

• **도로**

타이베이 시내는 서울에 비해 도로의 비율이 낮다. 2014년 현재 타이베이의 도로 연장은 1619.05km, 도로 면적은 22.54km^{2}인데, 이는 서울의 8,214km, 83.96km^{2}에 비해 현격히 작은 수치이다.5) 행정구역 면적 대비 도로 비율에서도 차이가 나는데, 타이베이 시의 면적인 271.8km^{2}에 놓고 비교한 면적 대비 도로 면적 비율은 8.2%로, 서울시의 면적

5) 서울 열린 데이터 광장, 2015, http://data.seoul.go.kr/openinf/linkview.jsp?infId=OA-688&tMenu=11

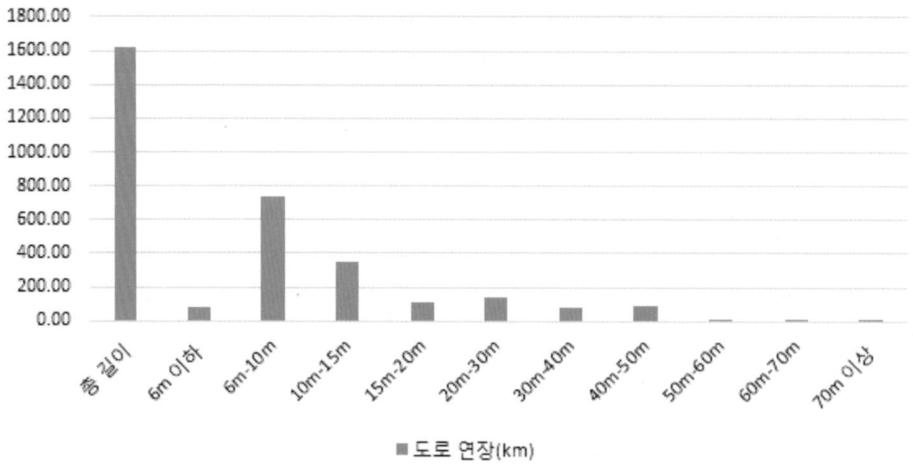

그림 4.2.3 | 타이베이의 도로 폭에 따른 도로 연장 현황(2014) (출처 : Department of Transportation, Taipei City Government, 2015, Length and Area of Roads in Taipei City — By Width, http://english.dot.gov.taipei/)

대비 도로 면적 비율인 13.8%에 비해 여전히 낮다. 그러나 타이베이 시의 2014년 인구인 2,702,315명에 비교하면 도로 1km^{2}당 인구는 119867.96명이다. 서울시의 도로 1km^{2}당 인구인 124514.81명에 비교하면 인구 수 대비 1인당 도로 면적은 타이베이 시의 사정이 서울시보다 낫다고 할 수 있다.

• 이륜차

타이베이의 특징적인 교통 경관은 오토바이 등의 이륜차에서 드러난다. 타이베이는 이륜차의 보급이 활발히 이루어진 도시로, 앞에서 설명했다시피 오토바이를 어디에서나 쉽게 찾아볼 수 있다. 이를 통계 자료로 보면 다음과 같다.

그림 4.2.4에 잘 드러나듯이, 타이베이 시민의 경우 연령별로 골고루 이륜차 면허를 갖고 있다. 성별로 보아도, 2014년 현재 타이베이 시 남성 829,806명이, 여성 413,702명이 이륜차 면허를 갖고 있다.

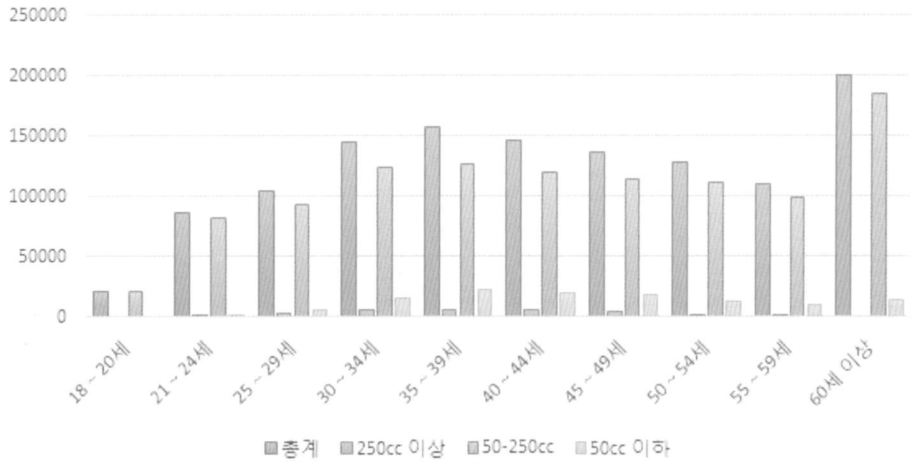

그림 4.2.4 | 타이베이의 연령별 이륜차 면허 현황(2014) (출처 : Department of Transportation, Taipei City Government, 2015, Number of Licensed Drivers in Taipei City - By Age and Sex, http://english.dot.gov.taipei/)

타이베이 시에 등록된 이륜차의 대수로도 타이베이 시민의 이륜차 보급 현황을 알 수 있다. 2014년 현재 타이베이 시에 등록된 이륜차는 980,577대로, 인구 1000명당 362.9대의 이륜차가 보급되어 있다.

• 자전거

타이베이 시의 특징적인 대중교통수단으로 자전거를 들 수 있다. 2008년부터 시작된 타이베이 시의 YouBike는 공용 자전거 대여 서비스로, 타이베이 시내에 설치된 키오스크 어디에서든지 빌릴 수 있고, 또 반납할 수 있는 대중교통 시스템이다.[6] 2014년 현재 196개의 키오스크에서 6,406대의 자전거를 대여할 수 있고, 22,655,778건의 대여가 이루어졌다.[7]

---

6) YouBike, http://taipei.youbike.com.tw/en/index.php

7) Department of Transportation, Taipei City Government, 2015, Bicycle Facilities and Rental Situation in Taipei City,

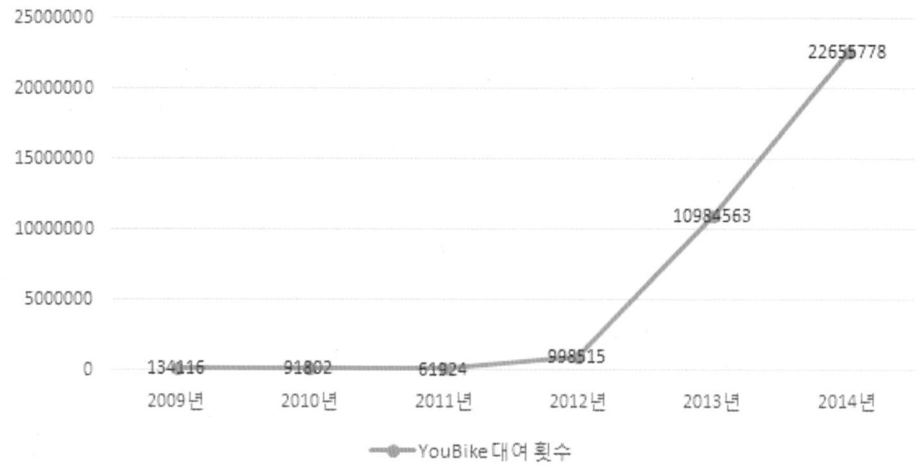

그림 4.2.5 | YouBike 대여 현황(2009–2014) (출처 : Department of Transportation, Taipei City Government, 2015, Bicycle Facilities and Rental Situation in Taipei City, http://english.dot.gov.taipei/)

항공교통

우리가 외국을 방문할 때 가장 쉽게 떠올리는 교통수단은 무엇일까? 목적지에 따라 다르겠지만, 대부분의 사람들은 가장 먼저 비행기를 떠올릴 것이다. 이는 통계적으로도 확인할 수 있는데, 2013년 인천 국제공항을 통해 출국한 대한민국 국민이 전체 출국자 13,834,472명 중 10,359,538명으로 약 75%를 차지했다.[8)]

공항에서 떠난 자는 공항에 도착한다. 그렇기에 우리가 외국을 방문할 때 가장 처음 마주하는 경관도 공항이 되고, 서울대학교 지리학과 답사 팀도 예외 없이 타이완 타오위안 국제공항을 가장 먼저 만났다. 그런데 우리는 타이베이의 지도를 보고 나서 시내에 공항이 자리하고 있는 것을 보고 흥미를 갖지 않을 수 없었다. 서울의 김포 국제공항과 인천의

http://english.dot.gov.taipei/

8) 법무부, 2013, 출입국자통계(2013).

인천 국제공항의 관계가 떠올랐기 때문이다. 어떻게 서울과 타이베이는 둘 다 도시 내에 공항을 품게 되었을까?

• 한국과 유사한 타이완의 항공교통 시스템

타이완 답사 전에는 타이완의 협소한 국토 면적 때문에 국내선보다는 해외로 출입하는 국제선이 더 발달해 있을 것이라고 생각했다. 그래서 타이완의 국내선 수요가 적어 공항이 한국과 같이 지방의 주요 도시에 분포해 있을 것이라고는 생각하지 못했다.

그러나 막상 타이완의 공항에 대해 조사해 보니 생각과는 달리 한국의 공항과 비슷하게 지역 거점에 분포하여, 국내 수송 기능 역할을 담당하는 것을 확인할 수 있었다.[9] 실제로 타이완에는 현재 5개의 항공사가 지방 거점 도시에 분포한 공항에 노선을 구축해 국내 수송 기능을 담당하고 있었다.[10]

다만 작은 면적을 가진 특성상 고속철도와 고속도로가 발달함에 따라 항공 수요가 감소하고, 이에 따라 최근 지방 공항의 경우에는 적자를 면치 못하게 됐다.[11] 이는 한국의 사례와 매우 유사한데, 국내 여러 지방의 거점 공항들이 고속도로와 고속철도의 개통으로 수요가 감소한 것과 비슷한 양상을 보인다. 이렇게 국내선에서 한국과 타이완이 비슷한 공항 시스템을 보이는 것은, 한국이 타이완보다 3배 가까운 넓은 영토를 가지고 있지만 공항 시스템이 발달하기에는 한국도 타이완과 마찬가지로 충분하지 못한 국토를 점유하고 있기 때문이라고 풀이된다.[12]

일본을 비롯한 외국의 사례에 비추었을 때 노선 길이 500km 이하에서는 고속철도가 항

---

9) 임진희, 2013, "대만(臺灣)의 국제항공운송현황과 ICAO가입 필요성에 관한 연구", 한국외국어대학교, 7.

10) 위의 글, 5.

11) 황화종, 2008, "무안국제공항 활성화 방안", 전남대학교, 15.

12) 박용화 · 김연명 · 오성렬, 2004, "고속철도 개통으로 인한 항공수요 변화에 대한 추정", 대한교통학회지 22(6), 49.

공에 비해 높은 경쟁력을 가지고 있음을 알 수 있다. 김포와 제주도 노선을 제외하고 한국과 타이완은 모두 국내선에 500km 이상의 노선은 없기 때문에 양국의 국내 공항 시스템이 비슷한 구조를 가지고 있는 것으로 풀이된다.

국제공항의 경우 타이완에서 가장 큰 공항인 타오위안 국제공항이 한국의 인천 국제공항처럼 가장 많은 이용객을 보유한 국제 허브공항으로서 기능을 하고 있다. 타이베이 내부에는 타오위안이 국제공항으로 출범하기 전까지[13] 국제공항으로 사용되던 쑹산 국제공항이 있다.

• 공항과 도시의 역사

쑹산 국제공항과 김포 국제공항의 속성이 유사한 이유는 근대 이후 한국과 타이완이 겪어 온 역사가 유사하기 때문이라고 생각할 수 있다. 특히 이 두 공항의 유사성은 각각 타이베이와 서울의 도시 확장과 관련이 깊은데, 이를 알아보기 위하여 일제강점기부터 시작하는 각 공항의 역사를 살펴보고자 한다. 그 전에 이 글에서 다루고자 하는 4개 공항의 기본 정보부터 짚고 넘어가자.

(1) 쑹산 국제공항

타이베이 쑹산 국제공항(臺北松山機場, Taipei Songshan Airport)은 북위 25°04'10", 동경 120°33'06"에 위치한 국제공항으로, IATA 코드 TSA, ICAO 코드 RCSS를 부여받았다. 1950년 4월 16일 민항 공항으로 개장하였으며, 총면적 182헥타르에 민항 영역은 64헥타르이다. 활주로는 2,605m 길이의 10/28 하나를 운용하고 있다.[14] 2013년 총 58,970편의 항공편을 통해 5,842,571명이 이용하였으며, 그중 국내선(양안 간 노선 제외)의 항공편

13) 임진희, 앞의 글, 12.

14) 臺北松山機場, 2014, 臺北國際航空站102年年報, 11.

이 43,263편으로 2,873,339명이 이용하였다.[15]

(2) 김포 국제공항

김포 국제공항(Gimpo International Airport)은 북위 37°33'25″, 동경 126°47'51″에 위치한 국제공항으로, IATA 코드 GMP, ICAO 코드 RKSS를 부여받았다. 1958년 1월 30일 국제공항으로 지정되었다. 활주로는 3,200m 길이의 14R/32L, 3600m 길이의 14L/32R 두 개를 운용하고 있다.[16] 2013년 총 134,622편의 항공편을 통해 19,904,327명이 이 공항을 이용하였는데, 이 중 15,943,136명이 국내선을 이용하였다.[17]

(3) 타오위안 국제공항

타이완 타오위안 국제공항(臺灣桃園國際機場, Taiwan Taoyuan International Airport)은 북위 25°04'35″, 동경 121°13'26″에 위치한 국제공항으로, IATA 코드 TPE, ICAO 코드 RCTP를 부여받았다. 1979년 12월 26일 민항 공항으로 개장하였다. 활주로는 3,660m 길이의 05L/23R, 3,350m 길이의 05R/23L 두 개를 운용하고 있다.[18] 2013년 총 194,239편의 항공편을 통해 30,701,987명이 이 공항을 이용하였는데, 이 중 28,608,274명이 국제선 및 양안 노선을 이용하였을 정도로 국제선 운영에 특화되어 있다.[19]

(4) 인천 국제공항

인천 국제공항(Incheon International Airport)은 북위 37°27'45″, 동경 126°26'21″에

15) 臺北松山機場 http://www.tsa.gov.tw/tsa/zh/info_performance1.aspx
16) 항공정보포털시스템 http://www.airportal.go.kr/upload/airport/GMP.pdf
17) 한국공항공사, 공항별 통계 http://www.airport.co.kr/mbs/www/jsp/stats/airportStats.jsp
18) 항공정보포털시스템 http://www.airportal.go.kr/upload/airport/TPE.pdf
19) 中華民國交通部民用航空局, 2014, 中華民國102年民航統計年報, 88-89.

위치한 국제공항으로, IATA 코드 ICN, ICAO 코드 RKSI를 부여받았다. 2001년 3월 29일 개항하였다. 활주로는 3,750m 길이의 15R/33L, 3,750m 길이의 15R/33L, 4,000m 길이의 16/34 세 개를 운용하고 있다. 2013년 총 237,294편의 항공편을 통해 41,482,828명이 이 공항을 이용하였는데, 이 중 40,785,953명이 국제선을 이용하였다.

• 쑹산과 김포, 타오위안과 인천의 비교

쑹산 국제공항은 1936년 마쓰야마 비행장[20]으로 처음 개장하였다.[21] 일제강점기 당시의 타이베이 시는 현재의 타이베이 서부 구시가지에 한정되어 있었다. 이는 상대적으로 타이베이 시 동부의 평지를 비행장으로 활용하기에 유용했음을 의미한다. 이러한 이유로 타이베이 시 동부의 비행장은 제2차 세계대전 종전 전까지 군사적인 목적으로 활용되다가, 1950년 민항 공항으로 개장하였다.

그림 4.2.6을 보면 현재의 쑹산 국제공항 인근(그림 상단부 중앙)은 1945년에는 거의 개발되지 않은 상태였음을 알 수 있다. 그러나 시간이 지나면서 쑹산 국제공항 주변도 타이베이 시의 확장에 따라 개발되어 간다. 이를 보여 주는 자료가 그림 4.2.7이다. 이에 따라 증가하는 항공교통 수요에 대응하여 쑹산 국제공항의 시설을 확장하는 것에 한계가 생길 수밖에 없었다. 그 결과 1979년 타이베이 시 인근에 새로운 공항인 타오위안 국제공항이 개항하였고, 이와 동시에 쑹산 국제공항은 국제선 업무를 전부 타오위안 국제공항에 넘겨주게 된다.[22] 그러나 2008년 타이완의 항공 규제 완화로 인하여 쑹산 공항에도 국제선의 취항이 이루어지게 된다. 2013년 현재 15개 항공사가 타이완 국내선 7개, 국제선 15개(양

20) 마쓰야마(松山)라는 일본식 이름이 그대로 쑹산(松山) 국제공항의 이름이 되었다.

21) Taiwan Info, http://taiwaninfo.nat.gov.tw/ct.asp?xItem=194397&CtNode=124&htx_TRCategory=&mp=4

22) 臺北松山機場 http://www.tsa.gov.tw/tsa/en/info_about_airport.aspx#

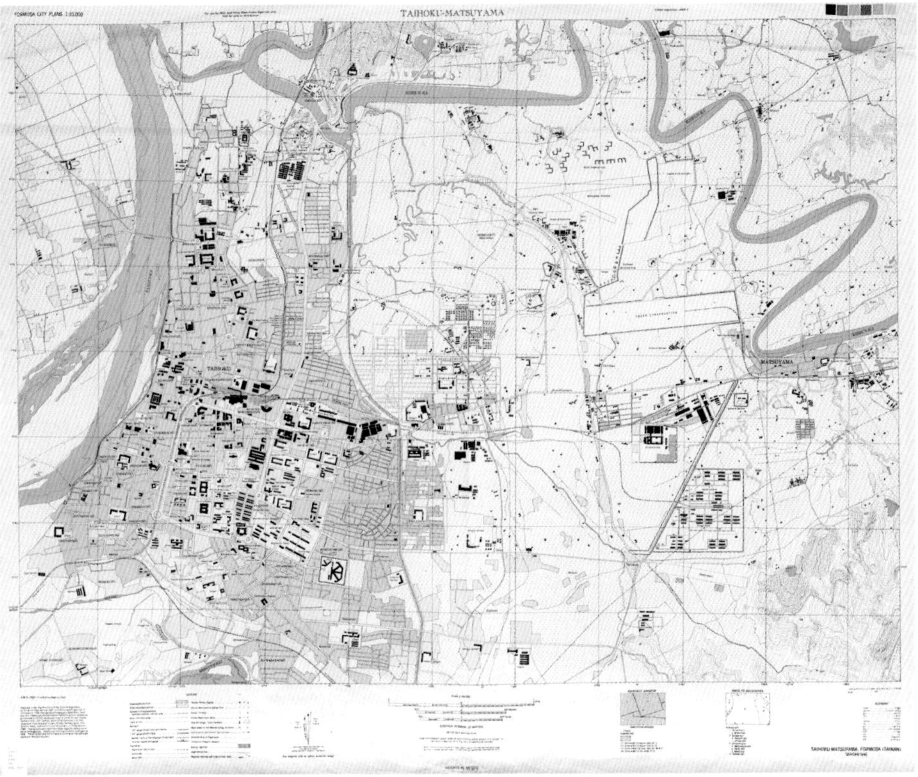

그림 4.2.6 | Unites States Army Map Service, 1945, Taihoku-Matsuyama, Formosa(Taiwan), Taihoku-Shu. A.M.S. L991 (출처 : http://gisserver.princeton.edu :81/navigatorMapViewer.htm?map=1026)(↑)

그림 4.2.7 | 1979년 11월 1일 타이베이 시 Landsat 1 위성영상 (출처 : http://www.usgs.gov/visual-id/credit_usgs.html#copyright)(↓)

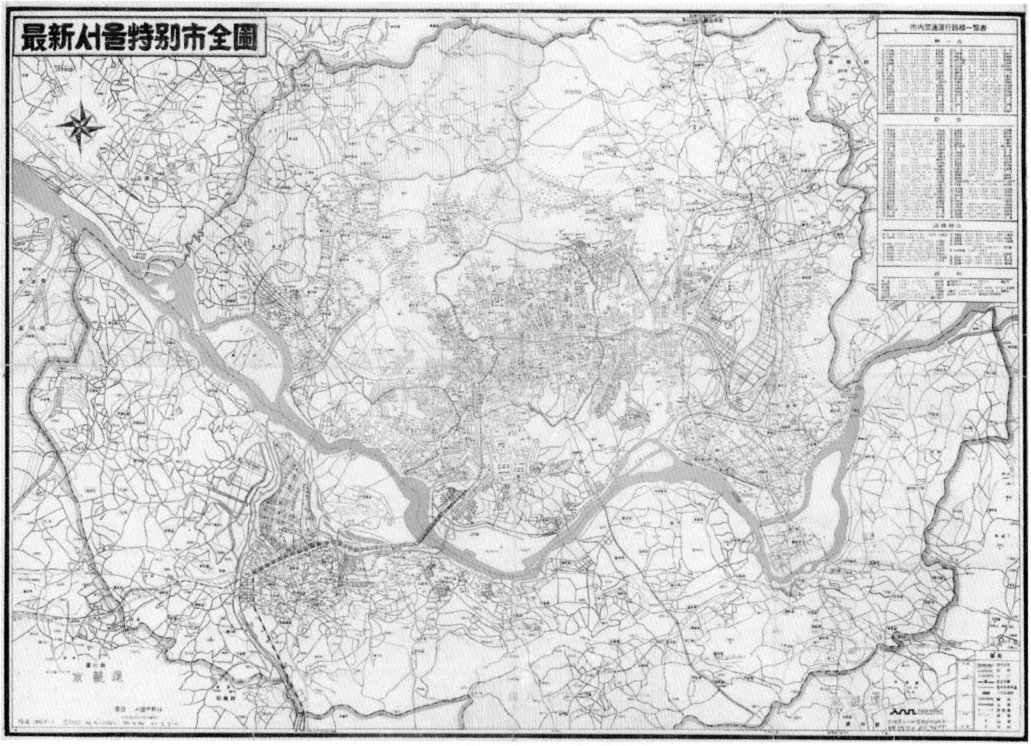

그림 4.2.8 | 서울PR사, 1966, 『最新서울特別市全圖』(출처 : http://gis.seoul.go.kr/Information/PavilionPopup.jsp?mg_id=20101221043&CAT_ID=20101221002&CAT_TYPE=1)(↑)
그림 4.2.9 | 1992년 9월 22일 서울특별시 Landsat 5 위성영상 (출처 : http://www.usgs.gov)(↓)

안 노선 포함)를 정기적으로 운영하고 있다.23)

김포 국제공항의 역사도 쑹산 국제공항의 그것과 유사하다. 김포 국제공항 역시 일제강점기에 개항한 일본의 군사 공항에서 시작하였다. 1939년 개항한 김포 비행장은 1958년이 되면서 김포 국제공항으로 민항 업무를 시작하였다.24) 당시 김포 국제공항 주변은 지금과는 달리 도시화가 이루어져 있지 않았는데, 이는 그림 4.2.8을 통해 확인할 수 있다. 그러나 대한민국의 항공교통 수요가 증가하는 1990년대에는 그렇지 않았다. 이를 보여 주는 지도가 그림 4.2.9이다.

비록 김포 국제공항의 규모는 쑹산 국제공항보다 컸지만, 김포 국제공항 주변의 환경은 더 이상 급증하는 항공 수요에 발맞추어 김포 국제공항이 확장될 수 있게끔 도와주지 않았다. 이는 대한민국 정부의 신공항 건설 결정으로 이어졌고, 2001년 인천 국제공항 개항 이후 김포 국제공항은 쑹산 국제공항과 마찬가지로 국제선 업무를 전부 인천 국제공항에 넘겨주었다. 그러나 쑹산 공항과 유사하게 2003년 다시 국제선 업무를 개시하게 된다.25)

그림 4.2.10은 쑹산 국제공항과 타오위안 국제공항의 연도별 여객 수의 변화를 보여 준다. 그림 4.2.10에 따르면 타오위안 국제공항의 총 여객 수는 지속적으로 증가하지만, 쑹산 국제공항의 총 여객 수는 1979년 이후 감소하다가 1997년까지 증가하고, 다시 1997년 이후부터 감소하는 추세를 보인다. 이는 쑹산 국제공항과 타오위안 국제공항의 입지 특성에 기인하는데, 쑹산 국제공항의 경우 주위가 산과 하천으로 둘러싸여 있고 도시화가 진행되어서 추가 확장이 불가능했지만, 타오위안 국제공항의 경우 인근의 바다를 제외하고는 장애물이 없어서 추가 확장이 용이했기 때문이다. 이러한 추가 확장의 유연성은 타오위안 국제공항이 증가하는 국제선 여객 수에 대응케 하고, 쑹산 국제공항은 국내선 여

23) 臺北松山機場, 앞의 글.

24) 항공정보포털시스템 http://www.airportal.go.kr/upload/airport/GMP.pdf

25) 위의 글.

〈표 4.2.3〉 타오위안 국제공항과 쑹산 국제공항의 2013년 여객 유형별 비교

비행장	비행편 수	여객 합계	국제선 여객	양안 노선 여객	국내선 여객	환승객
타오위안	194239	30701987	21981883 (72%)	6626391 (22%)	0 (0%)	2093713 (7%)
쑹산	60066	5847275	1578993 (27%)	1394924 (24%)	2873358 (49%)	0 (0%)
인천	237294	49193078	40785953 (83%)	-	696875 (1%)	7710250 (16%)
김포	134622	19911006	3961191 (20%)	-	15943136 (80%)	6679 (0%)
타오위안	194239	30701987	21981883 (72%)	6626391 (22%)	0 (0%)	2093713 (7%)
쑹산	60066	5847275	1578993 (27%)	1394924 (24%)	2873358 (49%)	0 (0%)
인천	237294	49193078	40785953 (83%)	-	696875 (1%)	7710250 (16%)
김포	134622	19911006	3961191 (20%)	-	15943136 (80%)	6679 (0%)

출처 : 中華民國交通部民用航空局, 2014, 中華民國102年民航統計年報, 62-63

객 취급에 집중할 수 있도록 해 주었다. 한편 1997년 이후의 쑹산 국제공항의 여객 감소는 국내선의 경쟁 교통수단인 도로 및 철도교통수단의 확장으로 인한 것으로 분석되고 있다.[26]

26) 臺北松山機場 http://www.tsa.gov.tw/tsa/en/info_about_airport.aspx#

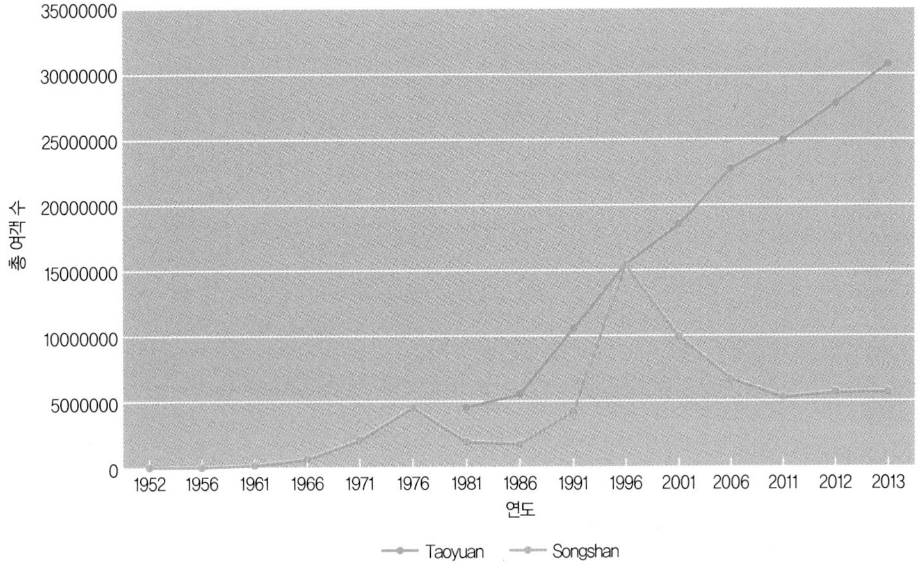

그림 4.2.10 | 타오위안 국제공항과 쑹산 국제공항의 연도별 여객 수
(출처 : 中華民國交通部民用航空局, 2014, 中華民國102年民航統計年報, 64-69)

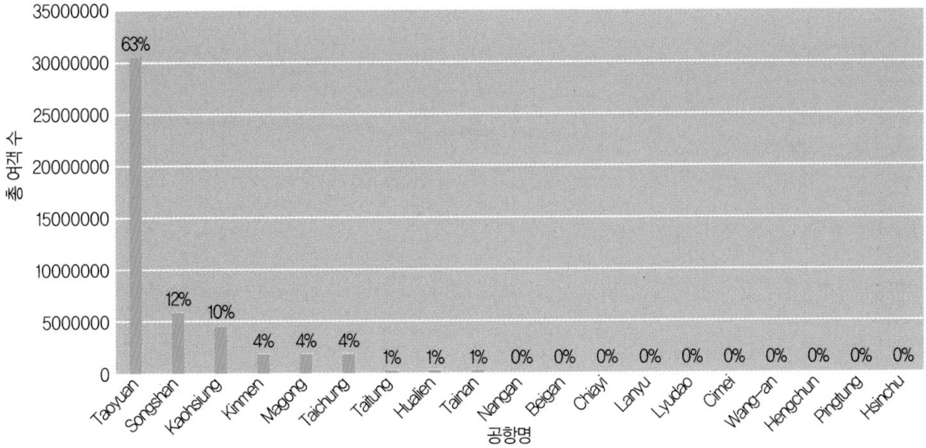

그림 4.2.11 | 타이완의 2013년 공항별 이용 여객 현황
(출처 : 中華民國交通部民用航空局, 2014, 中華民國102年民航統計年報, 64-69)

타이베이의 지하철과 버스

타이완을 답사할 때, 타이완의 여러 가지 교통수단을 이용하였다. 그중 한국과 가장 유사하다고 생각한 교통 시스템은 바로 지하철이다. 타이베이 내부에는 5개의 지하철(MRT) 노선이 있는데, 각각 타이베이 북쪽에서 남쪽으로 향하는 노선 2개, 동북에서 동남으로 향하는 노선, 서쪽을 가로지르는 노선, 타이베이를 횡으로 가로지르는 노선이다. 이 노선들 대부분에는 한국과 같이 환승 시스템이 적용된다.

따라서 이것을 적절히만 이용하면 타이베이 어디든지 한화 1,000원이 조금 넘는 저렴한 가격으로 이동할 수 있다. 이러한 이점 때문에 이번 해외 답사에서는 타이베이 101 국제무역타워, 중정기념당, 총통부, 용산사, 중산기념관 등 타이베이의 명소들을 지하철을 이용해서 쉽고 편리하게 답사할 수 있었다.

이렇게 타이완의 지하철을 이용하다 보니 지하철 노선 사이의 환승 시스템이나 내부 구조, 지하철 역사의 모습, 지하철 역 주변의 경관이 한국과 비슷하다는 점이 눈에 들어왔다. 그중 외부 경관이 한국과 이질성을 거의 느끼지 못할 만큼 비슷한 곳은 용산사역이다. 용산사역을 나오면 바로 길 건너편에 타이완의 전통 사찰인 용산사가 보이고, 그 옆에는 여러 점포가 밀집한 거리가 있다.

이러한 경관은 서울 지하철 1호선 동묘앞역의 외부 경관과 흡사하였다. 또 지하철 역사 내부의 경우, 우리가 이용한 노선에서 플랫폼에 스크린도어가 없다는 점과 지하철의 좌석 구조만 이질적으로 느껴졌을 뿐 나머지 부분에서는 한국의 지하철을 이용하는 것으로 착각할 만큼 매우 비슷하였다.

환승 시스템도 한국의 그것과 비슷하였다. 환승역에서는 다른 플랫폼으로 걸어서 이동만 하면 쉽게 환승할 수 있다. 환승 시스템은 지하철 노선 간만이 아니라 버스에서도 연계되어 운용되고 있다. 비슷한 섬나라인 일본에는 지하철 시스템 내에 환승 시스템이 잘 구축되어 있지 않다는 점을 상기한다면, 한국과 타이완이 특징적으로 가지고 있는 비슷한 시스템 중 하나라고 할 수 있을 것이다.

타이완 답사에서는 주로 타이베이 1번 버스를 이용했다. 타이완에서 한국의 김포 국제공항과 비슷한 역할을 하고 있는 쑹산 국제공항을 답사한 후 다시 시내로 들어가기 위해서 이 버스를 이용했는데, 버스의 구조가 한국의 저상 간선버스와 매우 유사했다. 차체의 바닥은 낮고 중간중간 낮은 좌석과 높은 좌석이 섞여 있었다. 버스 내부의 전광판과 노선을 표시한 지도도 한국의 그것과 꼭 닮아 있었다. 우리는 타이완의 지하철을 이용할 때 이질감을 느끼지 못한 것과 마찬가지로 타이완의 버스를 이용하면서도 버스의 내부 구조와 노선이 한국의 그것과 매우 유사하다고 생각했다.

특히 흥미로운 점은 버스 정류장과 그것을 둘러싼 교통 경관이었다. 그 경관은 서울의 그것과 매우 유사했다. 눈에 띄었던 것은 정류장의 위치와 모습이었다. 타이베이의 버스 정류장의 경우 중앙 버스 전용 차로제가 도입되어 도로의 한가운데에 버스 정류장이 있는 경우가 많았다. 한국에도 서울시의 많은 버스 노선에 중앙 버스 전용 차로제가 도입되어 있는 경우를 볼 수 있는데, 이 때문에 타이완과 서울의 버스 시스템으로 인한 교통 경관은 더욱 유사해 보였다.

• 쑹산선의 개통이 타이베이 지하철 이용에 미치는 영향

타이베이의 쑹산선이 개통되면서 어떤 효과가 있었는지 분석해 보면, 지하철이라는 교통수단이 도시 교통에 얼마나 획기적인 변화를 주는지를 확인할 수 있다. 새로운 노선의 추가는 도시 내에서 사람들의 이동 패턴에 큰 변화를 가져온다. 가장 기본적으로는 노선이 지나가는 지역에 대한 접근성 향상과 이동 시간 감축으로부터 영향을 받는다. 이와 함께, 새롭게 건설된 역을 중심으로 기존의 공간을 재편하고 새로운 중심지를 형성하는 데 촉진제의 역할을 한다.

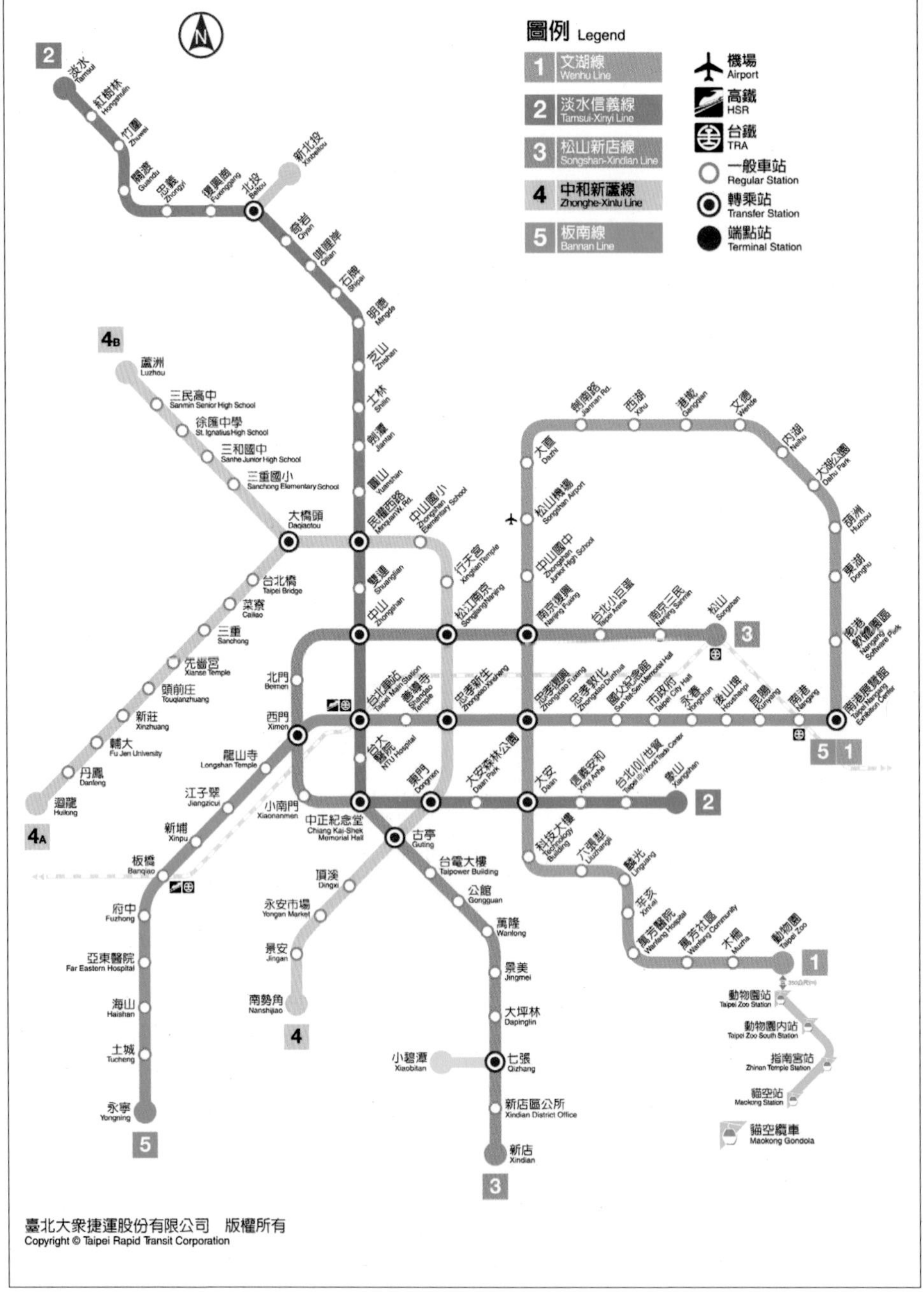

그림 4.2.12 | 타이완의 MRT 노선도

2014년 11월 15일에 개통한 쑹산선의 노선 연장은 8.5km로 짧은 거리이지만, 그동안 유지되어 왔던 타이베이의 지하철 시스템에 전반적인 변화를 가져올 만큼 타이베이 첩운 체계에 큰 영향을 끼쳤다 할 수 있다. 이외에도 다양한 측면에서 새로운 노선이 주는 편익을 따져 보면, 새로운 노선의 개통은 단순히 그 지역의 주민뿐만 아니라 지하철을 이용하는 승객 모두에게 편의를 제공함을 확인할 수 있다.

· 쑹산선 개통의 결과와 타이베이 지하철 노선의 변화

쑹산선이 개통하고 난 뒤 타이완의 지하철은 이전의 체계에서 큰 수정을 거쳐 더욱 직관적으로 변모하였으며, 이용객들에게도 노선을 구분하기에 간단한 노선 시스템을 제공할 수 있게 되었다. 타이완의 지하철 시스템은 서울의 수도권 지하철에서 4호선이 과천선·안산선과 연결되어 4호선으로 불리는 것과 같은 시스템을 취하고 있다. 하지만 쑹산선의 개통으로 노선의 겹침이나 노선 색상의 중복 없이 이용자들이 인식하기 편리하게, 노선의 색상을 명확히 구분하고 각 노선에 번호를 붙이게 되었다.

쑹산선은 8.5km의 길이에 8개의 역으로 구성되어 있는데 8개의 역 모두 지하 역사이다. 기존에 있던 역은 시먼 역, 중산 역, 쏭쟝난징 역, 난징푸싱 역 등 4개 역으로, 쑹산선의 개통으로 환승역이 되었다. 새롭게 영업하는 4개의 역은 베이먼 역, 타이베이아레나 역, 난징싼민 역, 쑹산 역이다. 새로 개통한 8.5km의 거리는 끝에서 끝까지 이동하는 데 15분 정도 소요된다.

쑹산선은 반난선과 신이선에 이어 타이베이 지하철 시스템에서 세 번째의 동서 횡축 노선이다. 추후 개통될 타오위안 공항철도, 타이완 철도와 연결된다면 쑹산선은 더욱 활발히 지역 비즈니스 활동을 촉진시킬 것이며, 노선을 지나는 지역의 경관 또한 바꿀 것으로 기대된다.

• 쑹산선 개통의 효과

(1) 시간 절약

– 차두 간격의 감소

신의선의 경우 기존에는 신뎬선과 교차로 운행되었지만 쑹산선의 개통으로 단독 운행하게 되었다. 이에 따라 차두 간격이 평소의 6분에서 3분으로 줄어들어 승객들이 기다리는 시간이 2배 이상 감소하였고, 똥먼 역에서의 환승을 보다 신속하게 처리할 수 있게 되었다. 이를 통해 시간의 이익을 보는 승객의 수가 하루에 7만여 명에 달할 것으로 보인다. 신뎬선의 경우도 러시아워에 차량 배차 수가 증가하여, 차두 시간이 6분에서 4~5분 간격으로 줄어들게 된다.

– 쑹산과 네이후 지역의 접근성 향상

쑹산이나 네이후 지역에 가려는 단수이 거주민들은 이전에 이용했던 타이베이 역이 아닌 중산 역에서 갈아타게 되었다. 이에 따라 보다 덜 복잡한 역에서 환승이 가능하여, 보다 빠르고 편리한 환승이 이루어질 것이다.

반차오와 투청의 거주민들은 쑹산 지역까지 시먼 역에서 가장 혼잡한 역 중 하나인 쭝샤오푸싱 역을 피해 빠르게 환승할 수 있게 되었다. 이전에는 쑹산 지역으로 가는 전철 노선이 없어 갈색 노선의 지역에서 버스를 타고 이동해야 했지만, 보다 빠른 이동이 가능할 것으로 기대된다.

신뎬 지역 거주자들은 난징똥루나 쑹산 지역까지 환승 없이 이동하는 게 가능해졌다. 기존의 전철 체계에서는 두 번 이상의 환승을 통해 이동하거나 중산 역에서 버스로 환승하는 등의 불편함을 겪었지만, 새로운 노선의 개통으로 소요 시간을 획기적으로 줄일 수 있게 되었다.

쑹산선은 타이베이아레나, 출퇴근 인구가 많은 난징 동로, 난징 서로 등의 지역을 연결하여, 게임이나 쇼를 보려는 사람이나 통근 인구에게 교통상의 편의를 제공하게 된다. 특히 이전의 버스 이용을 줄여 교통수단 이용 시간을 획기적으로 줄일 것이다.

(2) 이용 요금 감소

타이완 지하철은 기본적으로 표 4.2.4와 같은 거리 비례의 운임 체계를 가진다. 따라서 새 노선의 개통은 기존 역들 간의 상대적 거리를 줄이게 되는데, 새 노선 개통으로 인한 운임 인하의 혜택은 주로 각 노선 종점의 이용자들이 누릴 수 있다. 특히 신뎬, 단수이, 신좡, 루저우 등의 지역에서 그동안 환승 거리가 길었던 네이후 지역의 역들까지의 운임이 5NTD씩 줄어드는 결과를 가져온다.

예를 들어 씬디엔취꽁쑤어 역에서 네이후 역까지의 편도 운임은 55NTD에서 50NTD로 감소되고, 징메이 역에서 시후 역까지의 편도 운임은 45NTD에서 40NTD로 감소된다. 또 단수이 역에서 찌엔난루 역까지의 편도 운임은 65NTD에서 60NTD로 감소된다. 5NTD는 한화 200원 정도로 매일같이 지하철을 이용하는 이용객들은 새 노선의 개통으로 소요 시간 단축과 함께 운임 요금이 줄어드는 효과를 동시에 볼 수 있게 되었다.

〈표 4.2.4〉 타이완 지하철의 운임 체계

거리(km)	5	5~8	8~11	11~14	14~17	17~20	20~23	23~27	27~31	31
운임(NTD)	20	25	30	34	40	45	50	55	60	65

(3) 편의성의 증진

– 적은 환승 빈도

쑹산선의 개통을 통해, 서로 맞닿지 않는 중허신루선과 원후선 간의 이동을 제외하고는, 단 한 번의 환승으로 목적지까지의 이동이 가능해진다. 물론 타이베이의 지하철은 5개의 노선으로 단순함을 보이기는 하지만, 이는 이전의 환승 체계를 고려하였을 때 환승 횟수의 감소에 크게 기여하였으며 매일 26,000명의 승객에게 환승 시간 감소의 편익을 제공한다.

– 노선 혼란의 감소

이전의 타이베이 전철 노선도는 상당히 복잡한 노선 배치를 보였는데, 이는 여러 계통의 지선들을 합하여 운행하는 특성에서 기인하였다. 특히 쑹산선이 미완 구간이었기 때문에 기존의 녹선은 복잡하게 운영되었는데, 신뎬선은 홍선과 연결되어 단수이-신뎬선으로 운행되었다.

실제로 타이완 답사 중에도 단수이-신이선과 단수이-신뎬선이 교차로 운행되어 목적지에 잘못 내린 적이 있었다. 또한 연초록색의 노선인 샤오난먼선은 중정기념당에서 시먼역까지 운행되었는데, 이 노선은 전철 노선도 짧고 그에 따라 이용객 수도 적어 배차 시간이 다른 노선보다 길다는 점을 느낄 수 있었다.

하지만 쑹산선의 개통으로 신뎬선, 샤오난먼선, 쑹산선이 직결로 운행되는 완전한 녹선이 완성되어 기존의 혼란스러운 지하철 운행이 한결 직관적으로 변하면서, 전철을 이용하는 승객들의 편의성을 증진시키게 되었다.

– 환승역의 증가로 인한 환승 수요의 분산

쑹산선의 개통으로 타이베이 전철 시스템에 4개의 환승역이 추가되었다. 녹선과 남선을 잇는 시먼 역, 녹선과 홍선을 잇은 중산 역, 녹선과 귤선을 잇는 송쟝난징 역, 녹선과 종선을 잇는 난징푸싱 역이 기존 단일역에서 환승역이 되었다. 추가로 개통된 환승역은 지하철 이용객의 환승 루트를 다각화시켜, 기존의 환승역의 수요를 분산시키는 효과를 가져올 것이다. 특히 타이베이 역, 쭝샤오신셩 역, 쭝샤오푸싱 역과 같은 혼잡도가 높은 역들의 혼잡도를 해소시키는 데 크게 기여할 것으로 판단된다. 예를 들어, 난징푸싱 역(기존의 난징똥루 역)을 이용하려는 승객의 경우 기존에는 남선의 쭝샤오푸싱 역을 통해서만 환승이 가능했지만, 쑹산선 개통 이후에는 쭝산 역이나 쏭쟝난징 역에서 환승이 가능하기 때문에 쭝샤오푸싱 역의 혼잡을 크게 줄일 수 있다. 특히 단수이 쪽의 이용객과 귤선을 이용하는 승객의 편의가 증가되고, 신뎬선을 이용하는 승객은 환승 없이 바로 이동이 가능하게 된다.

– 신뎬 지역 거주민들의 교통 편의 향상

쑹산선은 신뎬선과 병렬 운행되어 '신뎬–쑹산'선으로 이름 붙여졌다. 운행 경로는 신뎬에서 시먼, 쑹산, 난징 동·서로를 환승 없이 연결한다. 노선의 확장으로 인해 모든 노선으로의 환승이 반대편 플랫폼에서 가능해졌는데, 귤선은 구팅 역에서, 홍선은 중정기념당 역에서, 남선은 시먼 역에서, 종선은 난징푸싱 역에서 이루어진다.

그뿐만 아니라 녹선은 신뎬 지역의 거주자들에게 향후 개통될 공항철도 노선과의 환승을 혼잡한 타이베이처짠 역이 아닌 베이먼 역에서 가능하게 함으로써, 직접적이고 편리한 환승을 가능하게 한다.

타이베이의 철도

이번 타이완 답사에서 가장 중점을 두었던 것은 타이베이의 교통수단을 다양하게 이용해 보자는 것이었다. 아쉽게도 철도교통은 이용해 볼 기회가 없었지만, 타이베이 역에 직접 간 것만으로도 많은 것을 볼 수 있었다.

타이베이 역에 처음 갔을 때 든 생각은 서울역과 상당히 비슷하다는 것이었다. 내부의 구조뿐만 아니라 지하철, 버스와의 연결 시스템 등이 매우 유사했다. 이러한 생각을 바탕으로 이 글에서는 서울역과 타이베이 역을 비교하고, 특히 각 역의 다른 교통수단과의 연결성을 살펴보고자 했다. 이를 바탕으로 각 역의 교통수단 집약도를 비교해 보았다.

• 서울역과 타이베이 역의 발달 과정

서울역은 1900년에 작은 규모의 목조건물에서 경부선의 경성역으로 영업을 시작하였다. 1905년에 잠시 남대문역으로 개칭하였지만, 10년 뒤에 다시 경성역으로 돌아갔다. 1925년에는 현재 남아 있는 구 서울역사를 준공하였다. 광복을 맞이한 뒤에는 지금의 서울역으로 개명되었다. 한국전쟁 당시에 역사가 일부분 파괴되었지만 다시 복구되었다. 1960년대 수송량의 급격한 증가로 남부와 서부 역사를 신설하여 본 역사와 분리하여 사용하였다. 현재 소재지는 서울특별시 중구 봉래동이다.

서울역은 하루 평균 9만여 명이 이용하는, 대한민국 수도인 서울의 관문이라고 할 수 있다. 한국 철도의 중추 간선인 경부선과 경의선의 시종착역으로, 경부선 서울역은 종착역인 부산역까지의 거리가 441.7㎞, 경부고속철도(KTX)는 408.5㎞이다. 경의선은 도라산역까지 55.6㎞이다. 과거에는 경부선 외에도 호남선·전라선·장항선 등 모든 장거리 열차가 운행되었으나, 2004년 4월 KTX가 개통된 뒤부터 호남선·전라선·장항선은 용산역에서 출발하게 되었다. 2003년 12월 완공된 신축 역사에는 백화점이 입점하고 주변에 대형 할인점이 들어서는 등 여행과 쇼핑을 겸할 수 있는 복합역으로 조성되었다.[27)]

타이베이는 1891년에 철도를 처음 개통하였으며, 1897년 역사가 지어지기 전까지 임시 역사가 사용되었다. 타이베이 역도 서울역과 비슷하게 수송량의 급격한 증가로 1940년에

27) 철도산업정보센터 철도역 정보 http://www.kric.or.kr/jsp/railplaza/est/estation_BasicDetail.jsp?station=A0302803 13

그림 4.2.13 | 구 서울역사(현 문화역서울 284)
(출처 : https://ko.wikipedia.org/wiki/%EC%84%9C%EC%9A%B8%EC%97%AD#/media/File :Keijo_Station.JPG)

그림 4.2.14 | 구 타이베이 역사
(출처 : http://en.wikipedia.org/wiki/Taipei_Railway_Station#mediaviewer/File:Taipeistation-1948.jpg)

그림 4.2.15 | 현 서울역 (출처 : https://commons.wikimedia.org/wiki/File :Seoul_Station_Entrance.jpg)

그림 4.2.16 | 현 타이베이 역

새로 지어졌다. 현재 타이베이 시 중정 구에 위치해 있다.

• **타 교통수단과의 연결성**

(1) 철도

타이베이 역과 서울역 모두 각지와 연결된 철도 노선을 이용할 수 있으며, 이러한 점에서 철도교통의 중심지라고 볼 수 있다. 서울역이 고속철도에 해당하는 KTX와 연결되어 있는 것과 같이 타이베이 역에서도 고속철도에 해당하는 THSR을 바로 이용할 수 있다.

(2) 지하철

서울과 타이베이의 지하철 시스템은 매우 유사하다. 현재 타이베이에는 크게 5개, 서울에는 9개의 노선이 있다. 서울 지하철은 1974년에 처음 운행되었고, 타이베이는 이보다 약 20년 늦은 1996년에 처음 운행되었다. 서울에서 지하철을 이용해 본 사람이라면 타이베이 지하철을 무리 없이 이용할 수 있다. 요금 정산, 환승 체계 등이 서울 지하철과 비슷하여, 약간의 영어나 중국어만 할 수 있다면 쉽게 이용할 수 있다.

서울역과 타이베이 역 모두 지하철과 바로 연결되어 있다. 두 역을 비교하자면, 서울역에는 총 4개의 지하철 노선(1호선, 4호선, 경의선, 공항철도)이 연결되어 있는 반면에, 타이베이 역에는 2개의 노선(홍선, 남선)만 연결되어 있다.

(3) 버스

서울과 타이베이의 일반 버스 시스템 역시 유사하다. 타이베이와 서울 모두 점차 중앙버스 전용 차로제를 확장해 가고 있으며, 정류장에 버스 도착 알림 서비스 등을 실시하고 있다. 서울과 타이베이의 일반 버스 시스템에서 다른 점은 요금 정산 체계이다. 먼저 교통카드를 사용할 때, 서울에서는 탈 때와 내릴 때 모두 교통카드를 찍어야 한다. 하지만 타이베이는 한자로 상하가 표시되어 있어 '上'이면 탈 때, '下'면 내릴 때, 둘 다 적혀 있으면 탈 때와 내릴 때 모두 교통카드를 찍어야 한다.

또한 현금으로 요금을 낼 때, 서울은 얼마의 거리를 가느냐와 상관없이 버스마다 일정 가격이 정해져 있다. 반면에 타이베이는 구역이 있고 구역에 따라서 요금을 정산하게 된다. 정류장에 있는 노선도 등을 참고하여 요금을 계산해야 한다.

서울역에는 '서울역 버스 환승 센터'가 있어 다양한 방향으로 가는 버스들을 탈 수 있다.

서울역과 타이베이 역의 차이점은 버스 터미널의 유무이다. 서울은 시외버스/고속버스 터미널과 철도가 분리되어 있다. 서울에는 서울역, 용산역, 영등포역 등의 철도역이 있고, 그와 별개로 고속버스 터미널, 남부 버스 터미널 등이 있다. 철도와 버스 터미널은 연결되어 있지 않으며, 비교적 먼 거리를 이동해서 이용할 수 있다. 이와 다르게 타이베이 역은 버스 터미널과도 매우 가깝게 위치해 있다. 종합 터미널과 서부 터미널이 있어서 철도를 이용하지 않아도 타이베이 역으로만 오면 버스를 이용하여 시외로 갈 수 있다.

(4) 항공

서울역과 타이베이 역 모두 공항과 연결되어 있다. 공항의 특성상 다른 교통수단처럼 서울역이나 타이베이 역에 바로 연결되지는 않는다. 하지만 버스나 지하철을 이용해서 접근할 수 있다. 서울역에서는 공항버스와 공항철도를 이용하여 김포 국제공항과 인천 국제공항에 쉽게 갈 수 있다. 타이베이 역에서는 지하철을 이용하여 쑹산 국제공항에, 버스를 이용하여 타오위안 국제공항에 갈 수 있다. 현재 타이베이 역과 타오위안 국제공항을 잇는 공항철도를 공사 중이다.

• **서울역과 타이베이 역의 교통수단 집약도 비교**

이상의 요소를 종합적으로 고려할 때, 서울역과 타이베이 역은 유사한 점을 많이 가지고 있지만, 교통수단의 집약도 측면에서는 타이베이 역이 좀 더 우세하다고 볼 수 있다.

먼저 철도를 보면, 서울역에서는 기존에 운행되던 일반 열차만 이용할 수 있다. 하지만 타이베이 역에서는 일반 열차는 물론 고속열차도 이용할 수 있다. 이와 마찬가지로 타이베이 역에는 버스 터미널도 있어, 시외버스/고속버스를 쉽게 이용할 수 있다. 지하철은 두 역 모두 비슷하게 연결되어 있지만, 서울역은 4개의 노선과 연결되어 있고 타이베이 역은 2개의 노선과 연결되어 있다. 두 역 모두 다른 교통수단을 이용하여 공항에 편하게 접근할 수 있다. 한국의 김포 국제공항과 이와 유사한 쑹산 국제공항은 지하철로 갈 수 있다. 한국의 인천 국제공항과 유사한 타오위안 국제공항은 공항철도를 건설 중이며, 시외버스를 이용하여 가야 한다.

이렇게 타이베이 역이 서울역에 비해 이용할 수 있는 수단이 좀 더 다양하다. 이는 다이베이 역이 서울역보다 교통수단이 집약되어 있다는 것을 보여 준다. 서울역 또한 집약되어 있기는 하지만, 타이베이 역은 거의 모든 교통수단이 타이베이 역과 연결되어 있다. 타이베이 시에서 시외로 나가는 모든 교통수단이 타이베이 역에 집중되어 분포한다. 타이베이 역으로 가기만 하면 거의 모든 교통수단을 이용할 수 있고, 이러한 점에서 타이베이 역

〈표 4.2.5〉 서울역과 타이베이 역의 연결된 교통수단 비교

서울역	연결 교통수단	타이베이 역
일반 철도 이용 가능	철도	일반 철도(TRA)와 고속철도(THSR) 모두 이용 가능
4개 노선 이용 가능	지하철	2개 노선 이용 가능
일반 버스 이용 가능	버스	일반 버스와 시외버스/고속버스 모두 이용 가능
공항철도, 공항버스 이용	항공	지하철, 시외버스 이용

과 연결된 교통수단의 집약도는 매우 높다.

타이베이의 오토바이와 자전거

• 이륜차의 나라

타이완에 전철과 버스처럼 한국과 유사한 교통 경관만 있는 것은 아니다. 타이완에서만 볼 수 있는 타이완 고유의 모습들도 볼 수 있었다. 그중 한국과는 다른 독특한 교통 경관을 형성하는 가장 큰 요인은 거리 곳곳을 차지하고 있는 오토바이였다.

한국에서는 오토바이가 교통에서 분담하는 비중이 작은 것과는 대조적으로, 타이완에서는 오토바이가 교통에서 차지하는 비중이 매우 크다. 산업 분야에서는 한국과 마찬가지로 오토바이를 이용한 경제활동이 활발하지 않지만, 타이완에서는 오토바이가 일상적인 교통수단으로 많이 사용되고 있으며 정부에서도 정책적으로 이륜차를 장려해 왔다.

이에 따라 오토바이도 자동차와 마찬가지로 하나의 주요한 교통수단으로 정착했다고 한다. 실제로 거리를 걷다 오토바이 20여 대는 족히 넘는 무리가 신호등 앞에서 대기하는 모습을 자주 볼 수 있었다. 파란불로 신호가 바뀌고 수십 대의 오토바이가 동시에 출발하는 광경은 타이완에서만 볼 수 있는 독특한 교통 경관이다.

9월의 끝에 방문한 타이완은 선선해지는 한국과 달리 여전히 무더운 여름이었다. 타이베이와 꽤 거리가 있는 타오위안 국제공항에 내린 후 공항버스를 타고 타이베이 시내로 이동하였다. 버스 밖으로 보이는 풍경은 한국과 크게 다르지 않아 보였다. 특히 고속도로의 형태와 그 도로 위를 달리는 자동차들의 모습이 한국과 다른 것 같지 않았다.

1시간여 달려 도달한 타이베이 시내에서 비로소 한국 도로와 다른 점이 눈에 띄었다. 타이베이에 도착하자마자 제일 먼저 눈에 띄는 건 바로 거리의 스쿠터들로, 한눈에 숫자를 파악할 수 없을 만큼 스쿠터가 많이 보였다. 이때 재미있는 것은 오토바이를 타고 있는 사람들의 인적 구성이었다. 오토바이에 타고 있는 사람들의 모습을 살펴보니 성별과 연령에 있어서 그 인적 구성이 매우 다양했다. 편한 차림의 중년 남성은 물론이고 청바지를 입고 있는 청년, 심지어는 정장 치마를 차려입은 20대 여성까지 다양한 사람들이 오토바이를 교통수단으로 이용하고 있었다. 이는 타이완에서 일상생활의 주요한 교통수단으로 자리매김된 오토바이의 위상을 보여 주는 것이다.

타이완의 거리를 걷다 보면 독특한 도시 경관이 관찰되는데, 바로 오토바이 주차장과 오토바이 전용도로다. 이 오토바이 주차장은 대부분 인도 옆 건물 사이의 공터에 마련되어 있는데, 잘 정비된 자동차 주차장과는 달리 바닥에 시멘트를 덕지덕지 발라 놓은 공터에 마련되어 있는 경우가 대부분이다. 거리에 나란히 배열된 건물들 사이에 공터가 있고 그 공터가 오토바이로 가득 차 있는 모습이, 한국에서는 잘 볼 수 없는 것이라 매우 이질적으로 느껴졌다.

오토바이 전용도로는 타이베이 시의 서쪽을 따라 흐르는 단수이 강 변으로 가는 길에서 볼 수 있었다. 단수이 강 변에는 강의 범람을 막기 위한 벽이 설치되어 있고, 그 벽을 따라 도시 외곽 순환 도로가 있다. 특이하게도 이 순환 도로는 오토바이만을 위한 도로다. 도시 내의 일반 도로에서는 오토바이가 자동차와 같은 도로를 사용하고, 정지 신호를 받을 경우 자동차 앞에 따로 마련된 구간에서 신호를 기다린다. 그러나 오토바이 전용도로에서는 자동차와 도로를 공유하면서 발생하는 제한들이 없기 때문에, 오토바이들은 있는 힘껏 속력을 내어 달린다. 이 도로에는 일반적인 신호등도 갖추어져 있고 보행자를 위한 횡단보도도 마련되어 있다.

• 스쿠터 친화적인 타이완의 교통 체계

타이완은 스쿠터가 보편화되어 있는 만큼, 친(親)스쿠터적인 교통 체계를 갖추고 있다.

국도부터 시내 도로까지 웬만한 도로에는 스쿠터 전용도로와 자전거 전용도로가 갖춰져 있다. 일부를 제외한 시내와 시골의 도로에는 스쿠터를 위한 시설이 있는데, 신호 대기 시에 사륜차의 앞에서 대기할 수 있는 별도의 공간인 스쿠터 박스가 그것이다. 횡단보도와 가까운 부분에 이륜차 그림이 그려진 큼지막한 사각형 모양의 스쿠터 전용 신호 대기 공간이 별도로 마련되어 있다.

보통 주행 중에 이륜차 운전자들은 사륜차 앞에서 신호 대기를 하려는 경향이 있다. 첫 번째 이유는 이륜차가 사륜차에 비해 단위 무게당 출력이 커서 정지 상태에서 신호를 받고 출발하면 사륜차보다 먼저 출발할 수 있기 때문이다. 또 다른 이유는 이륜차의 차체가 작아서 사륜차 뒤에 위치했을 때 사륜차 운전자의 눈에 잘 띄지 않을 수 있어 위험하기 때문이다. 그러므로 이륜차가 사륜차 운전자의 시야에 잘 들어오도록 사륜차나 트럭 앞에 서고자 하는 것이다.

스쿠터 행렬이 멈춰 설 수 있는 스쿠터 박스는 분명 매력적인 시스템이다. 한국에도 사거리에 이륜차 신호 대기용 박스가 설치되면 이륜차 교통 흐름이 체계적으로 교통 시스템 내에 편입되어 오히려 교통사고의 위험이 줄어들지 않을까 생각해 본다.

• 스쿠터의 보급률이 높은 이유

타이완에서는 자동차가 아닌 스쿠터가 일반 교통수단으로 사용될 만큼 그 보급률이 높아, 2009년 기준 타이완의 스쿠터 등록 수량은 1,456만 대로 타이완 인구의 48.4%가 스쿠터를 교통수단으로 사용하고 있다. 타이완의 스쿠터 생산 시장 규모도 상당히 커서 2009년 타이완의 스쿠터 완성품은 생산액이 377억 NTD에 이르렀으며, 자체 완성도가 100%에 가까워지고 있다.

중국과 동남아 국가의 저가 경쟁력으로 위협받고 있으나 타이완 제품은 우수한 품질 경쟁력으로 수출량을 지키며 스쿠터 총 생산 비율 중 수출 비율이 1999년 32.94%에서 2009

년 41.23%로 10년간 10%포인트 가까이 늘었다.

타이완에서 스쿠터의 위치는 독특하다. 현지인의 말에 따르면 타이완 젊은이들이 이륜차 운전면허를 취득할 수 있는 나이가 되면 마치 성인식 선물을 받듯 새 스쿠터를 구입한다고 한다. 타이완의 교육열도 한국처럼 매우 높은 편인데, 타이완의 부모들은 아이들에게 스쿠터를 사 준다며 공부를 장려한다고 한다.

(1) 경제성

국민들의 주 교통수단이라는 기능에 더하여 자기만의 개성을 표현할 수 있는 수단이라는 이미지까지 겹치면서, 스쿠터는 타이완 젊은이들이 가장 갖고 싶어 하는 아이템으로 꼽히고 있다. 그렇다면 이렇게 타이완의 남녀노소가 스쿠터를 사랑하는 이유는 무엇일까? 스쿠터의 가장 큰 매력은 역시 경제성이라는 실용적 이유이다. 스쿠터는 차량 구입 비용부터 유지 비용에 이르기까지 그 가성비가 모두 자동차보다 훨씬 우위에 있다.

50cc 스쿠터의 연비는 리터당 40~50km에 이른다. 베스트셀러 중형차의 5배에 이르는 거리를 더 달릴 수 있는 셈이다. 125cc와 250cc 스쿠터의 연비도 20km 중반에서 30km에 이르러 최신형 하이브리드 자동차와도 비교가 안 될 정도이다.

1,000cc급 스쿠터는 스포츠 스쿠터로 분류되는데, 가격은 평범한 국산 중형 세단 정도에 불과하다. 국산 650cc급 스쿠터는 경차 가격에 살 수 있다. 그러나 동력 성능은 경차 가격의 스쿠터가 중형 세단을 능가한다. 250cc 이하의 스쿠터는 이미 가격을 비교할 자동차가 존재하지 않는다. 125cc 스쿠터의 유지 비용은 지하철과 시내버스를 이용하는 것보다 저렴하다고 한다.

스쿠터는 지붕 및 외벽이 일절 없어서 일반적인 자동차보다 경량화가 가능하기 때문에 적은 출력으로도 높은 속도를 얻을 수 있다. 또한 구조가 비교적 간단하여 흔히 말하는 네 바퀴 달린 자동차보다 유지 및 수리비가 적게 든다는 장점이 있다.

(2) 타이완 국내 자동차 브랜드의 부재

스쿠터가 타이완 사람들에게 사랑받는 또 다른 이유는 타이완 국내 자동차 브랜드가 없다는 것이었다. 2008년까지는 타이완 국내 자동차 브랜드가 없어서 전량을 수입에 의존하였고, 2009년부터 럭스젠이라는 브랜드가 등장했다. 따라서 차량 유지비와 세금에 부담을 느낀 시민들이 자동차보다 저렴하고 간편한 스쿠터를 많이 이용했다.

(3) 타이완 국토와 인구밀도

타이완의 인구밀도는 1km^{2}당 636명(2005년 기준)이며, 수도인 타이베이의 인구밀도는 1km^{2}당 9,649명으로 국토에 비해 인구가 매우 많이 밀집되어 있다. 땅은 좁고 인구가 많다 보니, 정부가 자동차에 부과하는 세금이나 주차 요금이 매우 비싸며, 그나마도 주차할 수 있는 공간이 별로 없다.

주차 요금의 경우 자동차는 30분당 20~30NTD 정도이고, 월 정기 주차료도 3,000NTD 이상이 보통이라고 한다. 식당들은 주차장을 제대로 갖춘 곳이 별로 없고, 아파트 주차장도 지하를 활용한다. 외부에 따로 만들어 놓은 주차장도 거의 대부분 상가로 개조하여 임대를 하는 방식이기 때문에 타이완에서는 늘 주차 전쟁이 벌어진다.

반면 이륜차는 주차료가 무료이거나 한 달 주차 요금이 200NTD 내외일 정도로 저렴하다. 주차할 수 있는 공간도 많이 마련되어 있고, 정식 주차 공간이 없어도 적당히 주차해 놓는 것이 일반화되어 있어서 주차에 별 문제가 없다. 그리고 혹시 자동차와 사고가 났을 경우에도 스쿠터 운전자보다는 자동차 운전자의 책임이 더 크다고 한다. 이러한 이유로 타이완 사람들은 자동차를 소유하는 대신 간편한 스쿠터를 택하는 것이다.

• 타이베이 지역 대기문제의 주요 원인으로서의 스쿠터

타이완 대기환경에 가해지는 휴먼 임팩트(human impact)의 주된 원인은 바로 도시민들의 스쿠터에 대한 높은 의존이다. 타이완의 수도인 타이베이의 경우 2010년 기준 시내 스쿠터 등록 대수는 시 인구의 85%인 230만 대가량이며, 실소유자는 타이베이의 인구 270만 명 가운데 113만 명가량으로 약 41%의 실보유율을 기록하고 있다.

타이완 교통통신부(Ministry of Transportation and Communication, MOTC)의 조사 결과에 따르면, 타이완 국민의 스쿠터 실보유율 수치는 1977년부터 2009년 사이 해마다 5배 증가하여 동 시계열 간 인구증가에 비해 매우 큰 폭의 상승폭을 나타내고 있다(Fang Lin Liao, 2012).

타이베이 시민들의 이륜차 의존 배경은 이륜차 운용에서 오는 다양한 편리성(주차, 유지 비용 및 접근성 등) 이외에 타이완 국내의 사회경제적 환경에서도 찾아볼 수 있다. 먼저 타이완 자국 차량 브랜드의 부재를 들 수 있다. 상대적으로 소득 수준이 낮은 다수의 일반인은 수입 차종을 보유하기가 어렵기 때문에 저렴하게 보유할 수 있는 교통수단인 이륜차에 대한 수요가 높아지고 있다. 한편 대중교통 인프라의 부족 또한 하나의 원인이 되고 있는데, 특히 상대적으로 철도나 전철 등이 미비한 지역 소도시의 경우 이륜차 보유 경향이 더욱 두드러지게 나타난다. 이러한 경향은 다시 도시 내 대중교통 이용의 저하를 유도하는 음성되먹임(negative feedback) 구조를 형성하며, 역으로 이륜차의 운용을 상대적으로 증가시키고 있다(그림 4.2.17 참조).

이와 같은 이륜차의 과도한 운용은 타이완 주요 도시 내 대기오염 심화를 조장하는 요소로 작용한다. DPF(diesel particulate filter) 등 매연 저감 장치의 설치와 관련한 제도가 미비한 타이완에서 이륜차의 미세먼지(Particle Matters, PM) 발생은 대기환경에 중대한 우려를 낳고 있다. 타이베이 시내 주요 교통지점의 평균 미세먼지 발생량을 조사한 2008년의 한 연구에서 미세먼지 PM 10 발생 수준이 평균 137 $\mu g/m^3$가량으로 드러난 바 있는데, 국내 PM 10 환경기준이 24시간 평균 100 $\mu g/m^3$임을 고려할 때 상당히 심각한 수준임을 짐작할 수 있다.

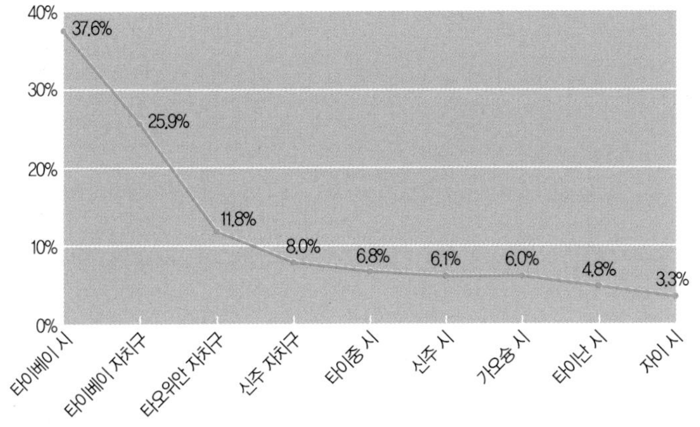

그림 4.2.17 | 타이완 주요 도시의 대중교통 이용 인구 비율 (출처 : Fang Lin Liao, 2012에서 재인용)

• 자전거

보도를 따라 정차되어 있는 수많은 자전거는 우리 눈길을 사로잡았다. 인도뿐만이 아니었다. 빌딩이 있어야 할 거리에 뜬금없이 공터가 있고, 그곳에는 수십 아니 100여 대는 훌쩍 넘을 듯한 자전거들이 빼곡하게 주차되어 있었다.

타이완은 오스트리아, 일본 등과 함께 세계에서 자전거 문화가 가장 발달되어 있는 곳 중 하나라고 할 수 있다. 타이완의 자전거 생산량은 전 세계 1위며, 한국에도 많은 자전거를 수출하고 있다. 우리에게 친숙한 세계 최대의 자전거 생산업체인 Giant사는 타이완에서 성장한 기업이다. 타이완은 보통 가구마다 1대 이상의 자전거를 보유하고 있으며, 도시에서 일상적인 교통수단의 하나로 자전거를 이용하는 사람이 많다.

한국에서 자전거는 여행지에서 관광지를 둘러볼 때나 레저용으로 사용되는 경우가 대부분이다. 얼마 전 법 개정을 통해 인도에서의 자전거 사용이 불가능해졌지만 자전거 도로 인프라 확충은 지지부진한 상태이고, 차량이 가득한 도로는 자전거 이용자들에게 위협적이다. 그 때문에 한국에서는 일상생활에서 교통수단으로 자전거를 이용하는 사람이 드물다. 최근 자전거로 출퇴근하는 사람들이 늘어나 각종 매스컴을 통해 방송되고 있으며,

정부는 자전거 도로를 지속적으로 확충해 자전거 친화적인 도로환경을 조성하겠다고 하지만, 이는 역으로 현재까지 자전거에 친화적이지 않은 한국의 도로환경을 인정하는 것이라고 볼 수 있다.

그 대신 한국에서는 경주와 여수 같은 유명 관광지에서 민간업자와 각 지역의 지방자치단체가 공용 자전거를 시민들에게 대여해 관광용으로 사용되는 경우가 많다. 한강 둔치와 여의도에서 연인들이 많이 사용하는 자전거도 이와 같은 맥락으로, 실제로 교통수단으로 사용되기보다는 여가의 차원에서 사용되고 있는 것으로 해석할 수 있다. 한국에서 많이 판매되는 MTB나 로드바이크와 같은 자전거도 일상생활에서 교통수단으로 활용되기보다는 여가와 취미 활동의 일환으로서 활용되고 있다.

그러나 타이완에서는 실생활에서도 자전거가 일상적인 교통수단으로 유용하게 사용되고 있으며, 도시의 교통을 분담하는 주요한 수단으로서의 위치를 차지한다는 점을 확인할 수 있었다. 자전거 도로가 따로 있는 것은 아니지만 인도가 자전거가 다닐 수 있도록 널찍하게 만들어진 곳이 많아 보행자와 자전거가 인도에서 공존하고 있었다. 길거리에서는 학생, 중장년층 여성, 중년 남성, 할아버지, 할머니 등 연령과 성별을 불문하고 많은 사람들이 자전거를 이용하고 있었으며, 이들은 각자 장바구니나 책가방, 서류가방 등을 지니고 있어 실생활에서 자전거가 실용적인 교통수단으로 사용되고 있음을 확인할 수 있었다. 또 도심의 한 구획마다 건물의 1층에는 자전거 상점과 정비소가 입지해 있고, 곳곳에 자전거 수백 대를 주차할 수 있는 공간이 마련돼 있어, 어디서든지 자전거를 구매하거나 정비할 수 있는 자전거 친화적인 환경이 조성돼 있는 모습도 확인할 수 있었다.

타이완 인들의 자전거 사랑은 개인적인 차원에서 그치는 것이 아니다. 타이완 정부는 시민들의 자전거에 대한 수요를 충족시키고자 YouBike라는 공용 자전거를 운영하고 있으며, 이는 시민들로부터 많은 사랑받고 있다. 타이완의 거리에는 개인이 소유한 자전거를 타고 다니는 사람도 많았지만, 그에 못지않게 YouBike를 이용하는 사람도 많았다.

YouBike를 대여하고 반납하는 플랫폼은 그리 멀지 않은 거리들 사이 곳곳에 분포하고 있으며, 시민들은 이곳에서 YouBike를 빌리거나 반납할 수 있다. 이처럼 방대한 공용 자전거 인프라는 개인 자전거와 더불어 실생활에서 타이베이의 교통을 분담하는 큰 역할을 수행하고 있다. 타이완 인들이 자전거를 얼마나 중요한 교통수단으로 사용하는지, 또 얼마나 자전거 문화가 일상적으로 자리 잡았는지 짐작할 수 있다.

References

▷ 논문(학위, 학술지)

• 박용화 · 김연명 · 오성렬, 2004, "고속철도 개통으로 인한 항공수요 변화에 대한 추정", 대한교통학회지 22(6).

• 임진희, 2013, "대만(臺灣)의 국제항공운송현황과 ICAO가입 필요성에 관한 연구", 한국외국어대학교.

• 정인국, 2005, "이륜택배 서비스를 위한 운송기기 디자인 연구", 홍익대학교.

• 황화종, 2008, "무안국제공항 활성화 방안", 전남대학교.

• Fang Lin Liao, 2012, "Study on Motorcycle Dependence in Taipei", 고려대학교 정책대학원 석사학위 논문.

▷ 단행본

• 한국철도시설공단, 2005, 한국철도건설백년사, 한국철도시설공단.

▷ 보고서

• 대한무역투자진흥공사(KOTRA), 해외전시회정보, 2010 타이완 티이베이 국제 스쿠터 박람회.

• 법무부, 2013, 출입국자통계(2013).

• Department of Transportation, Taipei City Government, 2015, Passenger Volume at Railway Station in Taipei City.

• Ministry of Transportation and Communications R.O.C., 2015, Mileage and Stations of Taiwan Railways Administration and High-Speed Rail.

• ______, 2015, Passenger Traffic of Railway in Taiwan Area.

• 交通部臺灣鐵路管理局, 2013, 102年臺灣鐵路年鑑.

• 臺北松山機場, 2014, 臺北國際航空站102年年報.

• 中華民國交通部民用航空局, 2014, 中華民國102年民航統計年報.

▷ 언론 보도 및 홈페이지

• 경향신문, 2003.04.18, "중앙버스차로제라는 妙藥".

• China Post, 2014.11.11, "MRT Songshan line to open Nov. 15", http://www.chinapost.com.tw/

taiwan/local/taipei/2014/11/11/421538/MRT-Songshan.htm
• Taipei Times, 2014.11.15, "Songshan Line opening today", http://www.taipeitimes.com/News/front/archives/2014/11/15/2003604457
• 서울 열린 데이터 광장 http://data.seoul.go.kr/openinf/linkview.jsp?infId=OA-688&tMenu=11
• 철도산업정보센터 철도역 정보 http://www.kric.or.kr/jsp/railplaza/est/estation_BasicDetail.jsp?station=A030280313
• 통계청 http://kosis.kr/
• 한국공항공사 http://www.airport.co.kr/
• 함께서울지도 http://gis.seoul.go.kr/
• 항공정보포털시스템 http://www.airportal.go.kr/
• Department of Transportation Taipei City Government, http://english.dot.gov.taipei/
• Taiwan Info, http://taiwaninfo.nat.gov.tw/
• Taipei Rapid Transit Corporation, http://english.trtc.com.tw/
• USGS, http://earthexplorer.usgs.gov/
• YouBike, http://taipei.youbike.com.tw/en/index.php
• Wikipedia, http://en.wikipedia.org/wiki/Songshan_Line
• 臺北松山機場 http://www.tsa.gov.tw/

3

타이베이의 도시 재개발(재생)

박한진 · 조성아 · 이상호

도시를 재개발한다는 것

'개발'이라는 단어에서 누군가는 굴삭기를 생각할 것이고, 누군가는 쫓겨난 달동네 사람들을, 누군가는 투자 계획에 대한 셈법을 생각할지 모른다. 개발에 대한 다양한 시각이 존재하지만, 대부분의 시각은 지역의 발전과 개발 이익에 관련된 사항이다. 이와 같은 시각은 '재개발'이라는 단어에서 더 강화된다. 재개발을 통한 일확천금의 사례와 재건축이 가장 대표적인 이미지일 것이다.

이렇게 개발과 이익 창출의 패러다임이 팽배한 시점에서 '도시 재생'이라는 단어는 신선한 이미지를 가져온다. 초록색의 환경 친화적인 도시, 살아 숨 쉬는 유기체적인 도시의 이미지가 도시 재생이라는 단어에서 막연하게 다가온다. 한국에서도 최근 주목받기 시작한 도시 재생이라는 개념에 대해 정확히 알아본다는 목표를 갖고, 이번 답사에서 연구를 진행하였다. 비록 내용이 부족하고 서툴지만 도시 재생에 대한 고민과 생각을 함께 나눌 수 있기를 바란다.

지리학에서의 도시 재생과 논의 대상

• 도시 재생이란

지리학이라는 학문에서 도시 재생은 상당히 흥미로운 주제이다. 비교적 이해하기 쉬운 시공간을 다루면서도, 단순한 현상 분석이 아닌 방향성을 제시하고 생명력을 잃어 가는 장소를 되살린다는 실용성과 맞닿는다는 점에서 그렇다. 학부 수업의 원론적인 수준이었지만 지역답사 수업에서 방문한 여러 장소들을 통해, 또 도시지리와 관광지리 등의 수업을 통해 도시 재생에 대해 나름대로 고민해 볼 기회가 있었다.

한국에서 도시 재개발이 아닌 도시 재생에 대한 논의의 역사가 깊다고 할 수는 없다. 하지만 최근 들어서는 재개발이라는 단어보다 도시 재생이라는 단어가 더 많이 쓰일 만큼 익숙해져 가는 개념이기도 하다. 이 글에서는 도시 재생의 의미에 대한 설명부터 도시 재생에 대해 논해졌던 지금까지의 논의들에 대한 소개, 그리고 현대에 도시 재생이 부각되는 원인 및 필요성에 대해 논하고자 한다.

아직까지 도시 재생에 대한 확고한 정의는 없다. 하지만 도시 재생이란 물리적 공간의 정비 이외에 지역의 사회문제까지 해결하는 개념으로 포괄적으로 이해되고 있다. 포괄적 개념의 도시 재생은 영역에 따라 크게 세 가지로 나누어 볼 수 있다.1) 첫 번째로는 물리적인 환경 개선 측면에서의 도시 재생이다. 도시 공간의 노후화를 해결하고, 효율적인 도시 기능으로의 회복을 꾀하는 것이 첫 번째 도시 재생의 영역이다. 두 번째로 산업과 경제적 측면에서의 도시 재생이 있다. 도시 재생을 통해서 지역의 경제 및 산업이 재생되고, 이를 통해 도시가 발전하는 것을 말한다. 마지막으로 이번 글에서 주목할 사회문화적 도시 재생의 영역이 있다. 한국의 마을 만들기 사업이나 거리 조성의 예에서 알 수 있듯이, 도시

1) 장성수, 2008, “도시재생사업은 무엇이고 건축은 무엇을 하여야 하나?”, 대한건축학회지 52(7), 41.

〈표 4.3.1〉 한국의 도시 재생 개념의 변화

구분	1960년대 지역 활성화	1980년대 재개발	2000년대 이후 도시 재생
주요 전략	• 교외 지역과 주변부 성장 • Rehabilitation 초기 시도	• 대규모 개발 위주 • 재개발 계획	• 구도심에 활력 부여
공간적 측면	• 지역 차원의 활동 등장	• 해당 부지 및 지방 차원의 접근	• 구도심 중심 • 농촌 지역 활성화
환경적 측면	• 선별적인 환경 개선	• 환경적 접근에 대한 관심	• 환경 친화적이며 지속 가능성 도모
물리적 측면	• 기존 도심 지역의 재건과 병행 • 주변 지역 개발	• 대규모 재개발 및 신개발	• 정체성 유지 • 역사적·문화적·사회적 자원 인식

출처 : Roberts and Sykes, 2000, Urban Regeneration, S(eds), 14

재생에 대해 제일 먼저 생각하는 영역이 사회문화 분야라 할 수 있다. 세 영역을 통해 알 수 있듯이, 도시 재생은 포괄적인 개념이며 도시 활성화에 인간과 사회에 대한 고려가 들어 있는 것으로 정리할 수 있다.

공간과 환경, 물리적 측면에서 한국의 도시 재생 개념 변화를 살펴보면 표 4.3.1과 같다. 한국의 도시계획을 보면 알 수 있듯이, 도시 재생에 대한 논의가 구체적으로 논해진 것은 최근의 일이다. 1960년대까지는 도시의 형성과 개발에 초점을 맞추었기에 성장을 핵심 과제로 한 도시계획이 이루어졌다. 1980년대부터는 도시계획에 따라 구도심에 대한 재개발이 이루어졌다. 더불어 그 전까지는 중앙 정부의 기조와 계획에 따라 운영되다가 점차 지방 정부 차원에서의 접근이 이루어졌다. 2000년대 이후에 이르면 구도심을 재생하는 것에서 그치지 않고, 도시의 특성을 살리는 데에 집중한다. 도시를 역사나 문화를 기반으로 재생시켜 도시 경쟁력을 강화하는 방법이다.

서울을 보면 도시 재생이 현대에 각광 받는 이유를 알 수 있다. 1960년대와 1980년대를 통해서 서울은 기하급수적인 인구 증가와 경제력을 지니게 되었다. 이를 통해 대한민국 내에서의 서울의 위상은 높아졌으나, 글로벌한 시각에서 서울의 경쟁력 및 서울 내부의 여러 도시문제 해결에는 의문점을 남기게 되었다. 그리고 이에 대한 해답으로 도시를 문화적으로 재생시키는 도시 재생이 조명을 받게 되었다.

대표적으로 청계천의 복원, 동대문 디자인 플라자의 조성, 한강 르네상스 등의 정책으로 도시 재생을 하고 있다.[2] 이러한 큰 정책 외에도 서울의 거리 조성 및 전통 시장이나 문화 및 역사 시설의 활용도 도시 재생의 범주에 들어간다. 도시 재생의 역할을 단순히 공간적 측면에서의 개선에 그치는 것이 아니라, 서울의 국제적 경쟁력을 강화하고 도시 내의 경제적 문제나 사회적 갈등을 해결할 수 있는 방안으로 보고 있는 것이다. 국토해양부에서도 2006년부터 2014년까지 총 1,293억 원의 연구비를 도시 재생에 투자했다. 앞으로 서울만이 아닌 대한민국 전체의 도시계획에서 도시 재생이 중요한 패러다임으로 자리 잡을 것으로 보인다.[3]

도시가 단순한 공장이나 회사가 아닌 인간이 조화롭게 사는 공간으로 작동하기 위해서는 도시 재생을 통한 사회문화적 작용이 필요하다. 타이베이는 서울에 비해 인구나 면적 모두 작은 도시이다. 하지만 타이베이가 몇 배나 큰 서울과 유사한 경쟁력을 지니는 것은 적절한 도시 재생이 이루어졌기 때문이다. 또한 도심을 단순히 젠트리피케이션 혹은 재개발한 것이 아니라 도시 재생을 통해 공간의 잠재성을 이끌어 냈다는 점에서 새로운 느낌을 준다.

이번 글에서는 도시 재생에 대해 도시 재개발과는 다른 관점에서 해석할 것이다. 도시 재생은 지속적으로 변화하는 개념이지만, 도시 재생에 대해 앞선 P. Roberts의 견해를 기반으로 한다. 앞서 언급하였듯이 도시 재생이란 사회적·물리적·경제적 측면에서 모두 지

2) 조명래, 2011, "문화적 도시재생과 공공성의 회복: 한국적 도시재생에 관한 비판적 성찰", 공간과사회 21(3), 41.

3) 위의 글, 40.

역의 문제를 해결하고 도시 쇠퇴를 극복하는 방안이다. 더불어 도시 재생은 도시 재개발과 달리 내부적인 역동성과 지속 가능성을 지니게 된다. 이를 통해 지역 내에서 자발적으로 문제의 해결이 가능해지는 '지속 가능한 개발' 양식이 도시 재생이다.[4)]

· 타이베이의 특성

타이베이는 타이베이 101이라는 마천루부터 보장암 예술촌 같은 역사와 문화 복합 예술단지까지의 조화로 이루어진 도시이다. 이는 구도심에는 활력을 주고, 도시 전체적으로는 문화와 사회적 자원을 육성시킨다는 기조를 지키는 것이라 할 수 있다. 르페브르가 그의 책 『리듬분석』에서, 서로 다른 리듬들의 결합이 이루어진 '조화 리듬성'이 나타날 때가 건강한 사회라고 언급한 것과 같다. 타이베이에는 보장암 예술촌 외에도 URS21과 시먼 훙루 같은 역사적 자원들이 존재하며, 이는 타이베이에서 고립되어 있지 않고 자연스럽게 융회되어서 도시의 경관을 형성한다.

또한 타이베이가 지니고 있는 도시 재생의 중요한 가치는 효율성이기도 하다. 도시의 효율성이라고 하면 단순히 개발만을 생각하는 경우가 있다. 하지만 타이베이는 녹지를 조성하고 그린벨트를 통해서 도시를 제한하였다. 또한 도심지의 몇몇 건물을 제외하면 대부분의 건물이 저층 구조를 지니고 있다.

이는 도시의 효율성 제고에 좋지 않아 보이지만, 도시의 혼잡을 줄이고 현대에 중요한 창의성과 정숙성, 세심한 작업을 위한 환경 조성을 돕는 효과가 있다.[5)] 도시의 크기나 무조건적인 성장에 집착하지 않고, 효율성을 제고하면서도 식수 면적과 다른 문화역사 유적과의 조화를 이루었다는 점에서 타이베이의 도시 재생이 지니는 가치를 찾을 수 있다.

이러한 도시 구성의 기반에는 르 코르뷔지에의 사상도 묻어 있다. 타이완과 한국은 모

4) 서수정, 2007, "지속가능한 개발과 뉴어바니즘 이론의 적용에 의한 영국 버밍험시 도시 재생의 특성", 국토계획 42(7), 128.
5) 르 코르뷔지에, 2007, 도시계획, 장성현 옮김, 동녘, 105.

두 식민지 시절을 거치고, 압축적이면서도 상당히 성공적인 산업화를 이룬 국가이다. 또한 좁은 영토와 많은 인구 구조도 유사하며, 도시의 근대적 계획에서 르 코르뷔지에의 사상이 묻어나는 국가이기도 하다.

르 코르뷔지에는 도시계획에서 네 가지 공리를 제시한다. 즉, 교통상의 요구에 대응하면서도 도시 중심부의 혼잡을 완화하는 첫 번째 공리, 도시 중심부의 밀도를 높이는 두 번째 공리, 교통수단을 늘려 도로의 개념을 바꾸는 세 번째 공리, 식수 면적을 높이는 마지막 공리가 그것이다.[6]

타이베이는 위와 같은 르 코르뷔지에의 공리에 잘 맞는 곳임을 답사에서 알 수 있었다. 도로 정비가 되어 있었으며, 도심은 타이베이 101 같은 건물로 밀도가 높았다. 그리고 지하철이 잘 구성되어 있고, 고가도로와 이륜차가 많아서 교통이 원활하였다.

앞서 언급했듯이, 식수 면적도 넓어서 창의성 제고와 주거환경도 우수하다. 도시 재생에서 현대성과 문화적 자원의 조화와 더불어 중요한 것이 도시의 기본적인 요소임을 알 수 있었다. 도시의 기본을 갖추고, 이를 기반으로 도시의 재생을 꾸준히 이루어 내며 조화를 이루는 것이 타이베이의 도시 재생이다.

한국에서도 도시 재생이 본격화되면서 이전까지 경시되던 역사 및 문화 자원들이 재조명을 받고 있다. 특히 정부에서 의욕적으로 도시 재생을 주도하고 있다. 하지만 무차별적인 융화는 성공하기가 어렵다. 타이베이의 경우 문화 자원을 활용한 도시 재생이 인상적이었다. 이를 통해 도시의 경쟁력 및 이미지 향상에도 큰 도움이 되었으며, 도시 내의 경제적 문제와 사회적 갈등 해소에도 단초를 제공하였다.

하지만 도시 재생이 이루어진 타이베이의 특성에 대한 이해가 부족하다면 도시 재생의 효과가 동일하게 일어나기는 힘들 것이다. 도시 재생을 이해하기 위해서는 현상만이 아닌

6) 르 코르뷔지에, 앞의 책, 100.

그림 4.3.1 | 르 코르뷔지에의 도시관 (출처 : www.archidialog.com)

도시라는 배경과 원리에 대한 고민도 수반되어야 한다.

도시 재생을 통해 거주민들은 기존의 삶의 방식을 유지하면서도 개선된 삶의 질을 누릴 수 있는 장점이 있다. 도시 재개발이 거주민들의 생활 여건과 거주 환경을 모두 파괴하거나 일방적으로 변화시키는 반면, 도시 재생하에서는 주민들이 소외되지 않는 삶을 영위할 수 있다. 이번 타이완 답사에서 살펴본 사사남촌과 URS27을 위와 같은 도시 재생의 관점에서 살펴보았다. 사사남촌은 한국의 선유도와 비교해 현장감을 살리고자 하였고, URS27은 고유의 특성에 집중하였다. 사사남촌에서는 공간의 가치를 생산하는 것이 누구인지에 대한 고민이 이루어졌다. URS27의 경우에는 타이완에서의 도시 재생이 지니는 한계와 문제에 대해서 알 수 있었다.

타이베이의 도시 재생

• 타이베이의 도시 재생의 역사와 현재

타이베이의 도시 재생은 1980년대부터 시작되었으며, 초기의 도시 재생은 낙후된 지역에 사회 인프라를 구축하는 작업에 집중하였다. 이후 보다 효율적으로 사업을 진행하기 위해 '타이베이 시 도시 재생 시행 법규'와 '도시계획법'을 제정하였다. 1999년에는 시가 자율적으로 내부의 도시 재생을 계획하고 시행 및 관리할 수 있도록 자율성을 확보하였으며, 2004년에는 '도시 재개발처'를 설립함으로써 타이베이 시의 전체적인 도시 재생을 관장하도록 하고 있다.

세계의 여러 대도시들과 마찬가지로, 타이베이 또한 이미 개발의 측면에서는 포화 상태에 이르렀다. 따라서 기존의 공간을 재구성하는 '도시 재생'이 중요한 개념으로 떠올랐으며, 시는 민간 차원에서의 도시 재생 참여를 독려하기 위한 노력을 시작하였다. 불필요한 규제를 줄이고, 정보를 투명하게 공개하였으며, 여러 인센티브를 제공한 것이 이에 속한다. 그러나 정부의 지속적인 노력에도 불구하고 시민들은 여전히 시 차원의 보다 전문적인 지원이 필요하다고 주장하고 있다.

실제로 '타이베이 도시 재개발 센터' 또한 "시민들의 도시 재생 참여를 독려하기 위해 다양한 정책을 발표하였으나, 도시 재생을 홍보하는 것은 여전히 어려운 문제이다"라고 인정하고 있다.7) 현재 재개발 센터는 독립적으로 도시 재생에 참여하기를 원하는 단체에게 전문적이고 기술적인 도움을 제공하며, 대중에게 도시 재생의 과정과 이슈에 대해 이해시키는 것을 목표로 운영되고 있다.

2014년 3월을 기준으로 센터가 도시 재생의 측면에서 주력하고 있는 세 가지 우선순위

7) http://www.turc.org.tw/en/modules/about/main

사업은 다음과 같다.

a. 재해로 인해 파손된 건물, 염화이온 수치가 높은 건물의 복구

b. 도시 빈민 지역 내의 공동 주택 재생 작업

c. 4~5층 낙후 아파트 재생 작업 지원

위와 같은 사업에 주력함과 동시에, 센터는 시민들의 자율적인 참여를 독려하고 지원하는 사업 또한 꾸준히 진행 중이다. 센터가 설립된 이래 도시 재생에 참여하기를 원하는 단체에 대하여 1,189건의 무료 컨설팅을 시행했으며, 추가적인 기술 지원을 통해 소규모 민간단체들과 협력하고 있다.

• 어떻게 살릴 것인가

장소는 사람과 닮아서 일생을 살아간다. 개발자들의 들뜬 마음과 이상적인 계획 속에 태어나서 활발한 개발로 젊음을 보내며, 사람들이 점점 떠남과 동시에 낡기 시작하여 결국에는 끝을 맺는다. 흥미로운 것은 최근 들어 '장소의 끝'을 대하는 방식이 변하고 있다는 사실이다. 과거에 장소의 끝은 곧 '죽음'이었다. 낡은 아파트는 재개발을 위해 허물어졌고, 부지는 갈아엎어야 했으며, 오래된 물건들은 새로운 것을 만들기 위해 부숴 버려야 할 대상이었다. 산업화 시대에, 더 많은 성장을 도모하고 신도시를 개발하기 위해서는 당연한 결과였다.

그런데 낡은 장소를 파괴하지 말고 보존하자는 움직임이 주목을 받기 시작했다. 앞에서 확인하였듯이, 2000년대로 접어들면서 장소가 갖고 있는 기존의 구조를 유지하고 기억하자는 발상이 힘을 얻은 것이다. 사람들은 더 이상 오래된 것들을 부정하지 않고, 오히려 이것들을 그 장소의 '정체성'으로 규정하기에 이르렀다. 이 새로운 도시 재생 이념이 힘을 얻을 수 있었던 데에는 몇 가지 배경이 존재한다. 첫째로는 '도시는 환경 친화적이며 지속 가능한 공간이어야 한다'는 생각이 유행처럼 번졌기 때문이다. 둘째로는 세계화 시대를 맞아

외부인과 기업, 그리고 자본을 유치하기 위한 경쟁이 국가 단위에서 도시 단위로 변하였기 때문이다. 따라서 천편일률적인 개발과 마천루의 건설을 잠시 미루고, 개별 공간의 정체성을 살리는 방향으로 도시 재생을 기획하기 시작하였다.

이 과정을 거치는 공간들 중 대부분이 '공공성(公共性)'을 띠는 방향으로 재생된다는 사실 또한 흥미롭다. 여기서의 공공성이란 법률과 제도로서 보장된 공적 주체가 특정 이익 주체가 아닌 모든 사람들의 이익과 규범에 관해 갖는 성격으로, 사권, 사리, 자익, 사심 등과 대비된다.8) 이는 다시 말해, 국가 혹은 시민단체가 낡은 장소를 시민 모두를 위한 공간으로 탈바꿈시킨다는 의미이다.

이와 같은 21세기형 도시 재생에 가장 부합하는 사례로 한국의 선유도 공원을 꼽을 수 있다. 선유도는 양화대교 중간에 있던 과거의 정수장 건축 구조물을 재활용하여 만들어진 국내 최초의 생태공원이다.9) 기존의 건물을 재활용하되, 지상부보다는 그 하부 구조가 건축적으로 가치가 있다고 판단하여, 이곳을 드러내는 방식으로 재개발이 진행되었다. 한강 하류의 몇 안 되는 섬이라는 지리적 특수성과 더불어 지상-지하 공간을 상징적으로 구현함으로써, 장소의 정체성을 살림과 동시에 공공성도 확보한 도시 재생의 바람직한 사례라고 할 수 있다.

이처럼 재개발과 신개발의 시대를 지나, 도시 재생은 환경 친화적이고 지속 가능하며 정체성을 모색하는 방향으로 변모하였다. 그렇다면 답사 지역인 타이베이는 이러한 도시 재생의 세계적인 흐름에 맞추어 어떤 노력을 기울이고 있을까? 우선 타이베이의 도시 재생 중에서 가장 눈에 띄는 유산화 정책을 살펴보고, 이에 알맞은 장소 두 곳을 선정하여 소개하려 한다.

8) 사이토 준이지, 2009, 민주적 공공성, 윤대석·류수연·윤미란 옮김, 도서출판 이음, 18-19.

9) 선유도공원 홈페이지 http://parks.seoul.go.kr/template/default.jsp?park_id=seonyudo

그림 4.3.2 | 선유도 공원 전경 (출처 : https://parks.seoul.go.kr/upload/parks/13515597135199590000.jpg)

• **유산화 정책**

타이베이 시의 전반적인 도시 재생 정책은 낙후된 건물과 빈곤층의 거주 지역을 보수하는 데에 집중하고 있었다. 그러나 이외에도 타이베이가 진행해 온 도시 재생의 색다른 면모가 있는데, 바로 '유산화(遺産化) 정책'이다. 말 그대로 도시의 낡은 것을 '유산'처럼 보존함과 동시에 새로운 활력을 불어넣는다는 의미이다. 이는 그 공간이 가지고 있는 정체성을 유지하려는 도시 재생이라는 점에서, 앞서 살펴본 한국의 선유도 공원의 사례와 일맥상통한다 할 수 있다. 예전의 건축 양식으로 지어진 멋진 건물도, 과거의 위대한 역사적 승리가 담긴 터도 아니지만, 지극히 평범한

그림 4.3.3 | 타이베이의 거리

장소를 보존하고 그곳에 활기를 불어넣으려는 움직임이 일어나고 있다.

타이완의 경우 이에 가장 부합하는 사례는 URS와 사사남촌이다. 예전 같으면 죽음을 맞이해야 했을 장소들이 그 모습을 간직함으로써 다시 사람들을 불러들이고, 그로 인해 회춘하는 현상을 자세히 살펴보았다.

타이베이 내 도시 재생 사례연구

• 사사남촌

(1) 사사남촌 개괄

그림 4.3.4 | 사사남촌 입구

사사남촌(四四南村)은 타이베이의 신의 지구에 있는 낡은 마을이다. 타이완의 유명한 랜드마크인 '타이베이 101'에서 얼마 떨어지지 않은 곳에 있는데, 활발하게 개발이 진행 중인 주변의 높은 건물들과 대조를 이루는 야트막한 마을의 모습이 인상 깊다.

이곳은 과거 국민당원들이 타이완으로 이주해 오면서 만든 집단 주거지들 중 하나로, 44병공창(兵工廠)[10]의 아래쪽에 있

10) 철공물, 무기나 함선을 만들거나 수리하는 군사 시설.

다는 뜻에서 사사남촌이라는 이름이 붙었다고 한다. 군인 가족들이 살다가 떠난 마을은 점점 낙후되었고, 타이완 정부는 마을을 재개발하겠다는 계획을 발표하였다. 그러나 이를 둘러싼 보상문제가 원만히 해결되지 않자, 기존의 마을 내부의 건물과 구조를 유지하면서 이를 새로운 관광지로 탈바꿈시키자는 입장이 힘을 얻게 되었다. 그 결과 마을의 건물을 이용하여 다양한 문화 공연의 장으로 쓰게 되었다.

(2) 도시 재생 관점에서 본 사사남촌

사사남촌, 즉 버려진 마을이 형성될 수 있었던 데에는 타이완의 복잡한 현대사의 영향이 컸다. 타이완에 본래 살고 있던 원주민과 중국 본토로부터 이주해 온 한족, 유럽의 식민 지배 문화와 현재까지 타이완이 모델로 삼는 일본 등 다양한 국가의 정체성이 결합하였다. 여기에 1949년 이후의 국민당 이주와 미국의 군사 개입, 이에 더하여 동남아 지역으로부터의 이주 노동자들까지 유입되면서 타이완은 여러 문화의 레이어(layers)를 가진 국가로서의 모습을 띠게 되었다.

이로 인해 타이완은 타이베이의 도시 내에도 물질 및 정신적인 측면 모두에서 '다중 유산(多重遺産, multiple heritage)'11)을 소유하게 되었다. 다른 동아시아의 도시들과 마찬가지로 타이베이는 역사의 보고(寶庫) 역할을 하는 자산을 많이 가지게 된 것이다. 여기에 지속적인 사회 발전으로 인한 경제적 풍요가 가져온 도회적 이미지가 결합하면서, 타이베이 시에게는 이러한 역사 유적들이 자랑거리이자 고민거리로 남게 되었다.

사사남촌의 경우, 재개발을 적극적으로 고려하는 정부와 적절한 보상을 받지 못한다며 불만인 주민들 사이의 갈등이 주된 문제였다. 결국 타이베이 시는 마을을 보존하겠다는

11) Taipei Cultural Heritage International Roundtable, "Constructive Contestation around Urban Heritage in Taipei: a New Approach for Asian Cities?", An international roundtable forum organized by the International Institute for Asian Studies (IIAS), Leiden, the Netherlands, the School of Liberal Arts and the Graduate Institute of Building and Planning, National Taiwan University, Taipei, Taiwan, 岩波書店, 1.

결정을 내렸으며, 사사남촌은 바쁘게 돌아가는 타이베이의 도심 속에서 작은 쉼터와 같은 공간으로 남게 되었다.

그러나 낡은 공간을 단순히 내버려두거나 보존만 해서는 도시 재생이 일어나지 않는다. 도시 재생은 시민 모두를 위한 방향으로 진행되기 마련이며, 그러기 위해서는 공간이 지속적으로 기능할 수 있어야 한다. 따라서 이는 결국 주기적인 행사, 또는 관광객을 유치할 만한 흥미 요소를 배치할 필요성으로 귀결된다. 즉, 낡은 공간을 박제된 채로 버려 두지 않고 그 공간의 정체성을 형성하기 위해서는, 해당 공간으로 사람들을 끌어모으기 위한 지속적인 노력이 필요하다.

사사남촌 또한 정체성을 형성함과 동시에 사람들을 불러들일 수 있는 노력을 기울이고 있다. 버려진 물건을 재활용하여 전시하는 상설 매장과 매 주말마다 열리는 'Simple Market'이 대표적이다. 낮고 오래된 건물들이 주는 안정감과 더불어 특색 있는 가게들이 관광객을 끌어들이고 있다.

사사남촌에서 가장 크게 느껴지는 것은, 타이베이의 유산화 정책에는 '낡음 그 자체'가 하나의 중요한 가치로서 존재한다는 사실이다. 사사남촌에는 마을의 형성 배경과 그 과정을 설명해 주는 박물관 정도만 존재할 뿐, 역사와 연결 지어 장소에 의미를 부여하거나 이를 교육적 소재로 삼는 경우는 없었다. 오래된 건물과 거리가 주는 아늑한 느낌을 최대화하려는 노력이 눈에 띄며, 여기에 추가적인 의미를 부여하는 일은 드물다.

그 결과 사사남촌은 관광지나 수학여행의 장소라기보다는, 다양한 정체성이 결합된 '낡음'에 충실한 아트막한 쉼터가 되었다. 이곳이 보여 주고자 하는 것은, 타이베이에는 분주한 도시의 삶이 있는 동시에 지역 예술가들의 정성과 슬로 라이프가 공존한다는 사실이다.

• URS27

(1) URS27 개괄

타이완의 사회문화적 도시 재생에 대해 소개할 두 번째 사례는 도시 재생 전진기지(Urban Regeneration Station, URS)이다. 도시 재생 전진기지는 도시 재생에 문화예술을 끌어들여 그것을 향유하고 생산해 낼 수 있는 장소로 재생시키는 것을 목적으로 한다. 거기에 공공 시설이 있던 부지들을 재활용해 비용을 줄이고, 그만큼 친숙한 장소에서 문화예술을 향유할 수 있는 기회를 주겠다는 취지의 프로젝트다. 한국의 도시 경관이나 도시 재생 사업에 익숙한 우리에게 타이완이라는 이국의 땅에서 접한 도시 재생은 확실히 낯설었고, '도시 재생은 과연 무엇인가'라는 보다 근본적인 질문으로 돌아가도록 만들었다.

특히 URS의 하나인 The Grand Green은 도시 재생에 대해 조금은 삐딱한 의문까지 품도록 만들었으니, 그곳에서의 단상을 조금 더 풀어 보고자 한다. 물론 The Grand Green 이외에도 타이베이와 타이완 국토 전반에 걸쳐 URS가 여럿 있는 것으로 안다. 하지만 여기에서는 직접 답사를 통해 경험한 URS27에 한정하여 논의하고자 한다.

URS27, The Grand Green은 철도 지하화로 인해 지상에 남은 철도 플랫폼을 없애고 문화 전시 공원으로 탈바꿈시켜 만든 대형 녹지 공간이다. 공원 한구석에는 낡은 그래피티로 뒤덮여 있던 과거의 철도 역사 건물 일부를 개조하여 남겨 두었고, 2010년 공원을 처음 조성할 당시에는 현지 예술가의 작품으로 그 건물을 꾸며 나름대로 도시 재생 전진기지라는 이름에 걸맞아 보였다. 그러나 URS27에 대해 이러한 배경 지식을 갖고 실제로 방문했을 때는 기대와 조금 어긋난 모습이었다.

URS27, The Grand Green을 방문한 날은 하필 답사 기간 중 가장 흐린 날이었다. 간간이 빗방울이 날리는 눅눅한 날씨였지만, 공원의 위치나 상징성을 생각할 때 얼마만큼은 공원을 즐기는 사람들이 있을 것이라 예상했다. 그러나 그 예상은 보기 좋게 빗나갔다. 공원은 버려진 것처럼 보였다.

공원 한구석에 남아 있는 철도 역사 건물 일부는 그 외부의 벽화가 전부였고 내부로 진입할 수조차 없어, 건물이라기보다는 구조물이라고 할 만한 형태였다. URS27은 The Grand Green이라는 이름을 정직하게 지켜, 너른 잔디밭에는 그 흔한 조형물 하나 찾아볼 수가 없었다. 아무것도 없이 탁 트여 있다는 점에서 공원보다는 광장에 가까워 보였다. 그래도 혹시나 하는 마음으로 공원을 천천히 돌아보며 이 장소가 다시 살아난 곳이라는 흔적, 아니면 이전의 철도 역사라는 공공 건축물을 활용하였다는 표식이라도 찾고 싶었다. 그러나 버려진 공간이라는 첫인상은 그대로 결론이 되어 버렸다. 아무도 찾지 않는 공원을 공원이라고 할 수 있는 것일까 하는 질문만 떠올랐다.

(2) 도시 재생 관점에서 본 URS27

도시 구조의 변화로 인해 어떤 장소가 성장하면 기존의 시가지나 다른 한편에서 낙후되는 지역이 발생하기 마련이다. 그런 장소를 되살리기 위해 장소에 새로운 의미와 기능을 부여함으로써 또 다른 가치를 창출해 내는 것이 도시 재생의 궁극적인 목적이다. 더 이상 유용성을 잃어버린 철도 부지를 도시 재생 전진기지라는 이름의 문화예술을 즐길 수 있는 공원으로 조성해 시민들에게 돌려주자는 취지와 그 결과물은 도시 재생의 의미에 쉽사리 부합하는 것이었다.

그렇지만 현실적으로 이 장소가 진정한 의미에서 '재생'되었는가라는 질문에 대해서는 쉽사리 대답하기가 어려웠다. 공원은 관상용이 아니니 실제 사람들이 이용함으로써 그 가치를 인정받을 수 있을 텐데, 답사를 통해서 본바 공원은 그 본연의 기능을 못하고 있었기 때문이다. 물론 URS27에서 때때로 열리는 전시나 공연 등에 의해 사람들이 이용하고 있다는 것은 URS가 소개되어 있는 공식 홈페이지에서 확인하였다. 그럼에도 공원의 보편적 기능은 수행하지 못하고 특수한 경우에만 활용되는 공원이라는 점에서 회의적인 생각이 들 수밖에 없었다. 조금 더 나아가, 장소를 인위적으로 되살리는 것이 가능한가, 가능하다면 겉치레로 끝나는 것이 아니라 사람들의 발길이 닿는 장소로 재생되기 위해서는 어떠한 조건이 필요한가라는 질문을 던지게 되었다.

URS27이 아무도 찾지 않는 공원이 되어 버린 데에는 일차적으로 상시적 컨텐츠의 부재를 문제 삼을 수 있겠다. URS27이 갖는 장소적 성격은 크게 과거 철도 부지에 만들어진 공원이라는 것과 문화예술 공간이라는 두 가지로 나누어 볼 수 있다. 그렇지만 아무런 사전지식 없이 URS27을 방문해서는 어떠한 장소적 성격도 느끼기 어렵다. 장소의 과거 기억을 살리고자 했다면, 철길의 흔직을 살려 공원에 산책로를 내고 남겨 둔 철도 역사 건물 일부를 통해 장소의 과거를 기억할 수 있는 장치들을 마련하는 정도면 충분하지 않았을까. 또 문화예술 공원으로서 역할을 살리고자 했다면, 일시적으로 열리는 행사들에만 부지를 이용하는 데 그칠 것이 아니라 상시적으로 둘 수 있는 조형물 등을 설치하면 장소의 이미지를 구축하는 데도 도움이 되지 않았을까. 우리가 본 그 공원은 부지를 다른 무언가로 채우지 않고 비워 두는 것만으로는 사람들에게 어떤 식으로든 매력을 주지 못하는 것처럼 보였다.

그림 4.3.5 | URS27의 조형물(↑)
그림 4.3.6 | 텅 빈 URS27 공원(↓)

그렇게 '아무것도 없는' 공원이 되어 버린 이유를 생각해 보면, 결국 가장 중요한 것은 사람이라는 결론을 내리게 된다. 어떤 장소가 생명력을 잃어 가고 있다면 그것은 그 장소를 필요로 하는 사람들이 점차 줄어든다는 것이고, 도시 재생을 통해 다시 살리고자 한다면 그것 또한 사람들에 의해서만 완성될 수 있는 것이다. 대부분의 도시 재개발, 재생 사업이 실제로 그 장소를 이용하고 효용을 느끼는 소비자보다는 관리자의 입장에서 결정되는 부분이 많다. URS27 역시 온전히 시민들의 품으로 돌아가지 못하는 것이 어찌 보면 당연한 것 같다.

그런 관점에서 보았을 때 버려진 철도 부지에서 아무도 이용하지 않는 공원으로 변모한 URS27은 철저하게 실패한 도시 재생 사례이다. 새로운 의미가 부여되고 기능이 추가되었지만, 사람들에게는 전과 다를 바 없는 똑같이 버려진 장소에 불과하기 때문이다. 한번 사그라든 숨을 다시 불어넣는 작업이라는 점에서 도시 재생은 깊은 고민 없이 쉬이 이루어질 것이 아니라, 오히려 처음 개발되는 곳보다 더 큰 노력이 필요한 것일지도 모른다.

결론

• 바람직한 도시 재생이란

도시를 이루고 도시 내부의 여러 장소가 생명력을 갖기 위해서는 다양한 요소들이 필요하지만, 결국 가장 중요한 것은 사람이다. 그러므로 바람직한 도시 재생을 위해서는 지역 주민들의 자발적인 노력과 목소리가 필요하다. 사사남촌이 남루하고 철거 위기에 직면한 지역이었음에도 도시 재생에 성공한 것은 지역 주민들의 자발적인 노력과 가치 창출이 도시 재생에서 중요한 역할을 한다는 것을 상징적으로 보여 준다. 반면 관리자의 시선에서 계획되고 시행된 URS27은 훌륭한 문화 자산이 될 잠재력을 지녔음에도 주변 지역과의 동화를 통한 도시 재생이 이루어지지 않았다. 그러므로 도시 재생은 해당 지역에 사는 사람들의 의견을 중심으로 시행되어야 하며, 이를 반영하는 방향으로 이루어져야 할 것이다.

이런 단상들을 통해 볼 때, 3박 4일의 답사 경험이 전부인 낯선 이방인의 관점에서 사사남촌과 URS27을 관찰하고 평하는 것은 한계 역시 존재한다. 지역 주민 중심의 도시 재생에 대해 논하는 원론적인 수준에 머문 것 역시 아래와 같은 한계 때문이다.

첫째, 앞서 말했다시피 어디까지나 철저한 외지인으로, 장소에 대한 과거의 기억이 없기 때문에 현재의 모습으로만 판단한 결과라는 점이다. 과거의 기억이 없는 사람의 입장에서는 현재의 공허한 잔디밭의 모습만 볼 수 있지만, 장소에 관해 추억을 가진 사람이거나 과거를 기억하는 사람이라면 공허한 벌판에서도 어떤 의미를 찾아낼 가능성이 충분하다. 어쨌든 새로운 건물을 지어 올리는 것보다는 공원으로 조성함으로써 장소의 기억은 보다 잘 지켜질 수 있을 것이다. 그렇다면 URS27을 무작정 잘못된 도시 재생의 사례로 볼아가는 것은 잘못된 판단일 수 있다.

둘째, 짧은 시간의 답사와 온라인에서의 단편적인 정보들을 기반으로 한 것이기에 실상과는 달리 왜곡된 시선으로 바라보았을 가능성 또한 충분하다. 답사라는 비일상에서 그 공간을 바라본 시선 이외에 현지인들이 실제로 그 공간에 대해 어떻게 인지하고 이용하고 있는가에 대한 조사가 미흡하였다. 타이베이를 안내해 준 현지 친구의 의견, 그리고 방문했던 평일 오전의 흐린 날씨 속의 잠깐이 전부였기에 실제보다 더 부정적으로 인식했을 가능성이 있다.

그림 4.3.7 | URS27에서의 단체 촬영

그럼에도 불구하고 URS27 공원이 조성된 지 4년이라는 시간이 흘렀고, 공원이 기본적으로 긍정적 외부 효과를 지닌 공공재라는 점에서, 저조한 이용 실태가 사실이라면 무작정 방치하기보다는 문제의식을 갖고 접근하는 것이 옳다고 생각한다. 그리하여 도시 재생 전진기지라는 이름에 걸맞게 그 효과성을 입증하고, 도시 재생의 모범 사례로 변모하기를 기대한다.

• 정리하며

이번 답사를 통해서 타이완과 타이베이에 대해 알아보았다. 우리는 도시의 구조와 도시 재생에 초점을 맞추어서 답사를 진행하였다. 하지만 시간의 한계로 인하여 타이베이의 도시 전체에 대한 깊이 있는 성찰은 이루지 못하였다. 보지 못한 곳도 많고, 더 깊이 알아보지 못한 곳도 있다는 점에서 아쉬움이 많다. 하지만 짧게나마 이번 답사를 진행하면서 타이베이의 공간 구조를 이해하고, 서울과 비교해 볼 수 있었다는 점에서 보람이 있었다. 특히 URS27은 방문하기 전까지 상당한 기대감을 지니고 있던 장소였다. 하지만 답사와 인터뷰를 진행하면서 URS27이 사전에 연구한 것보다 소외된 지역이라는 점을 깨닫게 되었다. 지리학적 접근에 있어서 직접 가서 살펴본다는 것의 중요성에 대해 다시 한 번 체감하는 기회이면서, 한국의 도시 재생 정책의 방향성과 미래에 대해 고찰해 볼 수 있는 시간이었다.

한국의 도시 재생 방향성에 대한 고민을 해결할 수는 없었지만, 함께 나누었다는 점에 의의를 두며 답사를 마무리하였다. 더불어 도시 재생에 대해 열띤 토론과 답사를 진행한 조원들과 교수님, 지리학과 학생들과의 추억이 강하게 남는 답사였기에 다시 한 번 감사함을 표하며 마무리한다.

References

▷ 논문(학위, 학술지)

• 민학기, 2014, "국내·외 유형별 사례분석을 통한 도시재생의 기본 방향", 한밭대학교 석사학위논문.

• 서수정, 2007, "지속가능한 개발과 뉴어바니즘 이론의 적용에 의한 영국 버밍험시 도시재생의 특성", 국토계획 42(7), 128.

• 장성수, 2008, "도시재생사업은 무엇이고 건축은 무엇을 하여야 하나?", 대한건축학회지 52(7), 41-43.

• 조명래, 2011, "문화적 도시재생과 공공성의 회복: 한국적 도시재생에 관한 비판적 성찰", 공간과사회 21(3), 39-65.

▷ 단행본

• 르 코르뷔지에, 2007, 건축을 향하여, 이관석 옮김, 동녘.

• ______, 2007, 도시계획, 정성현 옮김, 동녘.

• 사이토 준이치, 2009, 민주적 공공성, 윤대석·류수연·윤미란 옮김, 도서출판 이음, 18-19.

• 앙리 르페브르, 2013, 리듬분석, 정기헌 옮김, 갈무리.

• 이정형, 2007, 도시 재생과 경관만들기, 발언.

• Roberts and Sykes, 2000, Urban Regeneration, S(eds), 14.

▷ 보고서

국토연구원, 2012, 국토정책 Brief.

▷ 홈페이지

• URS 홈페이지 http://www.urstaipei.net/en/urs27

• Taipei Urban Redevelopment Center 홈페이지 http://www.turc.org.tw/en/modules/about/main

• 선유도공원 홈페이지 http://parks.seoul.go.kr/template/default.jsp?park_id=seonyudo

4

타이베이의 도시 마케팅과 문화산업

주석민·홍지민·박세아·정혜욱·박상현

들어가며

오늘날 도시를 상징하는 것은 물질적인 것에 국한되지 않는다. 과거에 자유의 여신상이 뉴욕을 상징했다면 오늘날엔 캐치프레이즈인 'I♥NY'가 뉴욕을 상징할 수 있듯이, 도시의 이미지를 창출하는 요소들은 다양해졌다. 도시의 이미지를 구성하는 다양한 요소들 중 과거와 구분되는 도시 경쟁력의 원천으로 '문화'를 꼽을 수 있다. 물질적이고 기술적인 것들에 국한되지 않는 문화적인 요소는 도시가 국가의 틀에서 벗어나 세계 속에서 강력한 힘을 발휘할 수 있도록 한다.

이러한 새로운 시대적 상황은 도시 쇠퇴 문제의 해결책에서도 반영된다. 쇠퇴한 도시를 다시 살리는 방법이 과거에는 정부 주도의 도시 재개발에 치중되었다면, 오늘날에는 물리적 차원에서 벗어난 사회적·경제적 차원의 도시 재생과 지역 활성화를 도모한다. 도시의 전통과 특성을 강조하는 문화적인 요소들이 도시 재생에서 활용되는 것이다.

도시의 역사가 길어질수록 낙후된 지역이 나타나기 마련이고, 답사를 통해 본 타이베이도 같은 양상을 보이고 있었다. 타이베이는 이러한 낙후된 지역을 활성화할 수 있는 도시 재생 방법으로 문화창조산업에 주목하고 있었다. 낙후된 지역을 기존에 지역이 가지고 있던 문화적 요소인 역사성을 바탕으로 새롭게 문화적 장소로 탈바꿈하고자 하며, 이를 위해 문화창조산업을 활용하고 있었다. 타이베이는 이러한 문화창조산업을 통한 지역의 활성화를 기대하고 있다.

한편, 타이베이의 오랜 도시 형성 과정에서 형성된 장소성은 일부 명소에서 관광객들에게 지역의 특정 문화를 선사하고, 이를 바탕으로 더 많은 관광객을 유인하는 마케팅 수단으로 활용되고 있었다. 타이베이의 시장, 건축물, 거리 등은 지역만의 고유한 문화를 담고 있었고, 이러한 문화는 타이베이와 다른 도시를 차별화하는 경쟁력의 원천이 되고 있었다.

이러한 타이베이의 문화를 바탕으로 한 도시 경쟁력의 제고에 주목하여, 답사를 통해 타이베이에서는 도시 문화 마케팅이 어떻게 이루어지고 있는지를 알아보고자 한다. 먼저, 송산문화공원을 통해 타이베이의 문화창조산업과 이를 바탕으로 이루어진 지역 활성화에 대해서 살펴볼 것이다. 그다음에는 스린 야시장, 용캉제, 용산사 등 타이베이의 고유한 문화를 담은 명소의 장소성이 어떻게 마케팅 되고 있는지에 대해 알아보도록 하겠다.

타이완의 문화창조산업(문화창의산업)

오늘날의 타이완은 문화산업에서 한 발 더 나아가 문화창조산업 영역에 주목하고 있다. 타이완에서는 문화예술과 유산을 중심으로 전통적인 미디어 산업이었던 문화산업이 문화창조산업으로 확대되고 있다. 타이완의 문화창조산업은 정부와 산업, 지역의 협력으로 이루어진다. 정부는 주도적으로 창조산업을 이끌고, 서비스와 제조업 등 산업계에서 정부와 연계한다. 동시에 각 지방자치단체는 창조산업을 수용해 지역 문화산업을 육성하는데, 이는 영국이나 독일의 창조산업과 그 맥락을 함께한다.

현재 타이완의 문화부는 문화예술, 문화유산 영역의 업무를 담당하고 있으며, 관련 활

[문화창조산업이란]

"산업 생산의 시대가 가고, 문화 생산의 시대가 오고 있다"라고 한 미래학자 제러미 리프킨의 말처럼, 21세기는 문화의, 문화에 의한, 문화를 위한 시대다. 생활수준의 향상과 함께 대중화의 과정을 거치면서 문화에 대한 관심은 증대되었다. 더군다나 문화와 산업이 만나면서 재화로서 문화의 가치는 더욱 치솟고 있다.

이러한 변화들 속에서 주목할 만한 것은 문화산업과 기술의 결합을 통한 문화창조 분야의 성장이다. 세계 경제가 지식기반산업으로의 전환을 추구하면서, 독창적인 아이디어와 혁신을 강조하는 문화창조산업은 현재의 경제 흐름을 대표하는 주요 전략산업으로 채택되고 있는 추세다.

그렇다면 문화산업과 문화창조산업의 구체적인 차이를 짚고 넘어가야 할 필요가 있다. 문화산업은 일반적으로 '지역 문화의 산업화'와 '지역 발전'의 개념을 포함하는 것으로, 문화라는 소재와 산업이라는 경제활동이 결합하여 지역 활성화를 포괄하는 용어이다.* 특히 문화산업은 국가의 상이한 환경적 특성에 따라 개념이 확장되면서 콘텐츠산업, 창조산업, 저작권산업 등 다양한 형태로 적용되고 있는데, 여기에서 바로 문화창조산업이 등장한다.

문화창조산업은 말 그대로 문화산업과 창조산업이 하나의 카테고리로 범주화된 개념이다. 문화를 투입 요소로 활용하기는 하지만 기능이 위주가 되는 실용적인 산업으로, 기존 전통적인 예술 부문에서 창조적 요소를 더하여 고부가가치를 생산해 내는 분야로 정의할 수 있다.** 유럽연합은 핵심예술 부문(시각예술, 행위예술, 문화유산), 문화산업(영화/비디오, TV/라디오, 비디오게임, 음악, 도서/출판), 창조산업(디자인, 건축, 광고), 관련 산업(PC 제조업, MP3플레이어 제조업, 핸드폰 산업 등)의 세부 영역으로 문화창조산업을 이해하고 있다.***

비록 명칭은 다르지만 한국 역시 문화콘텐츠산업이라는 이름으로 문화산업과 창조산업을 동시에 추진하고 있다. 1990년대부터 정부와 지방자치단체를 중심으로 문화산업 육성 정책을 마련해 왔고, 2000년대에 들어서면서부터 IT산업을 기반으로 콘텐츠 생산 및 유통 분야에서 두각을 나타내고 있다.

출판, 만화, 음악, 애니메이션, 방송, 광고, 캐릭터, 게임, 모바일 콘텐츠 등 다양한 관련 산업들이 경제적 효과를 창출하고 있으며, 특히 IT의 성장은 소프트웨어, 지식산업에 대한 주목 또한 이끌어 내며 한국 문화콘텐츠산업의 주가는 상승하고 있다.

* 최정수, 2006, "경북 문화산업의 혁신환경과 클러스터 구축방향", 한국지역지리학회지 12(3), 364-381.

** 부경희, 2013, "지속가능한 공익자금 활용에 관한 연구: 문화 창조산업 모델을 중심으로", 강원법학 40, 169-208.

*** KEA European Affairs, 2006, "The Economy of Culture in Europe".

동에 배당되는 예산은 국가 총지출 대비 0.5%를 차지한다. 이 수치는 아시아권 내에서 비교했을 때, 싱가포르, 한국, 홍콩, 인도보다는 낮은 정도이나 일본, 중국, 뉴질랜드보다는 문화산업에 대한 예산을 많이 지원하고 있음을 보여 준다.1)

1) 한국콘텐츠진흥원, 2013, 세계 창조산업 전략과 시사점.

타이완 문화창조산업은 예산에 비해 빠르게 성장하면서 타이완 국가 경제에서 큰 역할을 차지하고 있다. 2007년을 기준으로 문화창조산업의 GDP 대비 부가가치는 121조 7억 NTD의 수입을 거뒀고, 고용은 211만 6,000명, 관련 기업 수는 5만 1,000개에 육박하였다. 상승세를 탄 창조산업은 2011년에 3.6%, 부가가치는 2.2%의 성장률을 보여 앞으로의 전망이 기대되는 분야이다.2)

타이완 정부는 2009년에 'Creative Taiwan'을 슬로건으로 내거는 것을 시작으로 문화창조산업의 본격적인 발전을 계획했다. 2010년에는 최초로 문화창조산업을 법제화한 '문화창의산업발전법'을 공표하였고, 문화창조산업의 하위 영역을 15가지의 분야3)로 세분화했다. 또한 2010년에 Taipei International Flora Expo를 개최하고, 2011년을 'Design Year in Taiwan'으로 지정하여 디자인 특화 산업을 진행하는 등 구체적인 성과와 성장 잠재력을 계속해서 나타내고 있다.

타이완 정부는 투자, 컨설팅, 연구, 교육 등으로 하위 지역을 나눠 클러스터 효과를 기대하고 있으며, 외국인들의 유입, 국내의 고용 증가를 통해 궁극적으로 고부가가치를 창출하는 세계도시로의 도약을 목표로 하고 있다.

'문화창의산업발전법'에 따르면, 타이완의 문화창조산업이란 '창조적, 문화적 축적에서 지적재산권의 형성과 사용을 통해 국민 생활을 향상시키고 부와 고용 기회를 창출할 수 있는 잠재력을 지닌 산업'이다.4) 산업의 중심 요소는 '창의성'으로, 특히 상품 디자인과 건축 디자인 분야에서 문화창조산업을 확장시킬 기회를 엿보고 있다.5)

2) Lin, Amanda & Angela Wu, 2010, "Creative Industries Taiwan", UK Trade & Investment, 1–9.

3) 15가지 소분류는 다음과 같다. ① 상품 디자인, ② 디지털 콘텐츠, ③ 공예품, ④ 음악/공연예술, ⑤ 영화, ⑥ 방송, 텔레비전, ⑦ 시각예술, ⑧ 문화 자산 교육&공연/전시 시설, ⑨ 출판, ⑩ 광고, ⑪ 패션 디자인, ⑫ 창조적 생활양식, ⑬ 건축 디자인, ⑭ 시각 커뮤니케이션 디자인, ⑮ 팝 음악 콘텐츠.

4) 세계법제정보센터 홈페이지 http://world.moleg.go.kr

5) Lin, Amanda & Angela Wu, 위의 글.

〈표 4.4.1〉 국가 총예산 대비 각국 정부의 문화 관련 주무 부처의 예산 비중(2012)

국가	2012년 국가 총예산	2012년 문화 관련 주무부처의 예산	비중(%)	주관
타이완(억 NTD)	19,390	101	0.515	문화부
중국(십만 위안)	64,148,270	4,682,823	0.073	문화부
한국(억 원)	2,827,000	37,194	1.300	문화체육관광부(기금포함

출처 : 한국콘텐츠진흥원, 2013

상품 디자인의 경우 해외시장에서의 경쟁력 상승을 목표로, 자전거, ICT 상품 등 다양한 디자인 회사들이 영향력을 넓히고 있다. 상품 디자인 산업의 확장 결과는 소비의 현장에서 직접 확인할 수 있다.

타이완의 영향력 있는 기업 중 하나인 Eslite의 복합 쇼핑몰에는 서점과 더불어 항상 문구류 판매점이 있다. 타이완의 많은 쇼핑몰에는 디자인 제품들이 넓은 공간을 차지하고 있었고, 국립 고궁박물원과 같은 박물관에서도 디자인 문구와 상품이 관람객의 눈길을 끌고 있었다. 한 타이완 대학교 학생으로부터 한국에서는 생소한 '마스킹 테이프'를 선물 받기도 했다.

건축 디자인 영역의 경우 2005년부터 도심 재개발과 기후변화와 관련하여 계획을 마련하여 시행해 왔으며, 오페라하우스, 예술 센터, 박물관 등 다양한 용도의 건물을 그 대상으로 포함하고 있다. 특히 정부의 독자적 지원 혹은 외국계 건축 회사와의 합작을 통해 지역의 문화창조공원을 조성하고, 이를 통해 지역의 장소성을 발굴하고 있다.

창조 공간으로서의 송산문화공원 : 동대문역사문화공원과의 비교

타이완 정부가 추구하는 문화창조산업의 일환으로 설립된 송산문화공원을 주제로, 구체적으로 문화창조산업을 이끌어 갈 원동력으로서의 송산문화공원의 역할에 대해 알아보겠다. 우선 배경이 된 문화와 창조에 초점을 맞춰 세계적인 동향을 파악하고, 특히 타이완의 문화창조산업을 연구하여 송산문화공원의 탄생에 미친 영향을 분석하고자 한다. 나아가 송산문화공원의 역사와 현황을 제시하여, 문화창조 허브로서의 송산문화공원에 대한 주관적 평가를 내려 볼 예정이다. 이 과정에서 유사한 계획 과정과 기능을 가지는 동대문역사문화공원과의 비교를 포함하여 보다 다각적인 분석을 시행하고자 한다.

• 타이완의 Creative Hub, 송산문화공원

(1) 송산문화공원

송산문화공원(Songshan Cultural and Creative Park)은 타이베이 시 정부가 추진한 문화창조산업의 일환으로 조성된 공원이다. 이 공원은 2012년에 대중에게 새로이 공개된 곳으로, 타이베이 시 정부는 이곳을 타이베이의 창조산업 중심지, 즉 'Creative Hub'가 되게 한다는 목적하에 이 공원 일대 지역을 계획하였다. 송산문화공원의 전경에 있는 건물은 1937년 건설된 곳으로, 타이완이 일제 치하에 있던 시절 국영으로 운영되던 담배 제조회사(Songshan Tobacco Plant of the Monopoly Bureau of the Taiwan Governor's Office) 건물이었다. 공장 일대에는 담배 제조공장뿐 아니라 회사에 근무하던 노동자들이 머물 수 있는 주거 공간도 함께 마련되어 하나의 산업단지(industrial village)를 이루고 있었다. 일제 강점이 끝난 뒤 타이완 정부가 담배 제조회사를 인수하였고, 이후 담배 제조회사가 사라지고 2001년에 이르러서는 담배 제조공장 건물이 타이완의 문화유산으로 지정되면서 건물 일대 부지를 문화공원으로 만들려는 계획이 마련되었다고 한다. 타이베이 시는 공장 부지를 문화공원으로 개조하면서 타이베이의 'Creative Hub'로 만들고자 하였고, 이를 위해 창조 연구소(Creative Lab), 창조 협력단(Creative Co-Op), 창조 학교(Creative School), 그리고 창조 공연 및 행사(Creative Showcase)라는 네 가지 슬로건을 두고 있다.[6]

또한 공원 옆에는 거대한 돔 형식의 체육경기장이 현재 건설되고 있는데, 타이완 정부는 송산문화공원과 이 돔 경기장을 타이베이 시의 문화와 체육의 중심지로 만들려고 한다. 공원 안에서는 다양한 예술 및 문화 이벤트와 전시회 등이 진행되며, 공원 내 시설에서 다양한 심포지엄이나 학술회의 등이 개최되기도 한다. 특히 과거 담배 제조공장 건물은 그 외형이 보존된 채로 다양한 문화 활동의 장으로서 기능하고 있다. 예컨대 관련 서적을 비치하고 담배 제조공장 시절의 사진을 전시해 방문객들이 볼 수 있도록 하고 있으며, 일반 방문객들이 자유로이 앉아서 쉬고 여러 주제에 대해 이야기할 수 있는 쉼터와 같은 공간을 따로 마련해 놓기도 했다. 송산문화공원 측에서 제공한 공원 안내도는 그림 4.4.1과 같다.

송산문화공원은 타이베이 시에서 계획한 또 하나의 공원과 아주 유사하다. 후아샨문화창의원구(Huashan 1914 Creative Park, 후아샨 1914)가 바로 그것이다. '후아샨 1914'는 1920년대 일본 지배하에서 한때 사케(일본 술)를 만드는 가장 큰 양조공장이 있던 곳으로, 1914년에 지어진 데서 그 이름이 유래한다. 타이베이 시는 오랜 기간 폐쇄되어 있던 정부 소유의 양조공장 부지를 2005년 문화창의지구로 계획하여, 2007년 민간 기업에 위탁하여 공원을 타이베이 창조산업의 중심지로 만들었다.[7] '후아샨 1914'는 송산문화공원보다 4년여 전에 계획되어, 과거 공장을 새로이 공원으로 조성하고 타이베이 시의 창조산업 육

6) 송산문화공원 홈페이지 http://www.songshanculturalpark.org

7) 김종욱, 2013, "창조산업의 생태계 형성 끈기있게 차근차근 추진", 부산발전포럼, 54.

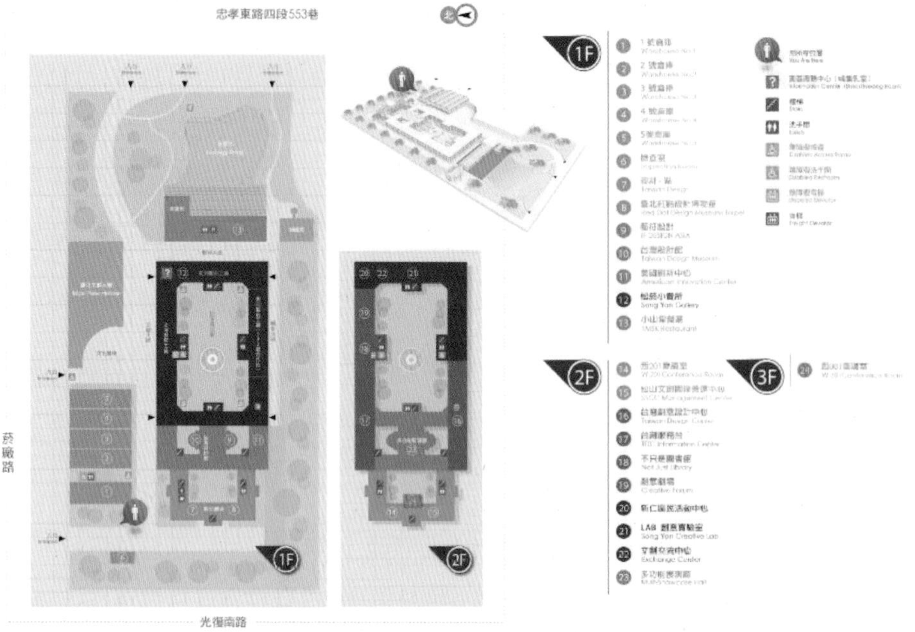

그림 4.4.1 | 송산문화공원 안내도 (출처 : 송산문화공원 홈페이지)

성을 위한 중심지로 계획했다는 점에서 같은 맥락하에 놓을 수 있다.

'후아샨 1914'와 송산문화공원은 공간의 역사가 유사하며 현재의 변화된 사용 양태 역시 흡사하지만, 타이베이 시는 공원의 입지 측면에서 송산문화공원을 창조산업의 중심지로 육성하려는 것으로 추정된다. 타이베이 시 정부는 1990년대부터 타이베이에 뉴욕 맨해튼과 같은 곳을 만들겠다는 목표하에 동부 지역에 신의 지구(Xinyi Planning District)라는 새로운 도심(CBD)을 만들 것을 계획하였다. 이는 타이베이 시를 중요한 위상을 갖는 세계도시로 발전시키기 위한 노력의 일환이었다.8) 송산문화공원은 타이베이 시 정부의 신의 지구 계획과 별도로 계획이 진행된 곳이지만 현재 신의 지구 내에 소재하고 있다. 도심에

8) Sue-Ching Jou, 2005, "Domestic Politics in Urban Image Creation: Xinyi as the 'Manhattan of Taipei'", Globalizing Taipei: The Political Economy of Spatial Development, Routledge, 120–122.

창조계급이 많이 유입되면 자연스레 도시의 창조산업이 더욱 활성화될 것이라는 점에서, 새로운 도심 내에 창조산업의 허브 조성을 계획하는 것이 계획하지 않는 것보다 효과적일 것임은 자명하다. 비록 송산문화공원과 '후아샨 1914'는 거리상으로 그리 멀지 않은 곳에 위치하고 있고 두 공원의 사용 양태가 아주 유사하지만, 이러한 사실 때문에 타이베이 정부는 '후아샨 1914'가 아닌 송산문화공원을 타이베이의 'Creative Hub'로 육성하고 있는 것으로 판단된다.

(2) 한국의 'Creative Hub', 동대문역사문화공원과 동대문디자인플라자(DDP)

타이완에서뿐 아니라 최근 한국에서도 창조산업 육성은 지역 계획 차원에서 큰 화두가 되고 있다. 특히 대한민국 중앙정부와 서울시 정부는 1990년대부터 서울을 세계도시로 만들기 위한 계획을 세웠다. 2006년 취임한 오세훈 서울시장은 세계도시 서울 계획의 일환으로 시정 운영의 슬로건을 '맑고 매력 있는 세계도시 서울'로 세우고 이를 위한 15대 중점 사업을 시행했다. 15가지 굵직한 사업 중 첫 번째 사업이 바로 동대문 일대를 세계 디자인과 패션의 중심지로 만드는 계획이었다.[9] 이에 2006년 8월부터 동대문운동장의 공원화와 대체 야구장 건립 추진 계획이 수립되면서, 동대문역사문화공원과 동대문디자인플라자 건설이 추진되기 시작한 것이다. 동대문역사문화공원은 이후 2009년 개장되어 서울 성곽, 동대문역사관, 동대문운동장기념관, 디자인갤러리 등을 운영하고 있다.[10] 과거 동대문운동장이라는 장소성을 계승하고자 하면서도 서울시 디자인의 중심이 되는 공원, 그리고 서울 성곽이라는 역사적 전통을 가지고 있는 공원으로 자리매김하고자 하는 것이다. 타이베이 시 정부가 송산문화공원을 역사성이 있는 문화적 장소로 계획한 것과 유사한 패

9) 황진태, 2010, "지역성장연합과 스케일의 정치가 세계도시 서울의 형성과정에 미친 영향: 동대문디자인플라자 & 파크 프로젝트를 사례로", 서울대학교 사회교육학과 지리전공 대학원 석사학위논문, 6-7.

10) 서울디자인재단 홈페이지 http://www.seouldesign.or.kr

턴을 보인다고 할 수 있다.

동대문역사문화공원 옆에 위치한 동대문디자인플라자(DDP)는 2013년에 완공되어 2014년 3월에 대중에게 개방된 복합 문화 공간이다. 서울시 정부는 DDP가 시민과 전문가의 교류 및 협력을 통해 창조산업의 시작지로 역할하기를 기대하고 있다. 서울시는 강남에 비해 상대적으로 낙후된 구도심의 상권을 살리고 동대문운동장 일대 패션 사업을 세계적인 디자인 상권으로 거듭나게 하려는 목표하에, 창조산업의 중심지로서 동대문역사문화공원과 DDP를 계획하였다. 현재 DDP는 매달 새로운 예술 전시를 하여 시민들이 그곳으로 발걸음을 옮기도록 하고 있으며, 전문가와 시민의 협력과 소통을 위한 다양한 행사를 계획하고 있다. 그림 4.4.2는 동대문역사문화공원과 DDP의 안내도이다.

이와 같이 동대문역사문화공원과 DDP는 송산문화공원과 마찬가지로 세계도시로 부상하기 위한 노력의 일환으로서 도심지에 창조산업의 허브를 구축하고자 한 사례이다. 두 장소의 차이점이라면, 송산문화공원이 신의 지구라는 신도심지에 많은 창조계급의 유입을 꾀한다는 목적을 가지고 있는 것과는 상이하게, 동대문역사문화공원과 DDP는 구도심을 창조산업의 메카로 부활시키려는 시도를 한 것이라는 점이다.

그림 4.4.2 | 동대문역사문화공원과 DDP 안내도
(출처 : http://www.seouldesign.or.kr/plaza2/floor05.jsp)

마지막으로 동대문역사문화공원과 DDP를 타이베이의 송산문화공원과 비교하여, 송산문화공원에 대해 평가해 보고자 한다. 물론 두 장소 모두 최근 만들어진 공간으로, 그 역할에 대해 평가를 내리기에는 이른 감이 없지 않다. 사실 송산문화공원이나 동대문역사문화공원 일대의 '창조 기능'과 관련하여 평가를 내린 선행 연구도 아직 존재하지 않는 것으로 나타났다. 그러나 장소 조성 과정부터 현재의 사용 실태를 비교해 보는 작업은 향후 바람직한 방향으로 나아가기 위해 큰 중요성을 띨 수 있다는 점에서 평가에 의의가 있다.

먼저, 공원 및 부대시설의 계획 단계에서 예산 규모의 차이를 보인다. 서울시에서 제공한 정보에 따르면 DDP 건설에 약 4,226억 원이 지출되었다. 이 금액은 서울시 신청사(2,348억 원)와 새빛둥둥섬(1,390억 원)을 건설하는 데 든 비용을 합친 것에 달하는 큰 규모이다.11)

타이베이 시 정부로부터 예산 규모에 대한 구체적인 정보를 제공받을 수는 없어 수치상의 비교는 불가능하다. 하지만 송산문화공원의 가장 중심에 있는 랜드마크 건물이 과거 담배 제조공장 건물이라는 점에서 역사적 유물을 재사용한 사례이다. 즉, DDP와 같이 새로운 건물을 지음으로써 창조산업을 육성하는 것이 아닌, 도시 재생 사업을 통해 창조산업을 육성하고자 한 것이기 때문에 예산의 소요가 경제적으로 이루어졌으리라 짐작할 수 있다.

둘째, 두 장소가 '창조산업'이라는 장소성을 형성하고 있는지의 여부를 비교할 수 있다. DDP와 그 일대 지역의 경우, 사용할 수 있는 빈 공간에는 여유가 있으나 아직 활용과 관련한 구체적인 계획이 부재하다. 전시는 많이 이루어지고 있지만 그 외에 컨퍼런스 홀의 이용 등은 미미한 실정이다. 공간 활용에 대한 충분한 고려 없이 독특한 외형으로 랜드마크 건설에 초점을 두었다는 비판이 계속해서 제기되는 이유다. 그러나 송산문화공원의 경우에는 역사적인 맥락을 이용하여 과거의 공장 단지라는 공간을 그대로 이용하고 재배치하여, 공원 일대가 과거로부터 현재까지 이어 오는 문화적 장소임을 전면에 내세운다. 이상의 두 가지 측면을 고려하여, 동대문역사문화공원보다 송산문화공원이 더 적은 예산으

11) 서울특별시 홈페이지 http://www.seoul.go.kr

로 더 효과적으로 창조산업을 시행하고 있다고 짐작할 수 있다.

그런데 과연 창조계급이 이곳으로 몰려올 것인가? 즉, 두 장소가 결과적으로 각 도시의 'Creative Hub'로서 기능을 할 수 있을 것인가? 먼저, 창조산업의 중심지가 되기 위한 기본적인 전제 조건은 많은 유동인구이다. 다시 말해 그 장소를 찾는 사람이 다양하고 많아야 한다는 것이다. 동대문역사문화공원과 DDP의 경우에는 현재 많은 인구가 매일 몰리고 있다는 점에서 유동인구 측면에서의 조건을 만족한다. 그러나 아직 창조적이고 생산적인 일을 하려고 그곳을 찾는 사람들, 즉 창조계급은 소수에 불과하다. 건물의 외관이 신기해서 오는 사람들, 또는 잠깐 전시를 보러 오는 사람들이 대다수를 차지한다는 점에서는 오히려 문화 생산 공간으로서 DDP의 기능에 의문점이 생긴다. 결국 현재 제공된 공간을 창조계급을 유인하기 위해 효율적으로 이용해야 하고, 시민 토론과 전문가의 협력을 통해 공간 사용에 대한 합의가 우선되어야 한다. 하지만 유동인구가 곧 창조계급이라는 공식은 성립하지 않으며, 궁극적으로 창조계급을 유치하기 위해서는 공항과 인접한 교통, 생산 인프라 등의 마련이 필수적이다. 결국 서울시의 경제적 지원과 더불어 창조의 필요성에 동의하는 시민들의 인식이라는 비경제적인 변화 역시 수반되어야 한다.

송산문화공원의 경우, creative lab이나 creative school 등 창조 공간이 실제로 잘 활용되고 있는지에 대한 자료를 명시해 놓지는 않았다. 하지만 답사를 통해 살펴본 송산문화공원은 인터넷 홍보물을 보고 생각했던 것보다 공간이 협소해서, 과연 타이베이 시 정부가 표방하고 있는 사업이 효과적으로 이루어질 수 있을지 의문이 드는 공간이었다. 우리가 방문한 시간대가 평일 오후라는 점을 감안하더라도, 방문 인구가 적었다는 점에서 유동인구가 많은 곳은 아닐 확률이 높다. 그러나 주변에 건설 중인 돔 야구장이 완공되면 유동인구도 점차 많아질 것으로 보이며, 옆에 있는 Eslite 백화점과 호텔 건물 내에 유리 공예 등 예술 행위가 이루어지는 공간이 위치해 있다는 점에서 향후 더 많은 인구가 유입될 것을 기대할 수 있다. 또한 공원 주변에 송산 도심공항과 MRT 역이 신설될 경우, 접근성이 향상되어 창조계급의 유입이 활발해질 것으로 본다.

오늘날 문화는 한 사회의 성장 동력이자 발전 가능성을 보여 주는 요소다. 문화산업은 대표적인 고부가가치 지식산업으로 그 경제적 파급 효과에 주목하여 세계적으로도 중요성이 강조되고 있으며, 최근 기술과 실용적 기능을 강조하는 창조산업과 결합하여 문화창조산업으로 그 영역이 확장되고 있다.

세계적인 추세에 맞춰 타이완은 창의성에 중점을 두면서 건축, 디자인, 음악 등의 요소를 활용해 문화창조산업을 적극적으로 추진하고 있다. 송산문화공원은 일제가 세운 담배공장을 개조하여 문화유산을 보존하는 동시에 문화 생산의 원동력으로 기능하도록 타이완 정부의 계획하에 조성된 공간이다. 궁극적으로는 타이베이의 'Creative Hub' 역할을 목표로 한다. 하지만 송산문화공원의 문화 창조 기능은 아직 미약한 것으로 보인다. 아직 조성 초기 단계라 섣부른 추측일 수도 있으나, 낮은 접근성, 부족한 공간, 낮은 인지도, 적은 방문 인구라는 경험적 사실로도 송산문화공원의 실효성에 의문을 갖기에는 충분하다.

한국의 동대문역사문화공원과 DDP도 다를 바가 없다. 동대문역사문화공원 일대는 정부의 주도로 문화유산 공간을 탈바꿈시켜 문화 생산 기능을 수행한다는 점에서 송산문화공원과 유사하다. 하지만 동대문역사문화공원 일대는 다양한 편의 시설과 전시 공간을 제공하고 많은 인구가 유입되어, 문화 공간으로서의 정체성이 송산문화공원에 비해 확실하다. 그럼에도 불구하고 '창조 공간'으로서의 동대문역사문화공원에도 물음표가 붙는다. 활용되지 않는 공간이 많고, 실제 창조 기능을 수행하는 기관이 부재한다는 아쉬움이 결국 동대문역사문화공원과 DDP에 대한 비판으로 연결되고 있다.

따라서 송산문화공원과 동대문역사문화공원은 말뿐인 문화 창조가 아니라 진정한 문화 창조 공간으로 나아가야 할 필요가 있다. 물론 두 공원 모두 최근에 문을 열었고 앞으로 발전할 여지가 충분하기에 평가는 시기상조일 수 있다. 특히 송산문화공원은 이후 주변에 야구 경기장, MRT, 도심공항 등의 인프라가 구축될 계획이므로 인구 유입에 있어 긍정적인 전망을 가진다. 그러나 두 공간이 문화 생산과 창조라는 궁극적 목표를 달성하기 위해서는 단순한 인구 증가에서 나아가 순수한 창조계급을 유인할 수 있는 경제적·비경제적 기반이 갖추어질 필요가 있다. 진정한 문화와 창조를 실현하여 '창조성'을 구현할 수 있는 두 공간, 송산문화공원과 동대문역사문화공원을 기대해 본다.

타이완의 장소 마케팅

타이베이가 가지고 있는 장소성은 사람들을 타이베이로 불러 모으고, 이는 관광과 장소 마케팅으로 나타나고 있다. 이에 '명소'라는 공간 규모를 단위로 타이베이의 장소 마케팅에 대해 살펴보고자 한다. 용캉제 거리, 타이베이 신시가지, 완화 지구, 야시장 등은 비교적 작은 규모의 공간이지만, 이러한 공간들의 장소 마케팅을 검토하는 과정을 통해 이들을 포섭하는 큰 공간, 타이베이 시의 장소 마케팅을 유추할 수 있을 것이다.

[장소를 이해하는 하나의 맥락, 장소 마케팅]

장소 마케팅은 '장소'라는 지리학적 개념과 '마케팅'이라는 경영학적 개념이 합쳐진 개념이다. 개념에서 직관적으로 드러나듯, 장소가 갖고 있는 경관, 문화 등의 자산을 바탕으로 그 지역을 재구성하고 홍보하여 경제적인 이익을 창출하려는 것을 말한다.

장소 마케팅에 대한 선구적인 연구를 했던 Kearns와 Philo(1993)는 장소 마케팅에 대해 다음과 같이 정의한다. "정체성을 가진 도시 공간을 어떻게 재구성하고, 도시를 찾아오는 구매자의 욕구와 기호를 충족시켜 주기 위해 어떤 프로그램을 어떻게 개발해야 할 것인지, 어떤 방법을 통해서 외부 자본을 끌어올 것인지 등을 고려하는 포괄적인 개념이다."

세계화와 국제화 추세와 함께 도시 간의 경쟁이 점화되면서 도시의 이미지를 제고시키고 경제를 활성화시키기 위한 방법으로 장소 마케팅은 주목받고 있다. 경제적·정책적 의미에 초점이 맞춰졌던 장소 마케팅은 최근 들어 '문화적 맥락'에도 크게 주안점을 두고 있다. 해당 장소에서 그 공간을 향유하는 사람들에게 특정 문화를 선사하고 그러한 문화를 바탕으로 더 많은 사람들을 유인하는 것도 장소 마케팅의 한 부분이다. 즉, 프로그램을 개발하고 직접적인 판촉 활동을 하는 것만을 장소 마케팅으로 제한하는 것이 아니라, 보다 넓은 의미로 사람들을 모이게 하는 그 장

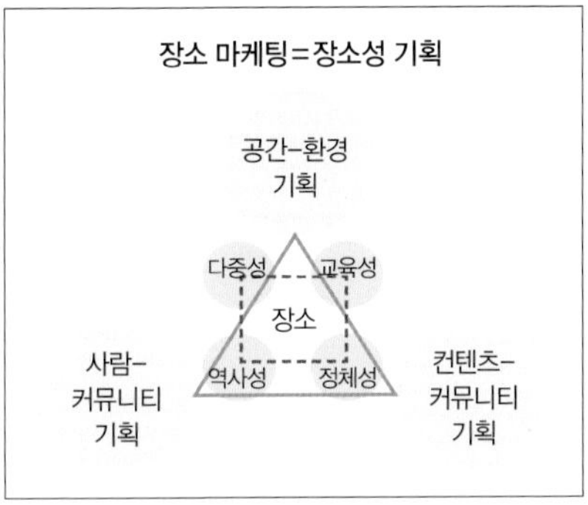

그림 4.4.3 | 장소성 그 자체로서의 장소 마케팅
(출처 : 이무용, 2006)

소의 복합적 문화 그 자체를 장소 마케팅의 영역에 포함하고 있다.

– 장소 마케팅의 다양한 층위

장소 마케팅은 다양한 맥락 속에서 논의될 수 있다. 어떠한 층위의 공간에 대한 것인가에 따라 장소 마케팅의 양태는 달라진다. 따라서 여기서는 장소 마케팅의 다양한 층위를 살펴보고, 이 글에서 다루는 장소 마케팅은 어떠한 층위에 있는지를 소개하고자 한다.

(1) 규모에 따른 층위

장소 마케팅은 흔히 한 도시의 전략이라고 받아들여지기 쉽다. 하지만 도시보다 큰 단위인 주, 도 등에도 장소 마케팅 전략이 있을 수 있으며, 도시보다 작은 단위인 읍, 면, 구 등에도 장소 마케팅이 있을 수 있다. 심지어 작은 마을이나 도로에도 장소 마케팅이 적용될 수 있다. 따라서 장소 마케팅의 공간 규모에 따라 서로 다른 층위가 있다. 서래마을, 가로수길 등과 같이 작은 규모로부터 서울시, 제주특별자치도 등 큰 규모까지 다양한 공간에 장소 마케팅이 있다.

규모에 따른 장소 마케팅의 여러 층위는 서로 밀접한 연관이 있다. 가장 작은 공간 규모에서의 장소 마케팅은 흔히 하나의 경관이나 하나의 문화 전략을 바탕으로 이루어진다. 하지만 더 큰 공간 규모로 갈수록 하위 공간의 장소 마케팅을 포괄하게 된다. 반대로 큰 공간 규모의 장소 마케팅 전략은 그에 포섭되는 공간의 장소 마케팅에 영향을 주기도 한다.

(2) 시간에 따른 층위

장소 마케팅은 그 공간의 장소성이 형성된 시간에 따라 구분될 수도 있다. 한 공간을 두고도 시간의 흐름에 따라 다른 장소성이 형성될 수 있다. 현재의 장소 마케팅은 과거의 여러 장소성을 반영하며, 이에 따라 서로 다른 양태를 보인다. 서울을 보더라도 여러 고궁이 위치한 도심은 과거의 장소성을 바탕으로 장소 마케팅 전략을 수립하고 있으며, 강남대로, 코엑스 등의 장소는 최신 첨단의 장소성을 바탕으로 하고 있다.

최막중과 김미옥(2001)은 공간을 인간의 인식 체계 속에 집어넣어 그 장소를 다른 장소와 구분되게 만드는 총제적인 특성을 장소성이라고 하였다.* 어떤 장소가 다른 장소에서는 볼 수 없는 특별한 의미를 가지게 되고, 그 특별함은 공간적 격리와 시간 소요를 감수하고서라도 사람들이 그곳을 찾도록 만든다. 유럽의 도시, 성당, 거리 들이 만들어내는 장소성의 특별함과 개성은 사람들이 수백만 원의 비용을 들여서라도 그 지역을 방문하게 만든다.

Yi Fu Tuan은 장소성이 가시성과 시간을 통해 만들어진다고 하였다. 가시성이란 물리적으로 드러나는 실체로서 직접 볼 수 있는 건물과 유적 등의 요소로 형성되는 것을 지칭하며, 시간이란 인간의 경험이 오랜 시간 동안 축적되어 나타나는 장소에 대한 개인적인 수준에서의 인식을 지칭한다.

규모에 따른 층위에서 볼 때 이 글에서 다루는 장소 마케팅은 작게는 타이베이를 다루며, 넓게 시야를 확장해 보면 타이완 전체를 다룬다. 시간에 따른 층위에서 보자면 완화의 경우 타이완의 역사, 그리고 타이베이의 역사를 엿볼 수 있는 공간인 반면, 스린 야시장과 용캉제는 젊음의 분위기를 느낄 수 있는 생동하는 현대의 공간으로 볼 수 있다.

* 최막중·김미옥, 2001, "장소성의 형성요인과 경제적 가치에 관한 실증분석: 대학로와 로데오거리 사례를 중심으로", 국토계획 36(1).

사례연구 1) 타이베이 스린 야시장

관광을 위해 타이완에 온 사람들이 가장 많이 찾는 장소는 야시장이다. 타이완 관광국(Taiwan Tourism Bureau)의 2013년 통계 자료에 따르면, 타이완에 관광 온 외국인들을 대상으로 타이완의 어느 지역을 관광했는지 조사한 결과 압도적인 수의 관광객이 타이완의 야시장을 다녀왔다고 밝혔다.

이는 타이완이 심혈을 기울여 만들어 낸 타이베이 101, 타이완의 오랜 역사가 담겨 있는 도시들, 박물관보다 단연 높은 숫자로서, 타이완 관광에서 야시장의 비율이 얼마나 높은지 단적으로 보여 주는 지표라 할 수 있다. 타이완의 야시장에서는 항상 다양한 공연이 펼쳐지고, 무수히 많은 먹을거리가 있으며, 다양한 옷과 기념품을 판매한다. 타이완의 야시장 속에는 타이완의 역사와 사회, 경제, 문화가 녹아 있으며, 타이완 사람들이 밤을 어떤 방식으로 향유하는지를 보여 준다. 백선혜(2004)는 장소 마케팅을 '장소를 상품화해 지역의 경쟁 우위를 도모하는 전략'이라고 정의하였다. 위의 통계가 증명하는 것처럼 타이완의 야시장은 타이완이 만들어 낸 최고의 상품이라 할 수 있다.

타이완의 야시장이 어떤 방식으로 장소성을 창출해 나가는지를 가시성과 경험의 측면

〈표 4.4.2〉 2013년 타이완의 외국인 관광객이 찾은 관광지(단위 : 100명당)

순위	관광지	방문객(%)	순위	관광지	방문객(%)
1	야시장	76.95	6	국립 국부기념관	28.27
2	타이베이 101	57.41	7	켄팅국립공원	27.84
3	국립 고궁박물원	47.63	8	예류	27.15
4	중정기념당	35.58	9	시먼팅	26.48
5	르웨탄 호수	32.58	10	지오펀	26.59

출처 : 타이완 관광국(http://admin.taiwan.net.tw), 2013

에서 나누어 살펴보고자 한다. 이를 통해 타이완의 야시장이 어떻게 사람들을 매혹시키고, 어떻게 타이완의 대표적인 관광 상품으로 자리매김되었는지 알아볼 것이다. 또한 타이완의 수많은 야시장 중 가장 규모가 크고 발달한 스린 야시장(Shilin Night Market)을 대상으로 야시장이 장소 상품으로 편제되는 과정을 살펴보고자 한다.

• 스린 야시장

스린 야시장은 지룽 강 부두 근처에 처음으로 만들어진 시장이다. 야시장이 처음 들어선 때를 정확히 알 수는 없지만, 1899년을 그 시점으로 보고 있다. 스린 지역에서 만들어진 산물을 다른 항구로 이동시키는 과정에서 자연스럽게 시장이 형성되어 현재까지 이어진 것이다.

오늘날 스린 야시장의 대표적 요소라 할 수 있는 먹거리 역시 자연스럽게 이곳을 왕래하는 상인들과 물건을 구매하러 오는 사람들을 대상으로 판매되기 시작하면서 자리를 잡았다. 중국 특유의 야시장 문화와 결부되어 스린 야시장은 타이완에서 가장 큰 야시장으로 자리 잡았으며, 2002년 타이완 정부 주도로 안전과 화재 방지를 위해 시장 리모델링이 이루어진 후 오늘날과 같은 모습을 갖추게 되었다.

(1) 가시성–시끌벅적한 공간

스린 야시장의 경관은 개성이 넘친다. MRT 역에 내리자마자 펼쳐지는 거리와 수많은 사람들은 시장에 첫발을 내딛는 관광객들을 매혹한다. 야시장이 가진 경관을 한 단어로 표현하자면 '시끌벅적'이라고 할 수 있다. '타이완 사람들은 이렇게 산다'라고 웅변하듯 야시장의 공기는 정신없고 활기차다. 수많은 방문객들과 물건을 팔기 위해 목청을 높이는 상인들, 시장에서 벌어지는 각종 행사가 어울려 스린 야시장을 만든다. 야시장을 구성하는 개별 요소 하나하나는 크게 특별하지 않다. 평범한 리어카, 길거리에서 흔히 볼 수 있을

법한 옷가게, 음식을 조리하는 모습으로 손님을 끄는 음식점 등, 스린 야시장에 눈에 띄는 건물이나 역사 유산은 없다. 그렇지만 이런 구성 요소들이 한데 모여 매력적인 경관을 만들어 낸다.

복잡하고 정신없는 경관이 스트레스로 다가오기도 하지만, 관광객들은 그 속에서 야시장에 대한 강한 인상을 받는다. 타이베이 101이나 중정기념당에 다녀온 관광객들이 거대하고 아름다운 건물의 형상을 기억하는 것처럼, 스린 야시장의 수많은 사람들과 다채로운 상점들이 모여 구성하는 복잡한 시장 거리를 하나의 이미지로 기억하게 되는 것이다.

이런 시끌벅적함이 주는 경관 요소는 다분히 자기 조직적이라고 할 수 있다. 사람들로 넘치는 야시장의 활기참을 보기 위해 관광객이 모이고, 관광객들은 또다시 야시장의 시끌벅적함을 만들어 내는 요소가 되고 있다.

사람들이 모이면 특별한 경관을 만들어 내는 것과 마찬가지로, 스린 야시장의 특징은 '모여 있음'에서 나온다. 수많은 상점들이 시장이라는 제한된 공간과 밤이라는 제한된 시간대에 집적되어 있을 뿐만 아니라, 야시장은 그 내부에서도 지리적으로 철저하게 분화되어 있고 그 분화 속에서 동종 상점끼리 집적되어 있다. 야시장의 중심에 위치한 절을 기점으로 형성된 좁은 골목에는 먹거리를 파는 수많은 노점이 늘어서 있다. 절 근처 음식 거리 중심에는 타이완 음식에 익숙하지 않을 외국인도 먹을 수 있는 만두, 아이스크림, 튀김, 면류 등을 파는 노점이 있다. 반면, 음식 거리 외부에서는 호불호가 극명하게 갈리는 중국 음식의 대표라 할 수 있는 취두부를 비롯한 각종 중국풍 반찬을 판매한다.

그림 4.4.4 | 스린 야시장

또 음식 거리 변두리에는 테이블이

따로 있는 음식점과 술집이 있다. 새로 정비된 스린 야시장 구역에는 음식을 파는 노점들도 있지만, 대개 의류나 잡화 등을 주로 판매한다. 상점뿐만 아니라 한국에서 볼 수 있는 인형 뽑기 기계들이 가득한 뽑기 상점, 오락기가 가득한 오락실이 한곳에 밀집해 있다.

같은 용도를 가진 상점들이 하나로 밀집해 있다는 것은 마치 먹자골목, 패션 타운 등과 같은 시너지 효과를 불러일으킨다. 집적을 통해 시장이 '쇼핑의 공간' 혹은 '먹거리의 공간'으로 편재되는 것이다.

(2) 시간적 특성-밤

스린 야시장이 점유하고 있는 시간적인 특성 역시 야시장이 특별한 관광 상품으로 편재되는 데 크게 기여하고 있다. 표 4.4.2가 뒷받침하듯 타이완에 관광 온 외국인의 70% 이상이 야시장을 방문하는데, 다른 멋진 관광 명소보다 압도적으로 높은 빈도로 야시장을 방문하는 이유는 시장이 밤에 개장하기 때문이다.

장소는 다른 장소와 경쟁한다. 예컨대 웅장함과 타이완의 역사를 담고 있는 중정기념당과 타이완 국립 고궁박물원은 경쟁 관계에 있다. 관광객들이 한 지역을 관람하기로 결정한 것은 다른 지역을 관람하지 않기로 결정했기에 가능하다. 타이완의 관광 명소들은 대부분 저녁 6시경에 문을 닫는다. 반면 야시장은 다른 관광지가 그 기능을 상실한 시간대부터 기능하기 시작하는 타이완의 대표적인 관광지로서는 유일하다 해도 과언이 아니다. 즉, 다른 장소와의 경쟁이 없다. 다른 장소와의 경쟁이 없기에 야시장은 관광객을 쉽게 모으는 것이 가능하고, 사람이 많이 모이기에 더욱더 재미있는 관광지가 되어 간다. 스린 야시장이 낮에 열고 밤에 닫는 시장이었다면 지금과 같이 북적이는 관광지가 되기는 힘들었을 것으로 본다. 다른 관광지들이 문을 닫은 후, 저녁을 먹고 둘러볼 곳을 찾는 관광객들은 스린 야시장의 밝은 불빛에 이끌리고, 그래서 야시장은 항상 사람들로 가득하다.

(3) 경험-야시장의 먹거리

타이완의 다른 관광지와 야시장이 근본적으로 차별되는 요소는 경험에 근거해서 이루어진다. 눈으로 보고 그 자체를 느끼는 것이 최대인 타이완의 여타 관광지와는 달리, 야시장에서는 그 경관을 시각적으로 누림과 동시에 음식을 먹고 물건을 구매하면서 야시장의 장소성을 다른 감각으로도 느끼고 경험하게 된다. 경험 또는 체험은 오감을 통해 강한 인상을 심어 준다. 단순히 눈으로 관람하는 것을 넘어서, 음식을 먹고 옷을 고르고 재미난 액세서리와 기념품을 고르면서 관광객들은 야시장이라는 장소를 경험한다.

오감 가운데, 스린 야시장의 경험을 지배하는 것은 미각이다. 스린 야시장에 있는 수많은 먹거리는 스린 야시장의 장소성을 형성하는 데 지대한 공헌을 하고 있다. 스린 야시장을 방문한 사람들을 대상으로 한 인터뷰 내용에 따르면, 스린 야시장을 방문한 사람들이 야시장에 찾아온 목적은 야시장의 먹거리라고 한다.

대부분의 식당이 문을 닫는 밤 시간대에 출출한 관광객들에게 먹거리를 제공한다는 것은 몹시 매력적인 요소이다. 야시장 내 있는 절을 중심으로 길게 늘어선 노점상에서 판매하는 각종 구이와 튀김, 식음료 등은 관광객을 유혹하는 좋은 수단이다.

관광객을 사로잡은 먹거리의 비결은 토속성과 가격이다. Yi-Fei Chuang 등(2014)에 따르면 타이완 야시장에서 판매되는 상품들 중 약 42.9%가 음식이며, 음식 중 약 70%가 타이완 전통 음식이다. 만약 스린 야시장에서 파는 먹거리가 맥도날드나 버거킹, KFC 등의 프랜차이즈이거나, 한국에서 쉽게 맛볼 수 있는 음식, 혹은 일본 음식이었다면 한국인으로서 야시장을 관광하는 사람들은 이를 전혀 특별하다고 생각하지 않을 것이다. 그러나 스린 야시장에서 판매되는 품목들은 타이완에서만 맛볼 수 있는 타이완 음식이기 때문에, 관광객들은 야시장을 찾고 먹거리를 즐긴다.

또한 매우 저렴한 가격도 스린 야시장의 음식들이 가지고 있는 장점이다. 스린 야시장에서 판매되는 식품들의 약 70%는 한국 돈으로 약 3,500원 미만의 가격으로, 관광객들이 부담 없이 즐길 수 있다.

야시장에서는 타이완 전통 음식뿐만 아니라, 성(性)적인 요소를 담고 있는 아이스크림, 한국식 핫도그를 비롯한 퓨전 음식, 신개발 음식 등도 쉽게 접할 수 있었다. 이런 음식들의 존재 역시 스린 야시장의 먹거리를 더 특별하게 만든다. 이틀간 타이완 대학교 학생들과 스린 야시장을 답사하면서 옷이나 장난감, 액세서리 등을 실제로 구매한 학우는 없었지만

〈표 4.4.3〉 스린 야시장에서 판매되는 상품의 종류

판매 품목	상점	노점	총합	비율(%)
식품류 42.9%				
음료	20	34	54	7.3
타이완 전통 음식	91	96	187	25.1
외국 음식	21	13	34	4.6
창작 음식	8	8	16	2.2
기타	21	7	28	3.8
비식품류 57.1%				
의복	157	11	168	22.6
신발	29	4	33	4.4
가방	8	4	12	1.6
액세서리	32	21	53	7.1
잡화	28	4	32	4.3
전자제품	4	1	5	0.7
게임	5	32	37	5.0
기타	76	9	85	11.4
총합	500	244	744	100

출처 : Yi-Fei Chuang et al., 2014

길거리 음식을 사 먹지 않은 학우는 없었던 것도 야시장이 주는 강력한 미각 체험과 음식으로 이어지는 장소성을 보여 준다고 할 수 있다.

야시장에서 파는 먹거리가 강하게 인상에 남은 관광객에게 야시장은 음식 거리이다. 그리고 음식점은 경관임과 동시에 체험이다. 음식점과 음식 그 자체, 음식이 풍기는 풍미는 가시적인 경관이고, 음식을 먹고 맛을 음미하고 평가하는 것은 경관의 체험이다. 경관의 체험은 체험하는 이에게 내면화되어 장소와 체험자를 유기적으로 연결해 준다. 장소성은 이 유기적인 관계 속에서 생겨난다.

요컨대, 시장 고유의 시끌벅적한 분위기, 그 분위기가 끌어들이는 사람들, 그 사람들이 모여 만들어 내는 시장 고유의 분위기, 집적되어 있는 상점들이 만들어 내는 독특한 경관이 스린 야시장이라는 가시적 경관을 만들어 낸다. 그리고 그 가시적 경관을 독점적 시간대라 할 수 있는 밤에 이용할 수 있다는 점이 관광객을 끌어모으고 있다. 야시장이 제공하는 경험적 콘텐츠인 먹거리는 관광객들에게 저렴한 가격으로 타이완 고유의 풍미를 느낄 수 있게 해 줌으로써 관광객들을 더욱 끌어들이는 데 기여하고 있다.

사례연구 2) 용캉제

• 젊음과 예술의 거리, 용캉제

'용캉 거리'라는 뜻의 용캉제는 타이완의 맛과 멋을 동시에 즐길 수 있는 거리이다. 타이완 하면 가장 먼저 떠오르는 디저트인 '망고 빙수'가 태어난 곳이기도 하며, 타이완의 잘나가는 선남선녀가 즐겨 찾는 데이트 코스이기도 하다. 맛있는 먹거리와 다양한 볼거리가 모여 있는 작지만 알찬 거리가 용캉제이다.

용캉제의 장소성은 '젊음'과 '예술'이라는 두 개의 키워드로 표현할 수 있다. 우선 '젊음'

그림 4.4.5 | 용캉제 거리

이란 키워드로 설명해 보겠다. 용캉제에서 나이 든 사람은 찾기 힘들다. 식당의 종업원이나 기념품 가게의 직원도 대부분 젊은 사람들이다. '젊음'을 하나의 개성으로 생각하고 자신들의 청춘이 존중받기를 원하는 청년들의 문화가 반영된 것이 아닐까 생각한다. 길거리에서 연주하는 예술가들도, 카페에서 망고 빙수를 먹는 젊은 커플도 용캉제라는 공간에서 자신들의 청춘을 즐기는 듯 보였다.

용캉제가 갖고 있는 이 '젊음'이라는 장소성 때문인지 이곳을 찾는 외국인 방문객들도 젊은 층이 대다수였다. 한국에서 타이완은 중장년층이 주로 찾는 관광지이지만, 용캉제는 나이 든 관광객을 찾아보기 어려운 곳이었다.

용캉제를 설명하는 또 다른 키워드는 '예술'이다. 타이완에서 가장 알찬 기념품을 사기 위해서는 용캉제로 가라고 추천하고 싶을 만큼 다양한 예술품이 눈길을 사로잡는다. 예술품이나 공작품을 파는 가게 외에도 길거리에서 바이올린을 연주하는 사람, 공원에서 그림을 그리는 화가, 전문 사진작가 등 용캉제라는 공간은 예술적 콘텐츠로 가득하다. 용캉제가 가지고 있는 예술이라는 장소성은 이곳으로 더 많은 예술인을 끌어들이는 양의 되먹임 효과를 낸다.

비교적 최근에 용캉제에 입점한 한 가게에서 주인과 대화할 기회가 있었다. 그는 용캉제를 방문하는 사람들이 크게 늘어나면서 더 많은 가게가 들어오고 있으며, 용캉제의 범위가 용캉제 거리를 넘어서서 확장되고 있다고 하였다. 용캉제가 갖고 있는 장소성 그 자체가 더 많은 사람을 끌어모으는 장소 마케팅의 한 수단으로 작용하고 있는 것이다.

사례연구 3) 올드 타이베이(Old Taipei), 완화

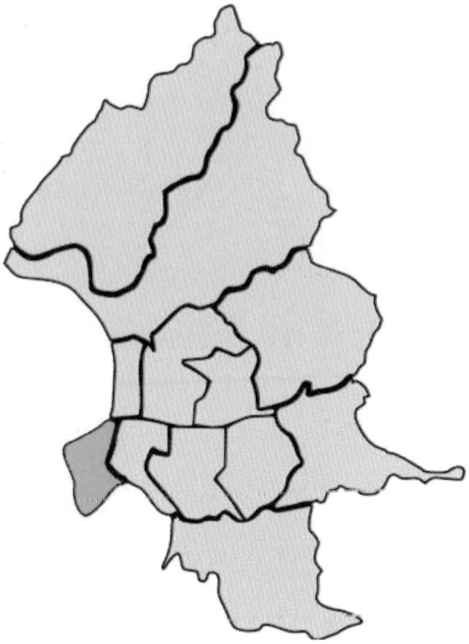

그림 4.4.6 | 타이베이 내에서 완화의 위치

완화 구는 타이베이 서쪽에 위치한 지역으로, 타이베이 내에서 최초로 발달된 시가지였다. 곳곳에 남아 있는 오래된 건물과 사찰, 유적 등이 초기 완화 구의 번영을 보여 준다. 그러나 지금은 많은 시간이 지나고 인구가 계속적으로 줄면서 낙후된 지역이 되었다.

완화는 크게 북부, 중부, 남부의 세 지역으로 나뉜다. 완화의 북쪽은 시먼딩이 위치한 곳으로 한국의 명동과 같이 젊은이들이 많이 모이며 쇼핑 공간과 각종 먹거리가 많은 곳이다.

중간의 센트럴 완화는 역사적 공간이 많은 곳으로 유명하다. 청나라 시대부터 존재해 온 사찰인 용산사(龍山寺, Longshan Temple)와 청수사(清水寺, Qingshui Temple)가 있고, 일제 시대 옛 거리를 재현해 놓은 보피랴오 역사지구(剝皮寮歷史街區, Bopiliao)가 있으며, 허브차 등의 타이완 전통 먹거리를 파는 전통 시장들이 있다. 남쪽은 주로 사람들이 사는 주거 지역이다.

• 역사지구로서의 장소 마케팅–완화

완화는 비록 오늘날엔 타이베이의 구도심이자 낙후 지역이지만, 그만큼 과거의 모습을 잘 갖고 있는 타이완 전통의 장소이다. 그중에서도 특히 역사지구로서의 면모를 가진 완화의 중간 구역, 센트럴 완화가 장소 마케팅을 활용할 가능성이 많은 곳이라고 생각한다. 역사적 건축물과 전통 시장이 있어 타이완 고유의 경관이 드러나는 곳이기 때문이다. 반면에 남부는 주거 밀집 지역이고 북부는 오늘날 젊은이들이 많이 모이는 곳으로, 두 지역 모두 전통적인 타이베이의 장소라고 보기는 어렵다.

센트럴 완화는 전반적으로 타이완 고유의 전통을 보여 주는 구도심지이지만, 과거를 특히 더 잘 보여 주는 특정 장소가 여러 곳 있다. 따라서 그곳을 중심으로 완화의 정체성을 만들고 부각시켜 장소 마케팅을 할 수가 있다. 예를 들어 용산사, 보피랴오 등이 있다.

(1) 용산사

용산사는 타이완의 전통, 그리고 전통의 타이베이를 만날 수 있는 곳이다. 용산사는 타이완에서 가장 오래된 사찰로 청나라 시대인 1738년 건립되었다. 용산사는 '타이완의 자금성'이라고 일컬어질 만큼 매우 웅장하고 아름다운 사찰로, 검은색, 붉은색, 금색으로 화려하게 치장한 모습이다. 돌기둥에는 용이 조화를 이루며 조각되어 있고, 뒤편에는 역사적 인물들이 춤추는 모습이 새겨져 있다.

용산사는 불교 사찰이지만 타이완의 많은 절들이 그렇듯 도교의 많은 신들 또한 모시고 있는, 불교, 도교, 민간신앙이 모두 융합되어 있는 사찰이다. 다양한 종교의 많은 신들을 모시고 있다는 것은 종교 생활에 대한 타이완 사람들의 관용적 정신을 보여 준다.

한국의 사찰들이 대부분 고요한 산속에 고즈넉이 자리 잡고 있는 반면, 용산사는 도심 속에서 주민들과 어울리며 활기찬 모습을 보여 준다. 한쪽에서는 관광객들이 사진을 찍고 있고, 다른 한쪽에서는 사람들이 향을 피우고 경전을 외우고 있는 풍경을 드물지 않게 볼 수 있다. 관광지와 사찰로서의 기능 외에도 용산사는 많은 즐길 거리를 준다.

용산사 한쪽에선 무료로 운세를 볼 수 있다. 반달 모양의 나뭇조각을 던져 조각이 서로 다른 면을 보고 있으면 긴 나뭇조각을 뽑을 수 있는데, 이 나뭇조각에 숫자가 쓰여 있다. 이 숫자를 보고 그 숫자가 적힌 합의 운세가 적혀 있는 종이를 뽑는 식이다. 또한 이곳에선 신에게 드리는 선물로 방문객들이 빵이나 과자를 바치기도 한다.

그림 4.4.7 | 용산사 입구(↑←)
그림 4.4.8 | 용산사를 방문한 사람들(←→)

타이완 고유의 문화를 보여 주는 역사지구로서 완화를 장소 마케팅할 때, 도심에서 주민들과 늘 어우러지고 종교에서 파생되는 다양한 즐길 거리를 제공한다는 면에서 용산사는 완화의 랜드마크로 설정할 수 있는 건축물이다. 원래의 건물이 소실되어 1957년에 재건된 사찰이긴 하지만, 용산사의 존재는 청나라가 지배하던 시절부터 일본의 식민지, 국민당의 집권, 현대에 이르는 타이완의 역사와 각 시대의 사람들과 함께해 왔다.

문화를 바탕으로 장소 마케팅을 할 때, 마케팅을 할 문화의 주체가 누구인가 또는 장소가 문화를 잘 반영하고 있는가의 문제, 즉 문화적 정통성은 중요하게 고려되어야 할 사항이다. 용산사는 타이완 인들이 만들었고, 타이완 역사 속에서 중요한 부분을 차지하며, 현재도 사람들과 경관을 통해 타이완의 지역성을 잘 보여 준다는 점에서 장소 마케팅에 적합하다고 할 수 있다.

(2) 보피랴오

용산사에서 5분 거리에 있는 보피랴오는 청나라 시대와 일제 식민지 시기에 물류 중심지 역할을 했던 거리다. 그러나 보피랴오는 이후 근처의 광동가가 그 역할을 대체하면서 쇠락하게 된다. 이후 타이베이 시 정부와 주민들이 협조하여 옛 건물들을 개보수하고 길을 닦아 관광자원으로 이용하기 위해 노력하고 있다. 현재 보피랴오는 드라마나 영화 촬영지로 활용되고 있으며, 시민들이 결혼사진을 찍는 장소로도 애용된다고 한다.

그림 4.4.9 | 보피랴오 역사거리

현재 보피랴오가 가지고 있는 단점은, 언뜻 보기에 빈 공간이 너무 많다는 느낌을 주는 것이다. 거리와 관련한 역사 설명은 일부 장소만을 담고 있었다. 산재한 점이 아닌 역사지구로서 모두가 어우러진 공간에 이곳이 가지고 있는 이야기를 담아 낼 수 있다면 보피랴오는 충분히 관광지가 될 것이다.

보피랴오의 거리에는 과거의 모습이 잘 보존되어 있어 예전의 분위기를 그대로 느낄 수 있다. 그리고 거리가 깨끗하기 때문에 현재의 모습 자체로도 관광지나 시민들의 휴식 공간으로 이용될 수 있다. 여기에 장소의 역사를 공간과 함께 좀 더 풍부한 이야기로 엮어 낸다면 매력적인 관광지로 재탄생할 것이다.

(3) 화시 야시장

용산사 근처에는 화시 야시장이 있다. 야시장은 낮에는 덥기 때문에 사람들이 선선해지는 저녁에 장을 볼 수 있도록 하기 위해 만들어진 타이완 고유의 전통문화이다. 최근 늘어 까르푸 등의 대형 마트들이 타이완에도 진출해 낮에도 장을 맘껏 볼 수 있는 장소가 생겼지만, 여전히 타이완에서 야시장은 먹거리와 유흥을 제공하는 타이완만의 고유한 문화로 자리매김하고 있다.

그림 4.4.10 | 화시 야시장

화시 야시장에서는 타이완의 로컬 푸드를 접할 수 있나. 타이완의 열대 과일들과 다른 야시장에선 보기 힘든 뱀, 거북, 악어 고기 등이 화시 야시장이 가진 차별성이다. 타이완의 전통적인 식재료들은 외국인에게 이질적으로 다가와서 불쾌감을 줄 수도 있지만, 다른 야시장과는 다른 재밋거리로 여겨질 수도 있다. 타이완의 긴 밤과 생생한 식문화를 보여 준다는 점에서, 화시 야시장은 타이완의 고유 문화로서 완화의 장소 마케팅에서 주축을 담당할 수 있는 곳이다.

• 완화의 장소 마케팅 측면에서의 가능성

타이완은 길지 않은 역사 동안 여러 번 지배 세력이 달라지면서 각 시기마다 매우 특색 있는 역사를 가지고 있다. 완화는 오래된 만큼 각 시기의 특색을 잘 담고 있다는 점에서 역사적으로 가치가 있는 장소이다. 현재의 완화는, 타이베이의 중심지가 시청과 타이베이 101이 있는 동쪽 지역으로 옮겨 간 이후로 개발이 이루어지지 않은 채 낙후되어, 과거 중심지로서의 기능을 다하지 못하고 있다.

그러나 완화는 타이완의 역사를 꾸밈없이 투영하는 역사적 가치가 있는 장소로서, 다른 지역과의 차별성을 바탕으로 장소 마케팅을 이용하여 침체된 지역의 재생을 가져올 수 있는 요소를 가지고 있다.

그중에서도 특히 역사지구로의 면모를 가진 완화의 중간 구역, 센트럴 완화가 장소 마케팅을 활용할 가능성이 많은 곳이다. 주거 밀집 지역으로서의 남부와 청년들이 많이 모이는 쇼핑 공간인 북부보다는, 역사적 건축물과 전통 시장이 타이완 고유의 경관을 드러내기 때문이다. 센트럴 완화에 위치한 역사적인 장소들을 중심으로 완화의 정체성을 만들고 부각시키는 것이 장소 마케팅을 활용한 전략이 될 수 있다.

예컨대 용산사, 보피랴오와 같은 오래된 장소들을 중심으로 주변 장소들을 묶어, 하나의 커다란 역사지구를 만들 수 있다. 완화 역사지구의 마케팅 대상은 지역 주민과 관광객이 주가 될 것이다. 완화에 투영된 타이완 역사를 바탕으로 완화의 교육적·역사적 기능을 강조하여 문화 시설물을 건축·보강하고 문화 행사를 개최하면서 인근 주민들의 참여를 유도할 수도 있다.

또한 역사지구에서 한 발 더 나아가 완화를 문화 특구로 지정·조성하고 홍보한다면, 관광객들이 완화의 장소성에 흥미를 가지고 방문하는 횟수가 늘어날 것이다. 장소 마케팅은 낙후된 구도심인 완화를 새로운 기능을 하는 역사지구로 변모시킴으로써 지역 경제를 활성화할 수 있는 방안이 될 것이다.

나가며

지금까지 타이베이의 주요 경관을 소재로 도시의 문화창조산업과 도시 마케팅에 대해 알아보았다. 송산문화공원, 스린 야시장, 용캉제, 용산사 등 다양한 장소를 돌아보며, 타이베이가 어떤 이야기를 담고 있으며 어떤 이야기를 만들고 있는지를 몸소 체험하였다. 각기 다른 장소에서 답사가 이루어졌지만 공통적으로 느껴지는 어떠한 분위기가 분명히 있었다. 그것이 아마도 타이베이의 장소성이고 타이베이의 콘텐츠일 것이다.

혹자는 그 분위기를 '다양한 문화가 자연스럽게 공존하는 퓨전(fusion)'이라고 말하고, 또 다른 누군가는 '타이완만의 정체성을 갖기 위해 진행되는 타 문화에 대한 재건축'이라고 평했다. 타이베이, 나아가 타이완만의 분위기는 개인마다 다르게 느껴졌을 것이다. 하지만 분명한 콘텐츠와 정체성을 갖기 위해 부단히 노력해 온 타이베이의 땀과 열정은 모두에게 느껴졌을 것 같다. 타이완은 해양 문화와 대륙 문화가 충돌하는 지점이고, 중국, 일본, 서구 열강 등의 지배를 번갈아 받은 복잡한 역사의 섬이다. 그만큼 다양한 소재가 타이베이에 자리 잡고 있고, 타이완 인들은 그 소재들을 잘 버무려 타이베이만의 강렬한 이야기를 만들고 있다.

도시의 문화창조산업과 마케팅은 기업의 콘텐츠 개발이나 마케팅 사업과는 분명히 다르지만 유사한 속성을 많이 갖는다. 컴퓨터를 만들던 회사가 스마트폰을 만들고 전축을 만들던 회사가 고급 이어폰을 만드는 것처럼, 새로운 콘텐츠는 기존에 존재하던 자산을 토대로 창조된다. 도시의 문화창조산업에서도 마찬가지일 것이다. 도시가 품고 있는 장소성과 여러 이야기들을 바탕으로 새로운 문화 콘텐츠를 창조할 때, 그 영향력은 배가될 것이며 도시의 고객들은 그 콘텐츠의 진정성을 느낄 수 있을 것이다. 또한 기업은 콘텐츠의 속성에 맞는 마케팅 전략을 수립하고, 고객들로 하여금 콘텐츠를 소비하고 싶게끔 만든다. 도시도 마찬가지로 도시의 속성에 맞는 마케팅 전략을 수립하고 도시의 방문객들로 하여금 그 도시의 오랜 이야기가 무엇인지 알고 싶게 만들어야 한다.

이러한 측면에서 볼 때, 타이베이의 미래는 밝을 것으로 조심스레 예상해 본다. 타이베이에서는 도시의 기존 이야기와 잘 어우러지는, 도시가 갖고 있는 소재들을 잘 활용하는 문화 창조와 마케팅이 이루어지고 있다. 도시의 역사와 오랜 건축물을 잘 살린 송산문화공원, 도시의 미각적 강점을 살려서 타이베이를 홍보하는 스린 야시장, 타이베이의 다양한 예술인들과 종교인들을 콘텐츠로 발전시킨 용캉제와 용산사. 이들 장소에서 타이베이의 고유한 이야기 위에 굳건히 설계된 타이베이의 문화 콘텐츠를 확인할 수 있었다.

앞서 말하였듯이 도시를 살리고 발전시키는 방법은 비단 물리적인 재개발에 국한되지 않는다. 사람들의 마음을 움직이고 공간의 이미지를 구축하는 문화적인 차원의 재개발이 무엇보다도 중요하다. 하지만 최근 국내외의 다양한 도시 문화창조산업과 도시 마케팅 사례를 보면 도시의 본질을 놓친 채 이루어지는 경우가 많다. 지역의 강점과는 아무 상관 없이 정치적·경제적 이유로 무책임하게 추진되는 몇몇 지역 축제들, 기존의 경관을 모두 부순 채 바닥에서부터 다시 올린 건물을 새로운 문화 콘텐츠라고 소개하는 몇몇 도시 재개발 현장들. 과연 맞는 것인지 재고해 봐야 한다.

도시의 문화창조산업을 계획하거나 도시 마케팅 계획을 수립할 때 타이베이의 사례가 최고의 사례가 되진 않을 것이다. 하지만 타이베이의 사례가 좋은 참고서라는 것은 분명하다. 공간 본연의 소재와 이야기를 살려 새로운 콘텐츠를 개발하고 홍보할 때, 도시의 고객들은 그 진정성을 느낄 수 있을 것이다.

References

▷ 논문(학위, 학술지)

- 곽병호, 2011, "장소 마케팅이 장소이미지, 만족도, 재방문에 미치는 영향", 숭실대학교 대학원.
- 권윤구, 2013, "도시 가로의 장소성 형성 구조와 의미", 서울대학교 대학원.
- 김용탁, 2014, "지역문화산업클러스터의 네트워크 분석: 대구 지역문화산업클러스터를 중심으로", 서울시립대학교 대학원 박사학위논문, 1-206.
- 김종욱, 2013, "창조산업의 생태계 형성 끈기있게 차근차근 추진", 부산발전포럼 40: 50-54.
- 백선혜, 2004, "장소 마케팅에서 장소성의 인위적 형성", 서울대학교 대학원 박사학위논문.
- 부경희, 2013, "지속가능한 공익자금 활용에 관한 연구: 문화 창조산업 모델을 중심으로", 강원법학 40, 169-208.
- 이무용, 1997, "도시개발의 문화전략과 장소 마케팅", 한국공간환경학회지 8, 206-225.
- 최정수, 2006, "경북 문화산업의 혁신환경과 클러스터 구축방향", 한국지역지리학회지 12(3), 364-331.
- 황진태, 2010, "지역성장연합과 스케일의 정치가 세계도시 서울의 형성과정에 미친 영향: 동대문디자인플라자 & 파크 프로젝트를 사례로", 서울대학교 사회교육학과 지리전공 대학원 석사학위논문, 1-115.
- Lin, Amanda & Angela Wu, 2010, "Creative Industries Taiwan", UK Trade & Investment, 1-9.
- Sue-Ching Jou, 2005, "Domestic Politics in Urban Image Creation: Xinyi as the 'Manhattan of Taipei'", Globalizing Taipei: The Political Economy of Spatial Development, Routledge, 120-140.
- Tuan · Wi-fu, 1980, "Rootedness versus Sense of Place", Landscape, Vol 24.
- Yi-Fei Chuang et al, 2014, "The attractiveness of tourist night markets in Taiwan - a supply-side view", International Journal of culture.

▷ 단행본

- 이무용, 2006, 지역발전의 새로운 패러다임, 장소 마케팅 전략, 논형.
- Kearns and Philo, 1993, Selling Places: The city as Cultural Capital-Past and Present, London, Pergamon Press.

▷ **보고서**

- 한국콘텐츠진흥원, 2013, 왜 창조산업인가?
- _______, 2013, 세계 창조산업 전략과 시사점.
- KEA European Affairs, 2006, The Economy of Culture in Europe.

▷ **언론 보도 및 홈페이지**

- 네이버 매거진, 2013.11, "타이베이, 전통과 첨단의 조화".
- _______, 2013.12, "2013년의 마지막 여행지3".
- 서울디자인재단 홈페이지 http://www.seouldesign.or.kr
- 서울특별시 홈페이지 http://www.seoul.go.kr
- 세계법제정보센터 홈페이지 http://world.moleg.go.kr
- 송산문화공원 홈페이지 http://www.songshanculturalpark.org
- 용산사 홈페이지 http://www.lungshan.org.tw
- 타이완 관광국 홈페이지 http://admin.taiwan.net.tw

GEO-INSIGHT on **TAIPEI**

서울대학교 지리학과 **해외답사 보고**

Appendix

Episodes · ❶

Interview

예류지질공원

개인적으로는 예류지질공원이 가장 기억에 남는다. 날씨도 더웠고 언덕 자체도 매우 높아서 올라가면서 땀이 많이 났다. 게다가 절반쯤 올라갔을 때 공원 구석구석을 다 보겠다고 깊숙이 들어가다가 거품 물고 달려드는 미친개들에게 쫓겨 다시 내려갔다. 그렇지만 결국 언덕 꼭대기의 깎아지른 듯한 절벽에 설치된 정자에 도착해서 세찬 바람을 맞으며 바라본 경치는 그런 고생을 다 잊을 만큼 아름다웠고 지구의 다이내믹한 활동에 대한 일종의 경외감마저 들게 했다. 학교 다니고 아르바이트 하고 과제 하고 시험 치다 보면 어느새 아무것도 남은 것 없이 시간만 지났나는 생각이 들곤 했는데, 예류지질공원에서 아름답고 이국적이며 흥미롭기까지 한 자연환경을 직접 보면서 그런 관성에서 잠시나마 벗어난 즐거움을 제대로 느꼈다. 글을 쓰는 지금도 그때가 생생히 기억나 아직 아련하다. (박준범)

스린 야시장

타이베이에서 자율 답사를 했던 날, 저녁 식사 후에 두 개 조가 함께 스린 야시장을 방문하였다. 노점이 죽 늘어서서 각종 상품을 파는 것은 한국의 전통 시장과 비슷했지만, 망고와 파인애플과 같은 아열대의 달콤한 열매를 가판대에 늘어놓고 파는 모습은 확실히 이곳이 다른 나라임을 느끼게 했다. 밤 10시쯤이 되었을까 갑자기 굵은 빗줄기가 내리기 시작했고, 마침 시장의 끝에 도달하여 그만 숙소로 돌아가기로 하였다. 에도 교수님을 비롯한 일행들을 차례차례 택시에 태워서 먼저 보내고, 상현이와 석민이와 함께 마지막으로 택시를 타고 가게 되었다. 숙소로 가는 동안 잦아드는 빗줄기를 보고서, 그냥 들어가기는 아쉬우니 숙소에서 멀지 않은 슈퍼마켓에서 맥주를 한 캔씩 사 들고 마시면서 얘기도 하며 천천히 걸어 들어가자고 하였다. 어두운 밤에 사위가 조용하니 들리는 소리라곤 우산 위로 부서지는 작은 빗방울 소리뿐이었는데, 서로 무슨 얘기를 하였는지는 정확히 기억이 나지 않지만, 낯선 곳에서 같이 맥주를 홀짝이며 걸으면서 두런두런 이야기를 주고받았던 것이 가히 괜찮은 기분이었던 것 같다. 그런데 이대로 숙소를 잘 찾아 들어가면 좋았으련만, 어두운 밤이다 보니 길을 잘못 들어서 아무리 걸어도 숙소를 찾을 수가 없었다. 조금 불안하기도 하고 하루가 이미 길었기에 점점 지쳐 가는데, 야속하게도 빗방울이 다시 세차게 떨어지기 시작했다. 길을 안다고 자처했던 상현이는 우리에게 미안했는지, 괜찮다고 하는데도 굳이 비를 맞아 가면서 앞서 멀리까지 뛰어다니며 길을 알아본다고 고생하였는데, 그걸 보고 있던 내 마음이 짠했는지 아직도 생생하게 기억이 난다. 약 40분을 헤맨 끝에 중국어를 잘하던 석민이가 어느 빌라의 경비원에게 숙소의 주소를 대고 길을 물을 수 있었고, 실은 숙소가 그리 멀리 떨어져 있지 않다는 것에 안도하면서 제대로 찾아 들어갈 수 있었다. 옷이고 신발이고 전부 흠뻑 젖었기에 수건으로 닦고 드라이어로 말리면서, '아 그래도 이런 게 역시 여행의 맛이지. 참 재미있었다'라고 생각했다. (손지학)

폭주족들의 장소

뉴욕을 여행하는 도중에 어느 박물관에서 만난 아시아 사람이 있었다. 그의 이름은 Jing이고 타이완 사람이었다. 그리고 그는 타이완 타이베이의 폭주족 TNUTS의 리더였다. 우리가 처음 만났을 때 Jing은 자신을 타이베이 제1의 폭주족 리더라고 소개했지만, 나는 그 말을 믿지 않았다. 왜냐하면 그는 일반적으로 생각되는 폭주족의 이미지를 갖고 있는 사람이 아니라, 내가 여행을 다니며 만난 사람들 중에 제일 친절한 사람이었기 때문이다.

그런 Jing을 타이완 답사를 통해 다시 만났다. 오랜만에 만난 그의 몸에는 오토바이 묘기를 연습하느라 생긴 상처들로 가득했다. 그는 나의 안부를 묻기 전에 자기가 얼마나 열심히 오토바이를 연습했는지부터 자랑했다. Jing이 타는 오토바이를 보며, 나는 그가 진짜 타이베이의 폭주족 리더임을 실감하였다.

나는 답사에서 주어진 자유 시간 하루 전체를 Jing과 같이 보냈다. Jing은 나를 현지인이 아니면 알 수 없는 장소에 데려갔다. 그가 보여 준 장소들은 가이드북에서는 찾을 수 없는 장소였다. 왜냐하면 Jing이 데려간 곳들은 타이베이의 폭주족들이 경주를 하거나 묘기 연습을 하는 곳들이었기 때문이다. 바로 옆이 절벽인 고속도로, 매우 어두운 터널, 유황과 온천 때문에 연기가 자욱한 공터들. 그 장소들에서 폭주족들은 연습을 한다고 한다. 나는 그때 처음으로 Jing의 도움으로 오토바이를 배웠다. 참으로 신기한 경험이었다. 타이베이의 폭주족들이 연습하는 장소에서, 그것도 폭주족 리더가 타는 오토바이로 연습을 했으니.

2014년 타이완 답사는 내가 간 지리학과 답사 중에서 가장 흥미로운 답사로 기억될 것이다. 그 이유 중 하나는 답사지에서 내가 전혀 경험하지 못한 폭주족들의 장소를 경험하였기 때문이다. '지리학사' 수업에서 공간유물론이 한 인간의 생애를 자신의 공간을 점차 개척하는 과정이라고 설명한다는 것을 배웠다. 다시 말해 인간은 성장하면서 이전에 가지 못했던 공간들을 투쟁을 통해 개척하고, 그곳의 정보를 취득하고, 자신의 활동 범위를 넓히는 일련의 과정을 계속 반복한다는 것이다. 내가 이처럼 거창한 '투쟁'을 통해 타이완의 타이베이라는 공간을 개척했다고 말하기에는 많이 부족하지만, 타이완 폭주족들의 공간을 Jing이라는 인적 네트워크를 통해 조금이나마 맛보았다는 것에 이번 답사의 가장 큰 의의를 두고 싶다. (양재석)

지우편의 저렴하고 맛있는 음식점

타이완 답사 둘째 날인 9월 30일 지우펀(Jioufen)을 방문하였다. 그곳에서 자유 시간이 주어졌는데, 친구들과 기념품을 고르기 위해 여러 상점들을 돌아다녔다. 그후 갑자기 배가 고파져서 중심 골목에서 사잇길로 빠져나가 반지하 느낌의 약간 허름한 음식점으로 들어섰다. 그 음식점에서 반신반의하는 마음으로 우육면과 볶음밥을 시켰는데, 의외로 맛이 너무 좋았다. 향신료도 적당히 들어가 먹기에 부담스럽지도 않았지만, 가장 좋은 점은 역시 저렴한 음식값이었다. 큰길에 나 있는 깔끔한 레스토랑에 비해 거의 반값이 저렴했다. 모습만 보고 발길을 돌렸다면 경험하지 못했을 맛과 가격이었다. 역시 여행에서는 겉모습이 조금 못 미더울지라도 직접 경험하는 것이 좋다는 것을 깨달았다. (정의진)

제일 맛있는 음식을 찾아서

같이 답사를 간 양재석 학우의 도움으로, 우리는 Jing이라는 현지인과 하루 동행을 하게 되었다. 이전까지 타이완에서 먹었던 음식들이 모두 만족스러웠기에, 현지인들이 가는 곳으로 가자고 Jing에게 부탁하였다. 그러면서도 우리는 큰 기대가 없었다. 현지인들이 가는 식당은 중화권 요리 특유의 향신료 냄새로 적응이 어려울 것이라 생각했기 때문이다. Jing은 가장 맛있는 집이라며 점심에는 우육면과 만두 등을 파는, 우리나라로 치면 약간 허름한 음식점에 데려갔다. 약간 불안해하며 한 번의 시도라 생각하며 음식을 시켰는데, 이게 웬일인지 너무나 맛있었다. 우육면에는 쇠고기가 가득했고 국물도 담백했다. 게다가 2,000원 남짓한 가격이었기에 우리는 더 놀랐다. 점심을 먹고 Jing은 다시 '제일 맛있는 걸 먹어야 한다'며 약간 불량 식품을 파는 것처럼 보이는 곳으로 우리를 데려갔다. 불안했지만 Jing을 믿으며 버블티를 시켜 보았는데, 한국의 버블티와 비교하는 것이 미안할 정도로 맛있었다. 이후에도 Jing은 타이완에서 '제일 맛있는 음식'이라며 우리에게 다양한 음식을 소개했고, 그의 말은 언제나 참이라는 것이 증명되었다. 결국 우리는 Jing에게 "그러면 도

대체 뭐가 제일 맛있는 것이냐?"라며 장난을 쳤고, 타이완에서의 맛있는 음식 목록은 늘어만 갔다. 먹은 음식들을 모두 제일 맛있다고 표현해도 될 만큼 타이완에서의 경험은 만족스러웠다. (조성아)

타이베이 101

타이완 답사에서 가장 기억에 남는 공간은 타이베이 101 근처의 번화가이다. 수많은 쇼핑센터와 멀티플렉스로 가득 찬 그 구역만큼은 타이완 속의 라스베이거스가 아닐까 싶을 정도로 호화롭고 북적였다. 타이완 답사 첫날 주어진 자유 시간 때, 홀로 정처 없이 걷다가 타이베이 101에 도착했다. 어두운 밤하늘 아래 멀리서도 빛나던 타이베이 101이기에 그곳에 도착했던 것은 어찌 보면 당연했다. 거대한 멀티플렉스와 고층 빌딩들 사이로 펼쳐진 아기자기하면서도 럭셔리한 상점들은 내가 타이베이에 온 것인지 비행기를 잘못 타고 홍콩에 온 것인지 착각하게 만들었다. 한 백화점에 이르러 버블티를 사 먹고 나서야 타이완에 온 것을 실감했다.

첫날 홀로 그 멋진 야경을 본 것이 아쉬웠는지 마지막 날 주어진 조별 자유 시간에도 조원들과 함께 타이베이 101을 찾았다. 여럿이 함께 걸으니 혼자서는 보지 못했던 새로운 경관을 볼 수 있었다. 그리고 내 사진을 찍어 줄 누군가가 있어서 더욱 좋았다. 타이베이 101에서 먹었던 딘타이펑 딤섬은 강남역에서도 먹을 수 있고, 노상 바에서 마신 오색찬란한 빛깔의 칵테일도 어디서든 마실 수 있다. 하지만 타이베이 101의 수려한 야경을 올려다보며 조원들과 누렸던 가을 밤의 정취는 이젠 몇 장의 사진 속에만 남아 있다. 언제나 지나고 나서 이렇게 아쉽기에 더욱 값진 것이 우리들의 추억이 아닐까 싶다. (주석민)

우라이에서의 타이완 공중 목욕탕 이용기

답사를 가기 전 여행객들의 후기를 보니 타이완에서는 보통 개인탕이나 워터파크 같은 곳을 많이 이용하는 것을 알 수 있었다. 프라이버시가 보장되는 개인탕이나 수영복을 입고 다양한 탕을 즐길 수 있는 워터파크도 좋지만, 우리나라에서도 일주일에 한 번씩은 가는 대중탕이 타이완에서는 어떤 모습일지 궁금한 마음에 우라이 옛 거리에서 사진이 많이 붙어 있는 목욕탕으로 들어섰다. 먼저 카운터에서 사진 메뉴판을 보고 대중탕을 선택하고 직원과 함께 지하로 내려갔다. 특이한 점은 수건뿐만 아니라 샤워가운도 준다는 것이었다. '외국인이라 부끄러워한다고 주는 건가?' 별 생각을 다하며 개인탕이 있는 방들을 지나 탈의실에 들어갔다. 우리나라 목욕탕과 비슷한 모습에 실망 반 기대 반인 마음으로 탈의를 하고 목욕탕 안으로 들어서니 시원한 바람이 온몸을 감쌌다. 주변에 건물이 없어서인지 목욕탕의 끝부분이 뚫려 있어서 방금 전에 받은 가운을 입고 언제든지 그쪽으로 나가서 테라스에서 쉴 수 있었다. 혹시 누가 볼까 걱정할 필요는 없었다. 우거진 덩굴들이 교묘하게 작은 출입문을 만들어 주었기 때문이다.

시원한 공기에 몸을 감싸면서 이제 좀 뜨끈한 물에 들어가 볼까 생각하고 탕에 다가가자 직원이 손사래를 치며 말렸다. 어리둥절하고 있는 사이에 직원이 탕 옆에 놓인 바가지로 물을 퍼서 발에 물을 뿌렸다. 여기서는 모든 탕에 이런 바가지가 있는데, 들어가기 전에 꼭 발을 씻고 들어가야 한다고 한다. 자꾸 까먹고 그냥 들어갈 수도 있지만 탕 안에 있는 타이완 아주머니들이 아낌없이 잔소리를 해 주시니 그럴 일은 없다. 탕은 우리나라의 탕 구성과 비슷하다. 온도 순으로 4개의 탕이 있고 물 지압 전용 탕도 있으며, 어려움이 있으면 직원이 목욕탕 내에 계속 상주하고 있으므로 도움을 요청하면 되었다. 우리나라 목욕탕은 폐쇄적이기 때문에 습기와 수증기로 가득하다면, 이곳의 목욕탕은 외부로 뚫려 있는 테라스가 있어서 항상 시원한 공기를 유지한다. 덕분에 온천을 하다가 가운을 걸치고 선베드에서 낮잠도 잘 수 있었는데, 주변의 타이완 아주머니들을 보니 이런 패턴으로 몇 시간씩 온천을 즐기는 것 같았다. 우리나라 대중탕과 다른 점이라면 구운 계란과 식혜 같은 간식거리가 없다는 것이었지만, 온천을 마치고 나오면 따뜻한 차를 마실 수 있으니 절로 시원

하다는 말이 나오게 된다. (한동희)

타이완의 지하철 문화

답사지로 가려고 플랫폼에서 지하철-물론 타이완에서는 지하철이라는 말 대신 '빠른 운송 수단'이라는 뜻의 지에윤(捷運)이라고 하지만 편의상 지하철이라고 하겠다-을 기다리는데 경찰이 다가와서 중국어로 말을 걸었다. 말을 못 알아듣자 경찰이 흰색 종이를 가만히 내밀었다. 순간 '아차!' 싶었다. 타이완의 지하철에서는 음식물을 섭취해서는 안 된다고 여행기에서 읽은 것이 생각났다. '껌도 안 되는 거구나' 하고 깨달으면서도 이를 단번에 알아챈 경찰이 신기하기도 했다. 원래 음식물 섭취 규정을 어기면 우리 돈으로 1,500원의 벌금을 내야 하는데 경고에서 끝내 준 경찰에게 감사했다. 그 이후로는 교통카드를 찍는 개찰구를 지날 때마다 노란색 선이 눈에 확 들어왔다. "No Eating/ Drinking Beyond Yellow Line." 흡연도 당연히 금지다. 그래서 타이완 지하철 역사 내부에서는 우리나라처럼 바닥에 달라붙은 껌도 찾아볼 수 없고 물을 마시는 사람조차 찾아볼 수 없다. 안내 방송에서도 계속해서 이를 강조한다. 우리나라 지하철은 개찰구를 통과한 후에도 화장품가게, 편의점들이 위치해 있는 것과 다르게 타이완의 지하철은 개찰구를 통과하면 오로지 교통수단을 위한 공간인 것이다. (나강혁)

예류지질공원을 걸으며

생각했던 것 이상으로 타이완은 정말 더웠습니다. 가뜩이나 답사 당시 한국은 가을 기운이 완연한 시기였기 때문에 더욱 그렇게 느껴졌던 것 같습니다. 그 와중에도 가장 기억에 남는 건 예류지질공원에서 느낀 더위였습니다. 집합 시간까지 다소 빠듯하긴 했지만, 그래도 공원의 가장 끝까지 가 보고 싶다는 생각에 오르막길을 계속 올랐습니다. 아마 그 때의 산행은 제가 지금까지 살면서 느꼈던 가장 더운 순간이 아니었나 싶습니다. 그저 뜨

겁기만 한 것이 아니라, 바닷가 근처여서 그런지 습도도 정말 높았습니다. 입고 있던 옷이 땀으로 흠뻑 젖은 채 한 걸음 한 걸음 걷다가 어느 정도 높은 지점에 도착했습니다. 여기가 끝일까 생각했지만 웬걸, 진짜 종점까지는 지금까지 온 거리만큼 더 걸어야 한다는 것이었습니다. 사실 집합 시간의 문제도 있었고, 공원 입구 근처의 기암괴석을 비롯한 지형을 집중적으로 관찰하려고들 해서였는지, 그 지점까지 걸어온 학우들도 거의 없었습니다. 더 나아갈까 돌아갈까 고민하다가 결국 끝까지 가 보기로 결정했습니다. 그렇게 한참을 더 걸어가자 마침내 제일 안쪽 언덕에 위치한 정자에 도착했습니다.

정자에 도착하자 지금까지의 더위는 잊어버릴 수 있을 정도로 시원한 바람이 불어왔습니다. 더불어서 눈앞에 보이는 드넓은 동중국해의 전경도 정말 시원했습니다. 타이완 여행 중 가장 상쾌한 순간이 아닐 수 없었습니다. 물론 다시 돌아가는 길도 무척 더웠지만, 그 덕분에 입구에 도착하고 나서 먹은 시원한 망고 주스가 더욱 맛있었는지도 모릅니다. (사실 걷는 내내 전날 저녁 타이베이 시내에서 먹은 망고 빙수가 생각났습니다.) 긴 산책로를 걸으며 왜 타이완에 시원한 디저트들이 특히 발달하게 됐는지 절실히 깨달았고, 더불어 '어쩌면 장제스가 평생 대륙을 그리워했던 이유 중 하나가 사실 기후는 아니었을까'라는 근거 없는 추측도 해 보았습니다. (김진석)

여행지에서의 구매 충동

여행지에 가면 평소에는 절대 사지 않을 이상한 물건들에 이끌리고 만다(나만 그런 게 아닐 거라고 믿고 싶다). 타이완 답사를 가서는 지우펀에서 온갖 모양으로 생긴 오 카리나를 파는 가게에 잘못 발을 내디뎠고, 스멀스멀 피어오르는 구매욕을 억누르지 못해 결국 오카리나 하나를 구매하기에까지 이르렀다. 내가 구입한 것은 동글납작한 우주 비행선 모양의 도자 오카리나였는데, 청람색 바탕에 금색 문양이 들어가 있는, 장식품으로도 손색이 없어 보이는 것이었다. 보통의 오카리나와는 생김새가 완전히 달랐기 때문에 운지법을 알려 주는 설명서가 따로 들어 있었고, 집까지 그 설명서와 오카리나를 고이 모셔왔다. 도자 오카리나였기 때문에 혹여 깨질세라 집까지 조심조심 모셔왔건만, 문제는 엉뚱한 곳에서 터지고 말았다. 꼬깃꼬깃해져 버린 운지법 설명서를 어지럽혀진 방에서 쓰레기로 착각하여 버리고 만 것인데, 결국 장식품으로도 손색이 없어 보였던 그 오카리나는 진짜로 장식품으로밖에 쓸 수 없게 되어 버렸다는 슬픈 이야기다. (박한진)

타이완이 제조하는 'Giant' 자전거로 가득 찬 수많은 타이베이의 자전거 대여점

타이베이에서 사람들은 어디든지 자전거를 타고 다닌다. 도로가 평평하기에 자전거를 타고 통근하기 매우 유리하고, 또 자전거 전용도로가 있기 때문에 매우 안전하기도 하다. 그래서 우리 조원들은 타이베이의 자전거 도로 규칙, 그리고 안전성을 잘 몰랐음에도 불구하고 자전거를 쉽게 탈 수 있었다. 무엇보다 운이 좋게도 국립 타이완 대학교의 학생인 Feng Yu가 우리의 가이드가 되었고, 그녀는 우리에게 안전과 규칙과 관련된 많은 정보를 알려 주었다. 타이베이의 자전거 시스템 중 특이했던 점은, A 지역에서 자전거를 빌렸어도 A 지역이 아닌 다른 B, C 지역에서도 반납이 가능하다는 것이다. 이렇게 쉽고 간편한 시스템이 있기에 사람들이 자전거를 주요 교통수단으로 이용하는 것이 아닌가라는 생각을 하였고, 매우 본받을 점이라고 생각하였다. 우리는 단수이 강 주변을 자전거로 달리며 아름다운 타이베이의 경치를 구경하였다. 자전거를 타고 돌아다니면서 타이베이의 여러 길 또한 탐사할 수 있었고 사적들도 방문할 수 있었는데, 이 탐사를 통해서 정말 잊을 수 없는 맛을 가진 만두도 먹었다(이 일화를 쓰면서도 입에 침이 고인다). 그 만두는 돼지고기와 양배추로 속이 채워져 있었는데, 만두에 깃든 요리사의 정성과 따뜻함이 가득한 맛을 아직까지도 느낄 수 있다. 만약 당신이 타이베이를 방문할 기회를 갖게 된다면, 자전거를 빌려 즉흥적으로 길을 탐사하고, 아무 가게나 들어가 수제 만두를 꼭 먹어 보기 바란다. 대부분의 사람들이 집에서 요리를 하지 않고 외식 문화가 활발한 타이베이이기에, 당신이 가는 가게의 만두 맛은 정말 맛있을 것이라고 나는 감히 보장할 수 있다! 만약 맛있는 만두를 먹고 자전거를 타고 골목골목을 돌아다니면서 좋은 경험을 하게 되었다면, 꼭 제게도 알려주시기를 바란다. (이연주)

우연히 만난 타이완의 채식 문화

3일차 조별 자유 답사 때 있었던 일이다. 타이베이 시내를 열심히 돌아다니다 배가 고파진 우리는 가격이 저렴하면서도 가게가 깔끔해 보이는 'Loving Hut'이라는 이름의 한 음식점에 들어갔다. 밥, 면, 고기 등 다양한 종류의 음식들을 주문해서 맛있게 먹는데 TV에서 나오는 영상과 창가 쪽에 있는 책들에 계속 신경이 쓰였다. 영상에서는 어느 금발의 여성이 하얀 옷을 입고 선교하는 모습이 나오고 있고, 알 수 없는 중국어로 쓰여진 책에는 이따금씩 종교와 관련된 단어가 쓰여 있었다. 궁금해진 우리는 핸드폰으로 음식점에 대해서 검색을 해 봤다. 알고 보니 이 음식점은 비건(vegan)들을 위한 채식 음식점이었다. 고기인 줄 알고 맛있게 먹은 음식들이 모두 콩으로 만들어진 음식이었던 것이다. 그리고 이 음식점은 채식주의를 실천하는 종교 단체가 운영하고 있었다. 타이완 사람들의 약 70%는 생명을 존중하는 불교나 간소한 생활 방식을 추구하는 도교를 믿고 있기 때문에 채식 전문 음식점은 타이완에서 특히 인기라고 한다. 실제로 타이완에서는 채식주의가 보편화되어 일반 마트에서도 채식 제품을 많이 볼 수 있다고 한다. 이 음식점은 세계적으로 채식이 웰빙 문화로 떠오르면서 세계 곳곳에도 점포를 가지고 있으며 한국에도 18개의 매장이 있다고 한다. 우연히 먹은 점심 한 끼를 통해 타이완의 식문화를 알 수 있는 재밌는 경험이었다. (홍지민)

타이완 지하철 에피소드

타이완을 다녀온 지 1년여가 지났지만, 아직도 동물원(動物園, 똥우위엔)역 이름은 잊

히지 않는다. 동물원역은 숙소에서 가장 가까운 지하철역인데, 역사가 각양각색의 동물 그림으로 꾸며져 있었다. 몇몇 의자나 공중전화 박스도 동물 모양으로 되어 있던 것이 기억난다. 처음 지하철을 타면서, 누가 지리학과 아니랄까 봐 서울의 지하철과는 어떤 점이 다를까 눈여겨보았다. 개찰구에 토큰을 넣어야 한다든가, 지하철 노선도 표기 방식이 우리나라와는 좀 다르다든가 하는 것들이 독특한 점이었는데, 그중 가장 신기했던 건 지하철의 모든 칸에 우리나라로 치면 철도 사회복무요원 같은 사람들이 꼭 한두 명씩은 있었다는 거다. 지하철 역사 내에도 이런 사람들이 많았는데, 정복을 갖춰 입고 지나가는 사람들을 유심히 보기에 처음에는 무슨 일이라도 난 줄 알았다. 알고 보니, 타이완의 지하철은 음식물 취식이 금지라서 음식을 먹는 사람들을 제지하는 일을 하고 있었다(물론 길을 알려 주거나 난동 피우는 사람을 제지하거나 하는 일도 하겠지만). 처음에는 이런 사실을 모르고 친구들과 길거리에서 산 밀크티를 들고 지하철에 탔는데 무섭게 화를 내며 다가와서 놀랐다. 하지만 외국인이란 걸 알자 친절하게 여기서는 음식을 먹으면 안 된다고 설명해 주었다. 재미있는 건 음식을 '먹거나 마시는' 일이 안 되는 것이지, 음식을 '들고' 타는 건 괜찮다. 어쩐지, 가는 밀크티 집마다 밀크티를 봉지에 예쁘게 담아 주더라. (김승연)

타이베이는 첩운의 도시

타이완에 갔을 때 차를 빌리지 않는다면 대체로 대중교통을 이용할 것이다. 특히 타이베이에 간다면 한국의 서울 지하철에 대응되는 타이베이 첩운을 이용하지 않을 수가 없다. 답사를 위해서 타이베이에 머무르는 동안 거의 모든 답사팀이 첩운에 크게 의존했다. 이렇게 첩운을 이용하는 동안, '타이베이는 타이베이 101의 도시가 아니라 첩운의 도시구나'라는 생각이 들 정도로 첩운에 깊은 감명을 받았다. 여러 나라의 교통과 비교해 봤을 때 한국의 철도교통, 특히 수도권 전철은 세계적으로 부끄럽지 않은 수준이라고 할 수 있다. 이용자가 이용하는 데에 있어서의 '배려'가 훌륭하다는 것이다. 이런 전철을 이용하는 한국인에게 깊은 감동을 주는 것이 바로 타이베이 첩운이었다.

환승역은 보통 다른 방향의 철로가 만나는 곳이기 때문에 환승을 하려면 긴 통로를 걷는 것이 일반적이다. 하지만 타이베이 첩운은 정거장에 같은 노선을 나란히 놓는 대신 환승할 노선을 배치해서 정거장 반대편으로 걷기만 하면 환승할 수 있도록 했다. 그리고 답사를 간 당시 타이베이 첩운 중 일부는 아직 노선이 완성되지 않은 상태였다. 타이베이 시는 완성된 부분을 엮어 한 노선처럼 운영하는 방식을 사용하였다. 임시방편임에도 불구하고 시스템이 너무나 완벽해서, 답사 기간 동안 노선의 색이 중간부터 달라지는 것을 보고 이상하다는 생각이 들 정도였다. 수많은 역이 공사할 때 편리함을 좇은 대가로 불편함을 이용객에게 부가시키는 것과 대조적이라는 생각이 들었다. 많은 사람이 높이 솟은 타이베이 101을 바라보고 감탄하지만, 누군가 나에게 '정말로 다른 곳은 따라올 수 없는, 타이베이만의 것을 보여 달라'고 한다면 주저 없이 첩운으로 데리고 갈 것이다. (이준희)

타이완에서의 마지막 밤

3박 4일간의 답사 중 셋째 날은 조별 자율 답사 일이었다. 우리 조는 타이완 대학교 학생들과 함께 타이완의 구도심인 완화 지역을 답사했는데, 길거리 포장마차들에서 요기를 하느라 굉장히 허기가 졌다. 사실은 진짜 '현지' 음식들이라 풍미가 강해 입맛에 맞지 않았던 탓도 있었다. 우리는 이렇게 허무하게 답사의 마지막 밤을 보낼 순 없다고 생각했다. 마지막 밤이라는 것은 무릇 하나의 파티와도 같아야 했다.

그래서 우리는 마지막 밤을 화려하게 장식하기 위해 일정을 모두 마치고 타이베이 101이 있는 신시가지로 향했다. 그 일대에는 타이베이 101뿐만 아니라 수많은 고층 빌딩, 복합 플라자들이 타이베이의 밤하늘을 밝히고 있었다. 우리가 낮에 보았던 구도심과는 완전히 다른 세상이었다. 상하이, 홍콩, 어쩌면 뉴욕 같기도 했다. 우리는 문명의 이기를 마음껏 누렸다. 파티에는 맛있는 음식이 빠질 수 없었다. 우리는 딘타이펑에서 한 시간을 기다려 샤오롱바오를 먹었다. 용캉제에 있는 것이 본점이었지만 사람은 타이베이 101점에 훨씬 많았다. 하지만 충분히 기다릴 가치가 있었다. 쫄깃한 만두피와 촉촉한 육즙. 타이완의 맛, 그 자체였다. 파티에는 맛있는 술 또한 빠질 수 없었다. 영국식 펍에서 호화스럽게 칵테일도 한 잔씩 들었다. 칵테일의 향기, 도시의 활기, 답사의 성취감. 모든 것이 완벽했다. 타이완에서의 마지막 밤은, 그렇게 황홀하게 저물었다. (김진아)

자전거로 타이베이 시내 투어

세 번째 날, 우리 조는 국립 타이완 대학교 대학원 학생들과 만나서 타이베이 시내 투어를 했다. 먼저 타이완 대학교 안을 구경했는데, 타이완 특유의 치킨도 먹어 보고 문구점에도 들러 공책이나 펜을 구입했다. 타이완 대학원생들이 친절하게 인도해 주며, 영어로 여러 가지를 설명해 주었다. 타이완에서 엄청 유명한 영화라든지, 타이베이의 자전거 이용 등을 이야기했다. 타이베이의 자전거 또한 빼놓을 수 없는데, YouBike라고 하여 타이베이 시내에서 얼마든지 자전거를 빌려 타고 돌아다닐 수 있다. 시내 전역에 여러 개의 대여소가 설치되어 있고, 쓰고 난 다음 아무 곳에나 가져다 놓으면 된다. 우리 조는 자전거를 타고 타이베이 시내를 누볐는데, 우리뿐 아니라 자전거를 탄 사람이 엄청 많았다. 타이베이 시내를 돌아다니면서 건물들이나 가게들, 사람들과 도시를 구경했다. 타이베이의 무더운 날씨 속에서 시원하게 자전거를 타고 돌아다닌 것이 아직도 기억에 남는다. (길홍준)

진먼 고량주와 진먼 포격전

아버지께 사다 드릴 술을 고르기 위하여 타오위안 국제공항의 면세점을 둘러보고 있었다. 타이완의 대표적인 술은 역시 진먼(金門) 고량주라고 생각하고 어떤 게 좋은지 따져 보았다(사실 별로 고민할 필요가 없었던 게, 진먼 고량주는 종류가 하나밖에 없다). 그런데 생각보다 면세점의 컬렉션이 부족하여, 면세점 직원에게 "Is this all the Chinese liquor you have?"라고 물었다. 그랬더니 면세점 직원이 정색하며 "No Chinese liquor, Taiwanese liquors here."라고 대답하는 것이 아닌가! 우리가 타이완이라고 부르는 국가의 정식 명칭이 '중화민국'이고, 중화인민공화국의 UN 가입 이전 국제 무대에서의 China가 현재의 타이완이었다는 점을 생각하면 정말 의외의 반응이었다. 특히나 진먼 고량주의 유래가 중화인민공화국과 중화민국 간의 진먼 포격전이었다는 사실을 생각하면 더더욱 아이러니하지 않을 수 없다. 이제 타이완 인들은 중국인으로서의 정체성이 아닌 '타이완인'으로서의 정체성을 갖고 살아가는가 보다. 아니면, '중국인'이라는 타이완 인의 정체성은 장제스만이 갖고 있던 것일지도 모르겠다. (박성현)

샹산의 멋진 야경

타이완에 도착한 첫 번째 날에는 정신도 없고 모든 것이 신기했다. 한국이랑 비슷하면서도 무언가 다른 오묘한 풍경 때문에 이곳저곳을 돌아다니고 싶었다. 그러던 와중 저녁에 자유 답사 시간이 주어졌다. 우리는 저녁도 되었겠다, 타이베이의 야경을 보기 위해 타이베이 근교의 샹산에 올랐다. 일부는 힘들어서 중간에 멈추고, 나머지는 정상까지 올라갔다. 나는 타이베이의 덥고 습한 날씨 때문에 중턱에서 멈춰 쉬는 길을 택했지만, 그곳에서도 정상 못지않게 멋진 야경을 볼 수 있었다. 특히 타이베이의 대표 건물 101 빌딩과 그 주변으로 쭉 이어지는 야경은 정말 장관이었고, 이를 배경으로 사진을 찍어서 기분이 좋았다. 며칠 뒤에는 숙소에서 친구들과 타이완에 대한 호기심, 즐거움, 기대 등에 대한 이야기를 나누었다. 다 같이 한 방에 모여 그동안 찍은 사진을 커다란 스크린을 통해 넘겨 보고, 타이완에서만 파는 과일 맥주를 마시면서 잊지 못할 시간을 보냈다. (이규성)

중국어로 물으니 영어로 답해 준 타이완 사람

타이베이에 도착한 첫날, 종이 지도만 가지고 타이베이 거리로 직접 나가게 되었다. 하지만 해가 져서 어두워지고 나니 지도만 보고 길을 찾기가 어려워졌다. 그래서 지나가는 사람에게 길을 물어보기로 했다. 타이완에 왔으니 영어로 물어보는 것보다는 중국어로 물어보는 것이 나을 거라 생각했다. 비록 대학에 들어온 후에는 중국어 공부를 소홀히 했지만, 고등학교 때 열심히 중국어를 공부했었다. 고등학교 때 공부했던 기억을 떠올려 어떤 말로 질문을 할지 고민하다가 내가 생각하기에 적절한 문장을 만들어서 머릿속으로 연습했다. 드디어 친절해 보이는 우리 또래의 여성이 지나가고 있었다. 머릿속으로 중국어로 할 질문을 다시 한 번 되뇌며 다가가서 조심스럽게 물었다. 내 중국어 질문을 이해한 것 같았다! 하지만 나의 중국어 질문에 대한 대답은 영어를 할 줄 아냐는 되물음이었다. 다행이다 싶으면서도 내 중국어가 얼마나 이상하면 영어로 설명해 주려나 하는 생각에 오묘한 기분이 들었다. 다행하게도 유창한 영어로 상세하게 길을 알려 주어 목적지를 잘 찾아갈 수 있었다. 분명 중국어를 할 줄 모르는 외국인은 아니었는데, 내 중국어보다는 영어가 편했나 보다. 내 생각에는 발음도 그리 나쁘지는 않았던 것 같은데! (신영채)

국립 타이완 대학교를 둘러보다

답사 첫째 날 국립 타이완 대학교에서 일정이 끝나고 그냥 떠나기가 아쉬워 학교를 한 바퀴 돌아보았다. 한국의 여느 대학처럼 학생 식당과 작은 카페가 있고, 게시판에는 동아리 포스터가 부착되어 있었다. 교내를 걷다가 굉장히 세련되고 화려한 건물을 발견할 수 있었는데, 가까이 가서 보니 도서관이었다. 도서관은 시설도 매우 좋아 보였고 외부인이 함부로 들어가지 못하게 경비도 잘 이뤄지고 있었다. 저런 도서관에서라면 하루 종일 공부할 수 있을 것만 같았다.

한편 타이완대 학생들에게서 특이한 점을 하나 발견할 수 있었다. 한국 학생들의 경우 저녁에 모인다고 하면 보통 술을 마시러 가는데, 그들은 학교 어딘가에 원으로 빙 둘러앉아 무슨 이야긴지 모르겠지만 대화를 주고받고 있었다. 그런 학생 무리들이 하나가 아닌

것을 보고 타이완대 학생들만의 남다른 대학 문화가 있음을 짐작할 수 있었다. (심정아)

타이완 대학교 학생들과의 만남

타이완은 내가 간 첫 한국 밖의 아시아 국가이자 첫 해외 답사지였다. 여러모로 나에게 의미가 큰 답사였고, 내가 타이완에서 경험한 모든 것이 아주 또렷하게 기억난다고 할 수는 없지만, 어렴풋이 나에게 좋은 기억으로 남아 있음에 분명하다. 가장 기억나는 에피소드는 타이완 대학교 학생들과의 만남이다. 당시 우리 조는 사전 준비 결과 현지 학생들의 도움이 필요 없을 것이라고 판단을 받아, 타이완대 학생들이 배정되어 있지 않았다. 하지만 감사하게도 다른 조와 함께 다닐 기회가 생겨서 그 조에 배정되어 있던 타이완대 학생들과 함께 타이베이 시내를 관광할 수 있었다. 중정기념당을 둘러보고, 학생들이 자주 찾는다는 맛집에서 저녁을 함께하고, 펑리수(파인애플 잼이 들어 있는 타이완의 대표적인 간식거리)까지 추천받아 구매했다. 다행히도 학생들이 영어에 매우 유창했는데, 막상 타이완 현지인들은 먹지 않는다던 망고 빙수를 사 먹으면서 이런저런 대화를 하였다. 그냥 같은 대학생으로서 어떤 수업을 듣고 어떤 생활을 하고 있는지 매우 간단한 질문과 대답이 오갔음에도, 타지에서 그곳의 학생들을 만나 대화를 나누고 있다는 것 자체가, 그리고 그들과 경험을 공유할 수 있는 것 자체가 매우 의미 깊었다. (김주연)

거스름돈을 주지 않는 시내버스

타이베이 시내 관광을 하고 숙소로 돌아오던 날 밤에 있었던 일이다. 동기들과 함께 샹산 전망대를 걸어 올라가서 야경을 구경하고, 녹초가 되어 겨우 시내버스에 몸을 실었다. 동전이고 뭐고 계산할 기운도 없어 지갑에 보이는 대로 지폐 한 장을 집어넣고 '이 정도면 되겠거니' 하고 봉을 잡고 거스름돈이 나오기만을 기다리고 있었다. 그런데 이게 웬일. 아무리 쳐다보고 있어도 거스름돈은 나올 생각을 안 했다. 내가 별 생각 없이 집어넣은 지폐가 버스 요금의 5배는 됐을 텐데 말이다. 억울함 반, 황당함 반 섞인 얼굴로 서 있는 날 보더니 버스 기사님이 중국어로 몇 마디 하셨다. 하지만 생전 중국어를 배워 본 적이 없는 내가 알아들을 리가 없었다. 넋이 나간 표정에 물음표를 띠고 도로 쳐다보니, 한 손으로 'X'자를 그리는 것으로 보아 거스름돈을 안 준다는 뜻인 듯했다. 거스름돈을 주지 않는 버스를 타 본 적이 없는 나로서는 너무나 당황스러운 일이었다. 다음 날 타이완대 친구들이 버스 요금은 거스름돈을 주지 않기 때문에 딱 맞게 내야 손해를 보지 않는다는 이야기를 해주었다. 하지만 첫째 날 뒤로는 시내버스를 탈 일이 없어 전해 들은 팁을 써먹을 길이 없어 괜히 더 아쉬웠던 것이 기억난다. (진예린)

YouBike를 타고 타이베이 시내를 누비던 순간

답사 중 가장 기억에 남는 순간 중 하나는 YouBike를 타고 타이베이 시내를 구경했던 것이다. YouBike는 타이베이의 공공 자전거 대여 시스템인데, 대여와 반납을 할 수 있는 키오스크(kiosk)가 시내 곳곳에 있어 시민은 물론 관광객도 편리하게 이용할 수 있다. 이용료도 아주 저렴하여 오래 타고 다녀도 부담이 없고, 관광객은 회원으로 등록이 되어 있지 않아도 비자나 마스터 카드로 소정의 보증금과 이용료를 지불하면 된다(물론 자전거를 반납하면 보증금은 반환된다). 사실 단체 여행의 경우 버스를 타고 이동하여 관광지와 식당을 오가고, 하루 일정을 마치면 숙소로 돌아가는 형태가 대부분이다. 그런데 지리학과 답사에서는 자신의 관심사에 따라 답사 지역을 선정하여 자유롭게 이동할 수 있다는 것이 정말 매력적이다. 친구들과 함께 귤색 YouBike를 타고 시내를 누비던 그 순간은 정말 기억 속에 남을 것 같다(어쩌면 타이베이의 도시 구조가 자전거 이용에 적합했기 때문에 더욱 즐거운 기억으로 남았을지도 모르겠으나, 그에 관한 논의는 잠시 묻어 두도록 한다). 더불어 도착한 첫날 밤 땀 흘리며 올라가 타이베이의 야경을 보았던 샹산(象山), 마지막 날 밤 아쉬움을 달래기 위해 먹으러 나갔다가 비 맞으며 막차를 타게 했던 꼬치, 밀크티, 망고 빙수. 모두 작고 소소한, 그러나 추억으로 남는 일들이다. 내 기억 속에 남아 있는 그 모든 시간을 좋은 사람들과 함께 보냈다는 것이 문득 참 감사하다고 느껴진다. (박채연)

취두부 맛과 같은 타이완 답사

여행의 참된 재미는 익숙하지 않은 것과 조우하는 데 있다. 익숙하지 않은 것을 보고 익숙하지 않은 것을 먹는 것에 있다. 타이베이에서 가장 큰 야시장이라는 스린 야시장에 가면 한국에서 느끼는 그것과 매우 이질적인 것을 볼 수 있다. 코끝을 자극하는 익숙하지 않은 향신료 냄새가 미각을 자극한다. 무더운 열대성 기후하에서 힘들게 걸어 다니고 나니 식욕도 촉진된다. 수많은 야시장 음식 중 내가 선택한 음식은 취두부였다. 50미터 밖에서도 냄새를 느낄 수 있을 정도로 그 향이 고약했다. 태어나서 처음 먹어 보는 음식이면서 워낙 잘 알려진 음식이라 기대 반 공포 반으로 취두부를 시식했다. 맛은 매우 없었다. '음식물 쓰레기는 어떤 맛일까?'라는 개인적인 호기심을 충족시켜 줄 만한 맛이었다. 돈도 잃고 입맛도 잃었지만, 타이완에 다녀온 지 한참 지난 지금도 그 맛이 잊혀지지 않는 것은 그 맛이 너무나도 강렬했기 때문이다. 강렬한 기억이 오래 남는다. 타이완 답사는 나에게 취두부의 맛과 같은 답사였다. (박상현)

현지인(現地人, Local People) : 답사, 여행의 만능키

문화가 다른 곳에 갈 때는 어떻게 해야 더 좋은 시간을 보낼 수 있을지가 고민될 것이다. 그럴 때 가장 확실한 방법은 현지인들을 만나는 것이다. 이번 타이완 답사에서도 현지인의 도움으로 더 많은 경험을 할 수 있었다.

답사 셋째 날, 같은 조였던 선배가 타이완 인 친구 한 사람을 데리고 왔다. 전에 미국 여행에서 만났던 친구라고 소개했다. 선배의 친구는 첫 만남부터 우리를 새로운 곳으로 데려다 주었다. 보장암에 가던 길이었는데, 고속도로 옆에 있는 공터가 있었다. 그곳에 좁고 높은, 올라갈 수 있는 조형물이 있었다. 올라가는 재미도 있었고, 벽에 그려진 그래피티도 흥미로웠다. 그다음에는 타이베이 제일의 버블티 집이라는 곳을 데려가 주었다. 근사한 건물이 아니라 거의 길거리 가판대 같이 생긴 건물이었는데, 사람들이 길게 줄을 서 있었다. 제일 기본 메뉴로 하나 샀는데 카라멜 향이 깊어 아주 맛있었다. 한국의 유명 버블티 가게인 공씨네 찻집보다 훨씬 더. 심지어 가격도 더 저렴했다. 그 레시피 그대로 한국에 들여오면 정말 장사가 될 것 같았다. 그렇게 현지인의 도움이 현지의 체험에 효과적이라는 사실을 깨달아 갔다.

화룡점정은 타이완에서의 마지막 밤이었다. 조별로 야간 시간을 받았는데, 우리 조는 선배의 그 친구와 함께 단수이 강에 갔다. 타이베이 시민들의 여가 공간이었다. 길거리에 수많은 음식점들이 있었고, 운치 있는 강 하구가 보이는 너른 공터가 있었다. 선배 친구의 추천에 따라 여러 가지 현지식을 접해 볼 수 있었다. 입에 맞는 것도 있고 아닌 것도 있었는데, 중요한 것은 입에 맞는 것을 떠나 혼자 계획을 짜고 왔다면 시도도 못했을, 그러나 해 보면 정말 의미가 있는 것들을 했다는 것이다. 먹을거리를 둘러본 후에는 전통 사원에서 종교 행사도 체험해 보고, 타이완의 가게들도 구경했다. 작정하고 관광객을 노리는 인위적인 공간이 아니라 현지인들도 자연스럽게 즐기는 활기찬 모습이 인상적이었다.

여행이나 답사를 계획하는데, 다 똑같은 코스, 똑같은 방식에 질렸다면, 현지인 친구를 한번 사귀어 보는 것이 어떨까. 지루하거나 인위적이지 않고 새롭고 활기찬 경험을 할 수 있을 것이다. (방승현)

타이완의 후텁지근한 열기 속에서 느낀 푸근함과 따스함

3박 4일간의 타이완 답사 중 가장 기억에 남는 에피소드는 스린 야시장에서의 에피소드이다. 타이완 하면 야시장을 빼놓을 수 없다고 생각하여, 해가 다 저문 늦은 밤 친구들과 함께 길을 나섰다. 호텔에서 택시를 잡아 타고 가까운 지하철역에 내려서 곧 다른 택시를 타고 올 일행을 기다리는 중이었다. 먼저 도착한 친구들 4명과 함께 이런저런 기대감에 부풀어 역 앞에서 사진도 찍고 이야기를 나누고 있었다. 아무도 없는 그때에, 인적 드문 지하철역 입구에 4명의 남자가 불량스럽게(?) 앉아 있었다. 늦은 밤 그곳엔, 그들과 우리 무리밖에 없었기 때문에, 약간 무서운 마음도 들었다. 자꾸 우리 쪽을 쳐다보면서 웃는 남자들 때문에 우리는 서로 농담 반, 진담 반으로 무섭다는 이야기를 하고 있었다. 그때, 무리 중 한 명이 우리 쪽으로 다가오기 시작했다. 깜짝 놀라 쳐다보니 우리에게 중국어로 말을 걸었다. 정신을 차리고 들어 보니, 손으로 카메라 모양을 만들어 우리에게 들이밀고 대신 사진을 찍어 주겠다는 이야기를 하고 있었다. 우리는 '셰셰(謝謝)'를 외치며 카메라를 건네주었다. 타지라는 이유만으로 선량한 남학생들을 오해했던 것이다! 우리는 크게 웃으며 안심했다. 답사 기간 동안 타이완이라는 이곳이 우리를 반겨 주고 있다는 친근감을 느꼈다. 야시장에서도 타이완 사람들의 꾸밈없는 삶과 따스한 정을 느끼고 갖가지 음식을 맛보며 즐겁게 답사를 마무리할 수 있었다. 타이완으로의 여행을 계획하고 있다면, 타이완의 후텁지근한 열기 속에서 푸근함과 따스함을 느껴 보길 바란다. (이유나)

중국어로 의사소통하다

타이완에서 가장 기억에 남는 에피소드라 하면 타이완 답사 첫날의 자유 시간의 일일 것이다. 맛있는 망고빙수를 먹기도 했고, 날이 매우 더움에도 올라갔던 샹산에서 본 타이베이의 야경은 정말 아름다웠다. 하지만 이 이야기들은 다른 14학번 친구들이 많이 썼을 것 같기에 다른 에피소드를 소개하고자 한다.

고등학교 때 외국어고등학교를 다녀서 나름 중국어를 열심히 공부했던 학생으로서, 타이완에서의 중국어 활용은 참으로 신기한 경험이었고 중국어에 대한 애정을 키울 수 있는 시간이었다. 사실 타이완에 도착해서 중국어를 사용하기 전까지 이 나라에서 이 언어로 의사소통을 할 수 있을지 의구심이 들었다. 우리나라 학생들이 배우는 중국어는 일반적으로 베이징의 보통어인데, 상하이 쪽의 방언인 광둥 어와도 꽤 많이 달라 의사소통이 잘 안 된다고 들었기에, 타이완에서도 타이완 나름의 방언이 있어 심하면 심했지 덜하진 않을 것이라 생각했기 때문이다. 그런데 샹산에서 현지 사람에게 사진을 찍어 달라고 중국어로 말하자 알아들었고, 편의점에서 물건을 살 때나 지우펀 시장에서 화장실을 물어 볼 때 등 모두 보통어를 알아들었고 서로 의사소통을 할 수 있었다. 그리고 다른 친구들을 택시에 같이 태우고 택시 기사에게 중국어로 호텔로 데려가 달라고 말할 때의 쾌감이란…. 이래서 사람들이 다른 나라의 언어를 배우나 싶었다. 타이완 답사 기간은 중국어를 활용할 수 있는 즐겁고 유익한 시간이었다. (유동한)

타이완에서 발견한 새로운 맛

웬만한 음식은 가리지 않는 나에게 타이완 음식은 적응하기 참 힘든 음식이었다. 강하게 풍겨 오는 향신료 냄새가 자극적이어서 제대로 식사를 한 적을 손에 꼽기 힘들다. 특히 취두부를 파는 가게 앞에 가면 속이 메스꺼워 지나갈 때마다 숨을 꾹 참고 지나갔던 기억이 난다. 하지만 음식으로 고생했던 타이완 여행 내내 가장 좋았던 경험이 또 음식에 관한 부분이었는데, 타이완은 가히 디저트의 천국이라 칭할 만하다. 한국의 절반 가격에도 못 미치지만 훨씬 맛이 좋았던 버블티와 망고 빙수는 여행 내내 나의 입을 즐겁게 해 주었다. 타이완의 대표적인 과자인 펑리수도 내 취향에 너무 맞아 펑리수 가게에서 일하고 싶다는 생각이 들 정도였다. 이와 함께 잔뜩 기대하며 수십 분을 기다려 먹었던 딘타이펑 본점에서의 다채로운 딤섬 또한 입이 즐거운 경험을 제공하였다. 한국에서도 즐겨 먹는 음식들이었지만 저렴한 가격과 더 맛이 좋은 타이완의 음식들은 지금까지도 나에게 강한 여운을 주고 있다. 여행이 주는 가장 매력적인 선물은 바로 새로운 맛의 발견이 아닐까 하는 생각이 든다. (신재휘)

Episodes · ❷

Album

타이완 과자 한 세트를 사서 친구들과 같이 먹으니 참 맛있었다 (촬영 : 박준범)

전통 느낌이 나는 옷들을 파는 옷가게 (촬영 : 박준범)

스린 야시장 주변에 있는 화려한 도교 사원 (촬영 : 손지학)

타이베이의 대표적인 관광지인 지우펀으로 가는 골목 (촬영 : 손지학)

도교 사원에서 기도를 드리는 현지인들 (촬영 : 손지학)

타이베이의 명동이라고 불리는 시먼딩의 한 식당에서 요리사가 요리에 집중하고 있다 (촬영 : 양재석)

타이베이의 대표적인 야시장인 스린 야시장은 현지인들과 관광객들로 항시 북적인다 (촬영 : 양재석)

예류지질공원의 기암괴석들이 줄지어 있는 모습을 관광객들이 둘러 보고 있다 (촬영 : 양재석)

바닷가의 기암괴석군이 장관을 이룬 예류지질공원 (촬영 : 정의진)

지우펀에서 먹은 우육면과 볶음밥. 비주얼에 실망할지 모르겠지만 그 맛과 가격을 생각하면 잊을 수 없다 (촬영 : 정의진)

신베이터우 온천 지구에는 무료로 족욕을 할 수 있는 곳이 있다. 사진 속에 흐르는 물은 따뜻한 온천물이다 (촬영 : 정의진)

보장암 예술촌의 거리를 헤매다가 발견한 거대한 포춘쿠키. 속에 무엇이 있을지 궁금하다 (촬영 : 조성아)

보장암 예술촌 앞에 있는 콘크리트 벽은, 이색적인 그래피티로 이목을 끌었다 (촬영 : 조성아)

URS27에 그려진 그래피티는 어떤 의미인지에 대해 많은 대화를 나누었다 (촬영 : 조성아)

타이완대 학생들과 함께한 송산문화공원 답사 (촬영 : 정혜욱)

신혜란 교수님(가운데)과 함께 공항에서 (촬영 : 정혜욱)

야시장에서 (촬영 : 정혜욱)

각종 학원들이 밀집해 있는 타이베이 역 부근 (촬영 : 홍지민)

용산사에 바쳐진 다양한 음식들 중에는 한국 김도 있었다 (촬영 : 홍지민)

답사를 도와준 고마운 타이완대 학생 (촬영 : 홍지민)

타이베이 101 근처의 한 멀티플렉스에서 (촬영 : 주석민)

타이베이 101이 보이는 한 노천 바에서 마신 칵테일 (촬영 : 주석민)

타이완에는 아침에만 문을 여는 아침가게가 많다. 주로 콩물과 튀김빵, 딤섬을 판다 (촬영 : 한동희)

산쪽으로 올라가서 본 우라이의 풍경 (촬영 : 한동희)

우라이의 옛 거리에 위치한 우라이 원주민 박물관 (촬영 : 한동희)

1년 내내 끓어오르는 온천수로 연기가 자욱한 신베이터우 지열곡. 베이터우 온천의 진원지이다 (촬영 : 나강혁)

선초로 만든 젤리와 녹두로 만든 빙수 (촬영 : 나강혁)

애니메이션 〈센과 치히로의 행방불명〉의 배경이 되기도 했다는 우라이의 강 풍경 (촬영 : 나강혁)

예류지질공원 가장 안쪽에 위치한 정자 (촬영 : 김진석)

예류지질공원의 가장 안쪽에서 바라본 풍경 (촬영 : 김진석)

지우펀 거리를 걷다가 발견한, 태평하게 자고 있는 고양이 (촬영 : 김진석)

지우펀의 정취를 느끼게 하는 지우펀 초입 풍경 (촬영 : 박한진)

온갖 모양의 오카리나를 판매하는 지우펀의 오카리나 가게 (촬영 : 박한진)

"나도 지우펀에 사는 고양이가 되고 싶다!" (촬영 : 박한진)

깨끗하고 정돈된 MRT. 타이베이 MRT에서는 껌을 씹는 것이 허용되지 않았다 (촬영 : 이연주)

Stinky Tofu 등 맛있는 음식들로 가득한, 그리고 11시 이후에도 많은 사람들로 활기찬 타이베이의 린지앙 야시장 입구 (촬영 : 이연주)

관두자연공원 답사 후 관두자연공원에서 단수이 강까지 이어지는 길을 따라 한 자전거 여행 (촬영 : 박규원)

관두자연공원 입구에서 타이완대 학생과 함께 (촬영 : 박규원)

아름다운 타이완의 해변 (촬영 : 김승연)

다 함께 밀크티! (촬영 : 김승연)

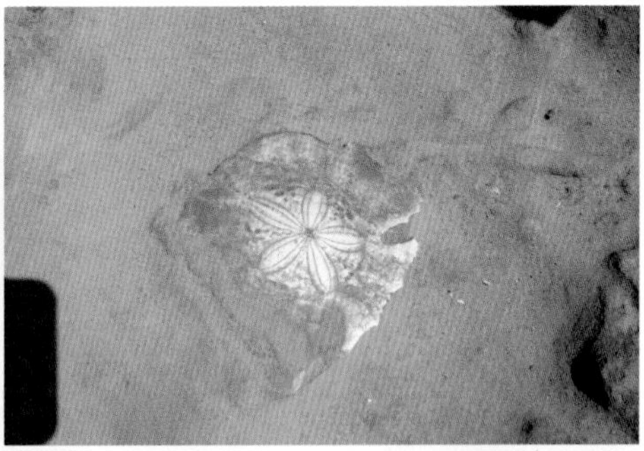

공항에서 도시로 들어가는 고속도로 변의 신기한 건물 (촬영 : 김승연)

예류지질공원의 성게 화석. 과거에 이 지대가 얕은 바다임을 보여 준다 (촬영 : 이준희)

국립 고궁박물원의 입구. 중국풍의 건물과 열대풍의 야자수가 조화를 이루고 있다 (촬영 : 이준희)

타이완의 야시장은 북적이는 행인뿐만 아니라 상인의 모습에서도 활기가 느껴진다 (촬영 : 이준희)

소나기가 쏟아지던 날의 야시장 (촬영 : 김진아)

용산사는 타이베이 사람들의 간절한 꿈과 염원을 담고 있다 (촬영 : 김진아)

타이완 대학교 지리학과 학생들과 함께 (촬영 : 김진아)

바위가 꼭 하마처럼 생겼다 (촬영 : 길홍준)

애니메이션 〈센과 치히로의 행방불명〉의 배경이 된 지우펀. 현실의 공간이 가상 공간에 투영되는 방법을 가장 잘 보여 주는 사례이다 (촬영 : 박성현)

예류지질공원 전경. 지리학과 학생들에게 예류에서의 3시간은 너무 짧았다 (촬영 : 박성현)

타이베이 시먼팅의 게이바 (촬영 : 박성현)

타이완의 대표 음식, 우육면 (촬영 : 이규성)

타이완에는 오리가 참 많다 (촬영 : 이규성)

국립 타이완 대학교 도서관 (촬영 : 심정아)

국립 타이완 대학교 도서관 (촬영 : 심정아)

숙소 주변의 정치대학교 사회과학대학 (촬영 : 심정아)

국립 타이완 대학교 캠퍼스 안의 야외 카페 (촬영 : 신영채)

타이베이 101 빌딩은 가격이 너무 비싸서 가 보지 못했다.
그 대신 작은 동산에 올라서 야경을 구경했다 (촬영 : 김주연)

호텔 로비에서 함께한 14학번 동기들 (촬영 : 김주연)

타이완에서 서울로 돌아오는 공항에서 14학번 동기들
(촬영 : 김주연)

3박 4일 동안 함께해 준 너무나도 고마운 문화지리 조원들 (촬영 : 김주연)

숙소 인근에 있는 오토바이 주차장. 한국과 달리 오토바이와 자전거 이용률이 높은 타이완에는 전용 주차장도 마련되어 있다 (촬영 : 박채연)

지우펀 골목에는 작고 허름한 식당이 많은데, 이렇게 식당 고유의 숫자를 입구에 표시한다. 38호 식당의 경우 값은 저렴하고 음식 맛은 매우 좋았다 (촬영 : 박채연)

타이완 야시장의 명물이라면 명물인 인형 뽑기 기계. 여러 명이 인형 뽑기를 시도하였으나 성공한 사람은 한 명도 없었다 (촬영 : 박채연)

타이완의 도교 사찰 앞에서 (촬영 : 박상현)

타이완의 대표적인 기념품인 파인애플 과자를 팔고 있는 상인 (촬영 : 박상현)

여러 가지 열대 과일을 팔고 있는 과일 노점상 (촬영 : 박상현)

보장암 예술촌에서는 현재 활동하고 있는 예술가들과 자유롭게 만날 수 있다 (촬영 : 방승현)

타이베이 시를 따라 흐르는 단수이 강 하류에는 타이베이 시민들의 휴식과 여가를 위한 공간이 마련되어 있다. 한국의 월미도나 한강공원과 비슷했다 (촬영 : 방승현)

타이베이 시에서 가장 인기 있는 버블티 가게. 근사한 매장은 아니어도 현지인들이 줄을 서서 기다리는 모습이 인상적이었다. 깊은 카라멜 향이 나는, 한국과는 또 다른 맛의 버블티였다 (촬영 : 방승현)

밤에 본 타이베이 101(촬영 : 이유나)

타이완 야시장의 모습 (촬영 : 이유나)

상산의 아름다운 야경 (촬영 : 유동한)

야시장에서 인형 뽑기에 빠졌던 친구는 얼마를 탕진했을까?
(촬영 : 유동한)

망고 슬러시 (촬영 : 유동한)

예류 지구를 구경한 날은 무척이나 더웠다. 망고 슬러시는 정말 가뭄의 단비 같았다 (촬영 : 유동한)

타이완대 학생의 2013년 한국방문기 피티발표 중 (촬영: 임종서)

타이완대 지리학부동 앞에서 단체컷 (촬영: 임종서)

학부생들 속에 낀 4명의 대학원생끼리 101타워에서 (촬영: 임종서)

서울대 지리학과가 타이완대 지리학과에 선물한 기념시계
(촬영: 임종서)

서울대학교 지리학과 이야기

Geographers Exploring the World

서울대학교 지리학과는 1957년 창설되어 현재 사회과학대학에 속해 있다. 학과의 중점 연구와 교육 목표는 공간의 구조와 발전에 관한 일반 원리의 추구, 국내외 각 지역에 대한 인문·자연적인 특성의 이해와 정보화, 시·공간적인 맥락에서 인간과 환경의 상호 관계 파악, 다양한 지리 정보에 대한 효과적이고 체계적인 처리 기법 발전, 지리학의 지식을 통한 지역 경제·사회·문화·환경 정책의 계획·관리·평가 등이다. 지리학과의 인재상 및 양성 목표는 통합적이고 시공간적 시각을 견지하여 과거와 현재 및 미래의 생활공간을 규명해 낼 수 있는 전문가, 종합적인 공간 계획 능력과 지리 정보에 대한 체계적인 분석을 바탕으로 균형적인 국토 이용을 제시할 수 있는 현실적 정책 제안가, 인간과 환경의 상호 관계를 파악하여 지구 차원의 공생을 도모할 수 있는 환경활동가이다. 이를 바탕으로 2015년 현재까지 58년에 달하는 세월 동안 952명의 졸업생을 배출해, 이들이 사회 각계에서 자신의 역량을 마음껏 발휘할 수 있는 발판이 되어 주었다.

현재 총 14명의 교수가 서울대학교 지리학과를 이끌고 있다. 지형학·자연지리학·지리정보론 전공으로 유근배 교수, 지리정보시스템·공간분석·보건지리 전공으로 박기호 교수, 토양지리·개발도상국발전문제·지표시스템분석·자연재해 전공으로 박수진 교수, 도시지리·교통지리·도시분석기법·수도권문제 전공으로 손정렬 교수, 토지주택론·도시지역정책론·법제지리학·경영지리학 전공으로 김용창 교수, 문화·역사지리학 전공으로 이정만 교수, 경제지리학 전공으로 구양미 교수, 생물지리·고생태학·고기후학 전공으로 박정재 교수, 입지 모델링·공간 최적화·지도학 및 GIS·정보통신 네트워크 모델링 전공으로 이건학 교수, 정치지리·이민지 연구 전공으로 신혜란 교수, Development geography·Regional economic development·Varieties of Asian capitalism·Southeast Asia 전공으로 Edo Han Siu Andriesse 교수, 그 외 신영호, 임동근, 허동숙 교수가 재직 중이다.

지리학과의 대학원은 4개의 모듈(module)로 구성되어 있다. '글로벌 경제공간과 도시역동성' 프로그램은 세계화와 세계경제환경의 변화에서 경제공간의 역동성이 어떤 방식으로 발현되는지, 그리고 이 과정에서 경제활동의 글로벌 입지 결정과 투자, 경제활동 주체의 범지구적 공간조직 편성, 세계도시와 같은 공간단위들의 기능과 역할, 지구적 경제경관에 어떤 변화가 나타나고 있는지에 대한 탐구를 목적으로 한다. 연구 분야로는 경제활동 입지 분석, 기업 활동과 공간 경영, 경제공간의 생산과 변화 등이 있다.

'공간의 문화, 정치와 도시지역정책' 프로그램은 문화 경관, 스펙타클, 문화지역 등의 생성과 변화, 다양한 공간적 스케일 구성의 정치, 공간의 영토화와 탈영토화, 재영토화, 국제정치와 지정학적 관계, 환경자원의 지정학적 갈등 등과 공간정치의 역동성에 대한 문화·정치적 이해를 추구한다. 그리고 이러한 역동적 변화들이 관습, 정체성, 담론, 정치, 법제 등을 통해 어떻게 제도화되고 해체되는가를 법제지리학적 관점에서 연구하며, 보다 나은 삶을 위한 토지·주택정책, 도시지역정책, 공간계획 수단 및 대안을 연구한다. 연구 분야로는 사회문화지리, 공간정치와 지정학, 도시지역정책·부동산과 법제지리학이 있다.

'자연환경변화와 지속 가능한 발전' 프로그램은 전형적인 자연과학과 사회과학의 통섭연구 프로그램이다. 자연과학적 분석을 통해 범지구적·국지적 환경변화와 재해 및 인간

생활 사이의 인과관계를 명확하게 파악하며, 이를 토대로 사회과학적 분석을 통해 친환경적이고 지속 가능한 발전양식을 탐구한다. 연구 분야로는 자연지리와 자연환경변화, 지구차원의 환경변화, 과거 기후 및 환경변화가 있다.

'지리정보과학(GIS)과 공간모델링' 프로그램은 GIS, 위성영상정보, 공간통계, 공간최적화 등을 포함한 공간 정보 처리 및 관리, 공간 현상에 대한 과학적 인식과 분석, 합리적 의사 결정을 지원하기 위한 중요한 기술과 계량분석 방법론들을 연구한다. 이 프로그램은 사회경제활동 입지 분석 및 모델링, 교통 모델링, 범죄 및 질병 매핑 등과 같은 모델링 기법을 포함하여 국토 및 도시계획, 환경 및 자원관리 등 자연, 도시, 경제, 사회 공간의 제반 현상에 대한 공간정보 처리와 공간통계 분석을 주요 연구 대상으로 하고 있다.

그 외 지리학과 소속의 학부 동아리로서는 사진 동아리인 GEO-I와 학술 동아리인 GET(Geographer Exploring The world)가 있다. 서울대 지리학과는 한 학기에 한 번씩 1년에 총 두 번, 각각 국내와 해외로 정기 학술답사를 다녀온다.

이 책을 함께 쓴 서울대학교 지리학과 학생들

chapter 01 INTRODUCTION

- 타이완과 타이베이는 어떤 곳인가
- 언론에 비친 타이완과 타이베이
- 서울대학교 지리학과의 타이완 타이베이 답사 계획과 여정
- 지리학의 눈으로 보는 타이완과 타이베이

❶ 2014학번 김주연
❷ 2014학번 김진아
❸ 2014학번 이유나
❹ 2014학번 전형근
❺ 2014학번 유동한
❻ 석사과정 2015학번 강진구

chapter 02 GEO-INSIGHT on NATURE

- 타이베이의 온천 : 신베이터우

❶ 2010학번 나강혁
❷ 2011학번 한동희
❸ 2014학번 정의진

– 타이베이의 해안지형 : 예류지질공원

❶ 2010학번 박준범
❷ 2014학번 길홍준
❸ 2014학번 이규성
❹ 2013학번 이준희
❺ 2014학번 박채현

❶ ❷ ❸
❹ ❺

– 타이베이의 습지 : 관두자연공원

❶ 2011학번 황기현
❷ 2013학번 박규원
❸ 박사과정 2014학번 임종서
❹ 2012학번 이연주

❶ ❷
❸ ❹

chapter 03 GEO-INSIGHT on HUMANITAS

– 타이베이의 정치와 역사공간

❶ 2010학번 김진석
❷ 2014학번 진예린
❸ 2010학번 오성현

❶ ❷ ❸

– 타이베이의 사회문화와 공간

❶ 2008학번 손지학
❷ 2010학번 양재석
❸ 2014학번 방승현

❶ ❷ ❸

chapter 04 GEO-INSIGHT on URBAN POLICY

– 타이베이의 주거환경

❶ 2012학번 김승연
❷ 2012학번 심정아
❸ 2013학번 유기영

❶ ❷ ❸

– 타이베이의 도시 교통

❶ 2010학번 소재형
❷ 2010학번 박성현
❸ 2012학번 신영채
❹ 2013학번 신재휘

❶ ❷
❸ ❹

– 타이베이의 도시 재개발(재생)

❶ 2009학번 박한진
❷ 2012학번 조성아
❸ 2014학번 이상호

❶ ❷ ❸

– 타이베이의 도시 마케팅과 문화산업

❶ 2012학번 주석민
❷ 2013학번 홍지민
❸ 2014학번 정혜욱
❹ 2009학번 박상현

❶ ❷
❸ ❹

편집자

이경은(서울대학교 지리학과 2014년 입학, 박사수료)